职业教育测绘地理信息类专业"新形态—体化"系列教材

测绘

CAD

第2版 （微课视频版）

主　编　林元茂　李　红

参　编　王启春　宗　琴　毛　彬　陈　珂　陈　慧

　　　　郭有宝　翟文馨

主　审　邓　军

机械工业出版社

本书是一本详细讲述 AutoCAD 软件使用方法的教材。全书共分 13 个项目，以阐述 AutoCAD 2021 版的使用方法为主线，突出 AutoCAD 常用命令的功能、使用方法和技巧，精选典型例题进行详解，并辅以复习思考题加以训练。按照掌握 AutoCAD 软件使用方法的要求，紧密结合职业院校学生的学习特点及本课程的学习目标、工程技术人员实际工作的需要，从如下几个方面进行了阐述：AutoCAD 基础知识、绘制基本图形、精确绘图、编辑图形、图层设置、文字与表格、尺寸标注、图块与属性、三维绘图基础、绘制地形图、绘制不动产地籍图、绘制道路纵横断面图、图形输入输出和打印发布。

本书可作为职业院校（包括五年制高职）工程测量技术及相关测绘地理信息类专业教学用书，也可作为从事测量工作的工程技术人员的学习用书。

为方便教学，本书配有电子课件、图纸等相关资源，凡使用本书作为教材的教师可登录机械工业出版社教育服务网 www.cmpedu.com 进行注册下载。教师交流QQ群：862222104。咨询电话：010-88379934。

图书在版编目（CIP）数据

测绘CAD / 林元茂, 李红主编. -- 2版. -- 北京：机械工业出版社，2025.5. -- （职业教育测绘地理信息类专业"新形态一体化"系列教材）. -- ISBN 978-7-111-78213-1

Ⅰ. P2-39

中国国家版本馆CIP数据核字第2025XF3558号

机械工业出版社（北京市百万庄大街22号　邮政编码100037）
策划编辑：沈百琦　　　　　　责任编辑：沈百琦　陈将浪
责任校对：王荣庆　张　薇　　封面设计：陈　沛
责任印制：张　博
北京建宏印刷有限公司印刷
2025年7月第 2 版第 1 次印刷
184mm × 260mm · 17.5印张 · 432千字
标准书号：ISBN 978-7-111-78213-1
定价：55.00元

电话服务　　　　　　　　　　网络服务
客服电话：010-88361066　　机 工 官 网：www.cmpbook.com
　　　　　010-88379833　　机 工 官 博：weibo.com/cmp1952
　　　　　010-68326294　　金 书 网：www.golden-book.com
封底无防伪标均为盗版　机工教育服务网：www.cmpedu.com

前　言

本书第 1 版自 2021 年 4 月出版以来，深受广大读者的喜爱，为贯彻落实党的二十大精神进教材、进课堂、进头脑要求，此次修订，在第 1 版基础上对结构、内容、资源配套等方面作了全面优化升级，使之更适用于当前形势下职业院校教学需要，体现"以学生为中心，工学结合、德技并修"的教学理念。本书特色如下：

1. 体例创新——采用活页式创新体例，体现产教融合、校企合作

本书为校企"双元"合作编写教材，企业专家从一线工作岗位出发，提炼实际工作技能，按实际工作程序以及结合测绘工程的项目特性将全书拆分为 13 个工作项目，进而形成 13 个教学项目，每个项目按照**"项目概述→知识与能力图谱→知识目标→能力目标→素质目标→课前引领→各项完成任务→各项任务练习（个别任务无）→项目评价→项目小结→复习思考题"**的编写思路编排内容。项目概述中说明了本项目要学习的内容，为学习者提示了本项目的学习要点；知识与能力图谱提示本项目重要知识点与能力点；知识目标中阐述了本项目的学习目标，为学习者提出了本项目的学习要求；能力目标制定了学习者在本项目所要掌握的技能；素质目标指出学习者在课程学习中所要提升的职业素养；课前引领的作用是落实立德树人根本任务，坚持正确方向和价值引领，注重铸魂育人，有机融入测绘方向科技成就、名人轶事以及中华传统文化，培养学生的职业素养，尤其是劳模精神、劳动精神和工匠精神。在各项任务中，介绍每一个 AutoCAD 命令时，首先介绍该命令的功能，然后以该命令最常用的使用方法进行详细阐述，接着介绍该命令的其他使用方法，供学习者有选择地学习，并配合实际案例进行阐述。每一操作步骤均配有插图，从而对绘图效果予以说明。各任务后面提供对应的课后练习（个别任务无）。在各项目最后有项目评价和项目小结，总结本项目介绍的内容，前后呼应。最后给出巩固提升练习题，即复习思考题，可使学习者更好地掌握本项目的重点内容。

2. 典型案例——引用工程实例，注重工学结合，实用性更强

企业专家从工作实际出发，选用工作中常用、典型的案例并进行筛选，作为本书实操、练习的案例，内容组成注重工学结合以及创新型、应用型、技能型人才的培养。

3. 立体开发——立体化教材建设，符合"互联网＋职业教育"发展需求

本书配套完整的微课视频、案例图纸、电子课件和教案等数字化资源；此外，本书建立

了线上课程（超星平台，课程名称与书名一致），读者可自主登录学习。

本书已出版同名数字教材。

4. 素养元素——融入素养元素，注重培养职业素养，德技并修

书中各个项目中的"素质目标""课前引领"，引导学生树立正确的世界观、人生观、价值观。同时，培养学生细致严谨的工作作风、开放创新的思维模式；强调对学生职业道德、职业素养、职业行为习惯的培养。

本书由重庆工程职业技术学院林元茂、李红任主编，参与编写的还有重庆工程职业技术学院王启春，重庆建筑工程职业学院宗琴，重庆市地质矿产勘查开发局南江水文地质工程地质队毛彬，自然资源部四川测绘产品质量监督检验站（四川省测绘产品质量监督检验站）陈珂，深圳信息职业技术学院陈慧，包头铁道职业技术学院郭有宝、翟文馨。全书由重庆工程职业技术学院邓军主审。具体分工如下：项目二、项目四、项目六、项目八、项目九和项目十由林元茂编写，项目三和项目五由李红编写，项目一由宗琴与陈珂联合编写，项目七由王启春编写，项目十一由翟文馨编写，项目十二由毛彬与陈慧联合编写，项目十三由郭有宝编写。教材配套视频资源项目三和项目五由李红录制，其余项目均由林元茂录制。

由于水平有限，书中难免有不足之处，恳请广大读者批评指正，主编的电子邮箱：yuanmao601520@163.com。

编　者

本书微课视频清单

	本书微课视频总览					

序号	名称	图形	序号	名称	图形
1	安装和卸载 AutoCAD 2021		9	绘制椭圆和椭圆弧	
2	AutoCAD 文件管理		10	多段线的绘制	
3	AutoCAD 绘图基本设置		11	绘制多线	
4	绘制点对象		12	绘制样条曲线	
5	绘制直线对象		13	指针输入	
6	绘制矩形和正多边形对象		14	标注输入	
7	绘制圆		15	对象捕捉	
8	绘制圆弧		16	对象捕捉追踪	

（续）

序号	名称	图形	序号	名称	图形
17	极轴追踪		26	特性工具条	
18	正交功能		27	文字样式	
19	选择对象		28	文字标注	
20	复制二维图形对象		29	编辑文字	
21	调整图形对象的位置与形状		30	创建表样式和表	
22	编辑图形对象		31	标注样式	
23	图案填充与图形信息		32	各类尺寸标注	
24	图层设置		33	编辑尺寸	
25	设置颜色、线型、线宽		34	图块的定义	

（续）

序号	名称	图形	序号	名称	图形
35	图块的插入与编辑		44	绘制等高线	
36	图块的属性		45	绘制地形图图廓	
37	认识三维模型		46	绘制地籍图	
38	视图与视口		47	面积量算	
39	三维坐标系		48	绘制线路平面图	
40	控制三维视图显示		49	绘制纵断面图	
41	绘制简单三维对象		50	绘制横断面图	
42	绘制地形图点符号		51	线路图图框的绘制	
43	绘制地形图面符号		52	创建与管理布局	

目　录

VIII

项目一

AutoCAD基础知识

【项目概述】

本项目简要介绍 AutoCAD 的基础知识，AutoCAD 2021 安装、运行、退出和卸载的方法，详细阐述了 AutoCAD 2021 的工作界面、文件管理相关知识和操作方法，最后对绘图基本设置作了简要概述。

【知识与能力图谱】

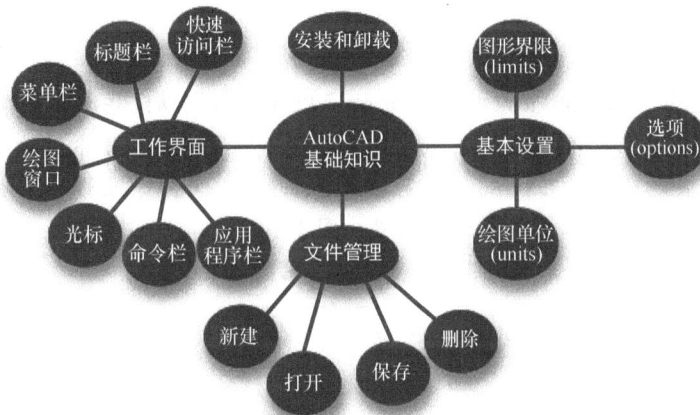

【知识目标】

1. 了解 AutoCAD 的发展历史和主要功能；
2. 熟悉 AutoCAD 2021 的工作界面组成；
3. 掌握 AutoCAD 2021 绘图基本设置。

【能力目标】

1. 能正确完成 AutoCAD 2021 的安装、启动和退出；
2. 能够对绘图环境进行基本设置。

1. 树立从业意识，端正从业态度；
2. 具备良好的交流与沟通能力。

【课前引领】

　　《最苦与最乐》为梁启超先生写的一篇短篇小说，该文从"最苦"和"最乐"两个方面来论述人生的责任——负责任是人生最大的苦，尽责任则是人生最大的乐。人生在世必须对家庭、社会、国家以及自身尽到应尽的责任，这样才能得到真正的快乐。同学们要靠自己去探索什么是"最苦"？什么是"最乐"？同学们作为新时代的大学生更要努力学习，为了实现自己的梦想，为了创造幸福的未来。同学们要弘扬正能量，坚定社会主义核心价值观不动摇，要树立坚定的理想信念，努力成为祖国社会主义事业的合格建设者和可靠接班人。

任务一　AutoCAD概述

【基本概念】

　　AutoCAD 是由美国 Autodesk 公司研发的通用计算机辅助绘图与设计软件包，它将工程制图带入了个人计算机时代。该软件具有易于掌握、使用方便、体系结构开放等特点，深受广大工程技术人员的欢迎，在机械、建筑、测绘、电子、市政、交通、水利、气象、房地产开发、国土资源管理、艺术设计等众多行业（图 1-1~图 1-4）都有广泛应用，现已成为工程设计领域中应用较广泛的计算机辅助设计软件之一。

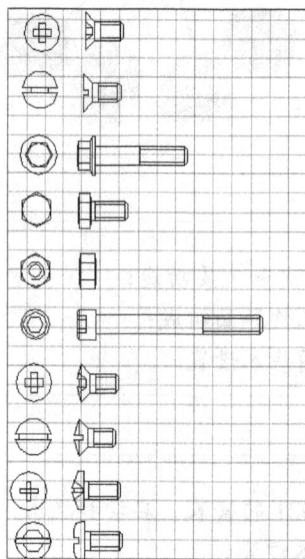

图 1-1　各种螺钉模型图

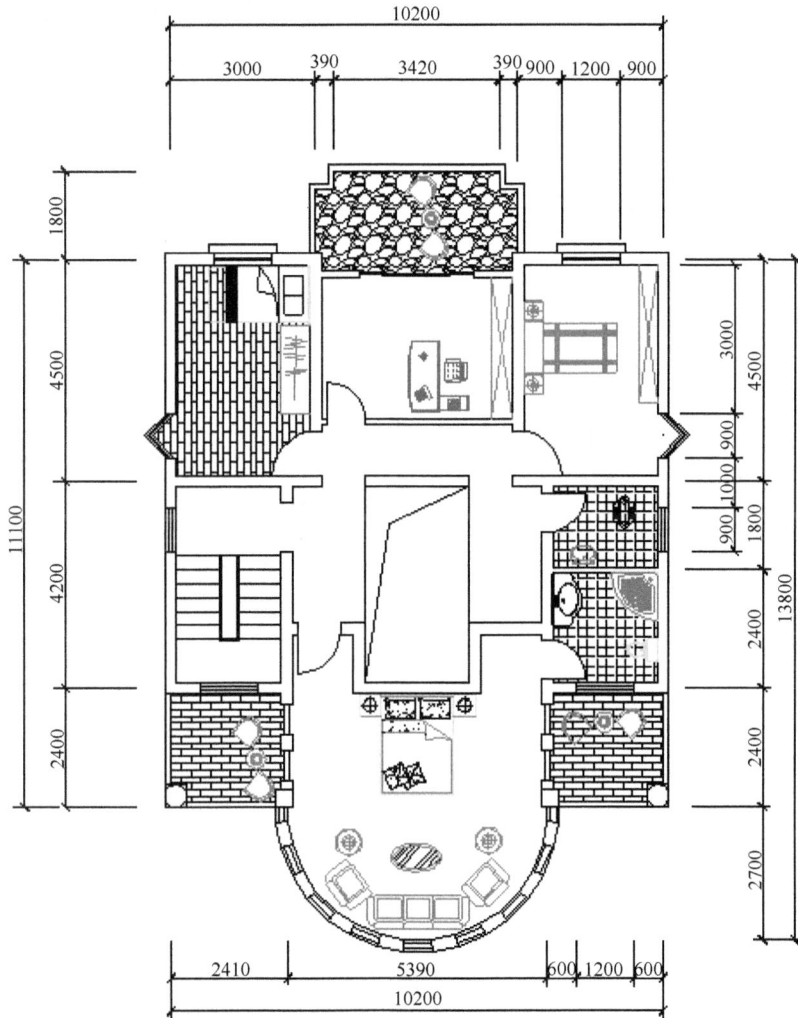

图 1-2　某别墅二层平面图

图 1-3 某高层建筑主体结构变形监测控制点示意图

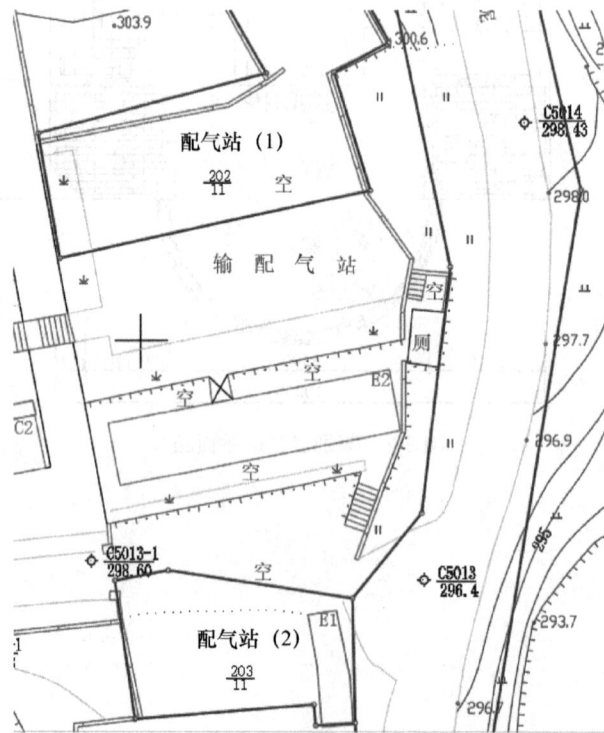

图 1-4 某地地籍图

【理论学习】

一、AutoCAD 的发展历史

1982 年 11 月，美国 Autodesk 公司首先推出 AutoCAD 的第一个版本：AutoCAD 1.0。1983 年 4 月又推出了 AutoCAD 1.2 版，该版本主要增加了重要的尺寸标注功能。在此之后的数年中，Autodesk 公司连续推出 AutoCAD 的升级版本。新版本的不断推出使得 AutoCAD 快速得到完善，并赢得广大用户的信任。

1992 年，Autodesk 公司推出 AutoCAD 12.0 版，使其绘图功能进一步增强。该版本是 AutoCAD 系列软件的首个 Windows 版本，采用了图形用户接口和对话框功能，提供了访问标准数据库管理系统的 ASE 模块，并提高了绘图速度。

1994 年，Autodesk 公司推出了 AutoCAD 13.0 版。新版本增加了近 70 个命令，删除了 12.0 版中 57 个命令，并对 12.0 版中 54 个命令进行了修改，使 AutoCAD 的命令达到 288 个。

1997 年，Autodesk 公司推出 R14 版，该版本全面支持 Microsoft Windows 95/NT，不再支持 DOS 平台，它在工作界面、操作风格等方面更加符合 Microsoft Windows 95/NT 的风格，运行速度更快，且在功能和稳定性等方面有了很大的改进。从 R14 版开始，Autodesk 公司对 AutoCAD 每一个新版本均同步推出对应的简体中文版，为方便中国用户使用。

1999 年，Autodesk 公司推出了 AutoCAD 2000 版。AutoCAD 2000 新增、改进了数百个功能，提供了多文档设计环境、设计中心及一体化绘图输出体系等功能。基于面向对象结构的 AutoCAD 2000 是一体化、功能丰富的 AutoCAD 设计软件，它能将用户置身于一种轻松愉快的设计环境中，专注于所设计的对象和设计过程。随着 Internet 的迅速发展，人们的工作和设计思维与 Internet 的联系也越来越密切。2000 年，Autodesk 公司推出了 AutoCAD 2000i 版，该版本很好地结合 Internet 功能，将设计者、同事、合作者和设计信息等有效地联系起来，该版本具有多种访问 Web 站点并获取网上资源的功能，让用户方便地建立和维护用于发布设计内容的 Web 页，同时可以实现跨平台设计资料的共享，使用户在 AutoCAD 设计环境中能够通过 Internet 提高工作效率。

2001 年和 2003 年，Autodesk 公司分别推出了 AutoCAD 2002 版和 AutoCAD 2004 版。AutoCAD 2002 版更加精益求精，它在运行速度、图形处理和网络功能等方面都达到了崭新的水平。AutoCAD 2004 版增加了许多新功能，帮助用户更快、更轻松地创建、共享设计数据，更有效地管理软件。

2004 年，Autodesk 公司推出了 AutoCAD 2005 版。AutoCAD 2005 增加了图纸集管理器，增强了图形的打印和发布功能，增加和改进了众多绘图工具，使 AutoCAD 的使用更加便捷。

2005 年、2006 年、2007 年和 2009 年，Autodesk 公司分别推出了 AutoCAD 2006 版、AutoCAD 2007 版、AutoCAD 2008 版和 AutoCAD 2010 版，这些版本主要在输入方式、绘图编辑、图案填充、尺寸标注、图块操作、三维建模、文档编制等方面有更好地改进，更便于工程技术设计人员使用。

2011 年，Autodesk 公司推出了 AutoCAD 2012 版。该版本在以前发布版本的基础上，更注重工作界面的人性化，增加用户操作的舒适度；支持更多格式外部数据的导入，UCS 坐标系可以根据用户需要进行更多操作，命令行增加了自动完成功能，并对夹点编辑添加了更多选项和菜单。上述功能的改进和完善，更具人性化的设计，使用户操作 AutoCAD 更加舒适。

2020 年，Autodesk 公司正式发布了 AutoCAD 2021 版。该版本带来了全新的暗色主题，有着现代的深蓝色界面、扁平的外观、改进的对比度和优化的图标，提供更柔和的视觉和更清晰的视界。同时，"快速测量"更快了；"块"选项板的主要功能可帮助用户高效地从最近使用的列表或指定的图形插入块；"清理"功能已经过修改，更易于清理和组织图形；DWG 比较增强功能可以在比较状态下直接将当前图形和指定图形一起进行比较和编辑。总之，新版的 AutoCAD 带给使用者更智能、更人性化、更适应不同专业的体验。

目前市场上的国产 CAD 软件有由广州中望龙腾软件股份有限公司开发的中望 CAD、由苏州浩辰软件股份有限公司开发的浩辰 CAD、由纬衡浩建科技（深圳）有限公司开发的纬衡 CAD 等。

二、AutoCAD 2021 的主要功能

1. 二维绘图

AutoCAD 2021 提供了强大的二维绘图功能，可以用来绘制各种基本二维图形对象，如：直线段、圆、圆弧、椭圆、矩形、正多边形、样条曲线、多段线、多线等（图 1-5）。AutoCAD 2021 还可以为指定区域填充各种图案，将常用图形对象创建成块等。

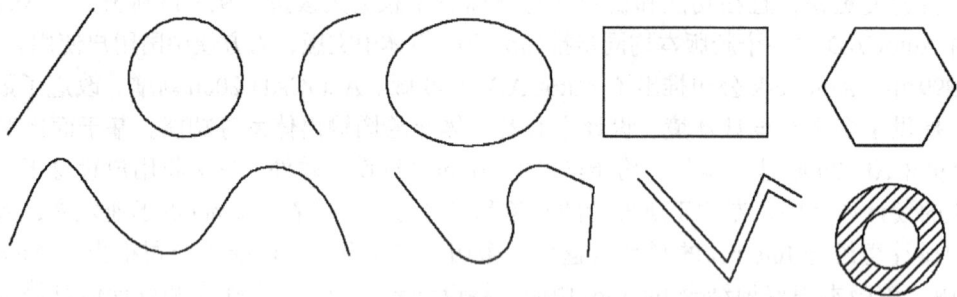

图 1-5 各种基本二维图形

AutoCAD 2021 对已绘制的二维图形还具有强大的编辑功能，主要包括：选择、移动、复制、删除、旋转、缩放、偏移、镜像、拉伸、修剪、延伸、打断、合并、阵列、倒角等。将绘图命令与编辑命令结合使用，可以快速、准确地绘制出各种复杂的二维图形。

2. 三维绘图

AutoCAD 2021 允许用户创建各种形式的三维图形。其中，可创建的曲面模型包括平面曲面、旋转曲面、三维面、平移曲面、直纹曲面和复杂网格面等；可创建的基本实体模型有长方体、圆柱体、圆锥体、球体、棱锥体、楔体、圆环体、多段体等（图 1-6）。

AutoCAD 2021 还专门提供了三维编辑功能，如：三维旋转、三维镜像等；对三维模型的边、面、体都可以进行编辑，可以生成复杂的三维模型。

3. 文字标注

AutoCAD 2021 支持文字标注，用以标注各种说明、技术要求等。用户还可以根据需要设置文字样式，可以用不同的字体、颜色、字号等文字样式。

4. 尺寸标注

尺寸标注功能用来为图形对象标注各种形式的尺寸。在 AutoCAD 2021 中，可以设置尺寸标注样式，满足不同国家、不同行业对尺寸标注的要求；可以随时更改已有标注值或标注

样式；可以实现关联标注，使标准尺寸与被标注对象建立关联。

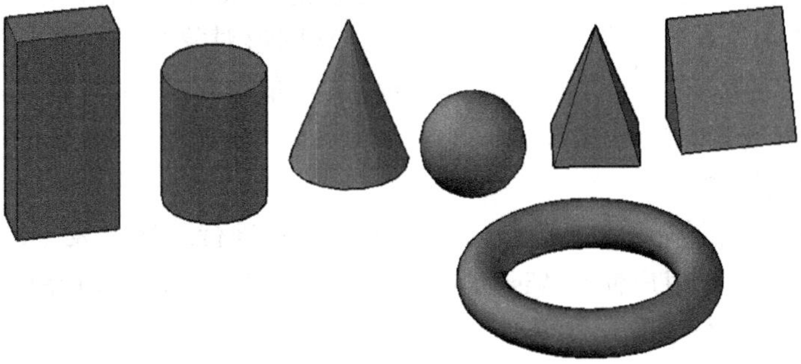

图 1-6　各种基本三维图形

5. 视图显示控制

视图显示控制功能用来以多种方式放大或缩小所绘图形的显示比例，改变图形的显示位置。对于三维图形，可以通过改变视点的方式从不同的观看方向显示图形；也可以将绘图区域分成多个视区，并在各个视区中从不同方位显示同一图形。

6. 创建表格

AutoCAD 2021 可以直接通过对话框创建表格，而不是用多条直线绘制表格；可以设置表格样式，便于以后使用相同格式的表格，还可以在表格中使用简单的公式，以便实现计算总数、求平均值等功能。

7. 各种绘图实用工具

AutoCAD 2021 提供的各种绘图实用工具可以方便地设置绘图图层、线型、线宽及颜色等。可以通过各种形式的绘图辅助工具设置绘图方式，以提高绘图效率与准确性。利用特性选项板，能够方便地查询、编辑所选择对象的特征。用户可以将常用的块、填充图案和表格等命名对象或 AutoCAD 命令放到工具选项板，执行相应的操作。利用标准文件功能，可以对诸如图层、文字样式及线型这样的命名对象定义标准设置，以保证同一单位、部门、行业以及合作伙伴在所绘图形中对这些命名对象设置的一致性。利用图层转换器，能够将当前图形中图层的名称和特性转换成已有图形或标准文件对图层的设置，将不符合本部门图层设置要求的图形进行快速转换。AutoCAD 2021 的设计中心提供了一个直观、高效、与 Windows 资源管理器类似的工具。利用此工具，用户能够对图形文件进行浏览、查找以及管理有关设计内容等方面的操作；可以将其他图形中的命名对象插入当前图形。利用查询功能和快速计算功能，可以查询所绘图形的起点位置、终点位置、周长、面积等数据，可以执行常用的数学计算。

8. 图形的输入、输出

用户可以将不同格式的图形导入 AutoCAD 2021 或将使用 AutoCAD 2021 绘制的图形以其他格式输出。AutoCAD 2021 能将所绘图形以不同样式通过打印机或绘图仪输出，允许后台打印。

9. 数据库管理

AutoCAD 2021 可以将图形对象与外部数据库中的数据进行关联，而这些数据库是由独立于 AutoCAD 的其他数据库应用程序（如：Oracle、Visual FoxPro 等）建立的。

10. Internet 功能

AutoCAD 2021 提供了强大的 Internet 工具，使设计者相互之间能够共享资源和信息。

即使用户不熟悉 HTML 代码，利用 AutoCAD 2021 的网上发布向导，也可以方便快捷地创建格式化的 Web 页。利用电子传递功能，能够把 AutoCAD 图形及其相关文件压缩成 ZIP 文件或自解压的可执行文件，然后将 AutoCAD 图形对象与其他对象建立链接。另外，AutoCAD 2021 还支持一种安全、适于在 Internet 上发布的 DWF 文件格式，利用 DWF 查看器可以方便地查看、打印 DWF 文件。

11. 开放的体系结构

AutoCAD 2021 提供了开放的平台，允许用户对其进行二次开发，以满足专业设计要求。AutoCAD 2021 允许用户使用 Visual Basic、Visual C++、Visual LISP 和 VBA 等多种程序设计开发软件对其进行二次开发。

任务二　安装和卸载AutoCAD 2021

【技能操作】

安装和卸载 AutoCAD 2021

一、AutoCAD 2021 的系统要求

为能够正常安装和良好使用 AutoCAD 2021，对用户计算机系统要求如下：

操作系统	64 位 Microsoft® Windows® 11、Windows 10 和 Windows 8.1。
处理器	基本要求：2.5~2.9 GHz 处理器 建议：3+GHz 处理器 多处理器：受应用程序支持
内存	基本要求：8GB 建议：16GB
显示器分辨率	传统显示器：1920×1080 真彩色显示器 高分辨率和 4K 显示器：在 Windows 10 64 位系统（配支持的显卡）上支持高达 3840×2160 的分辨率
显卡	基本要求：1GB GPU，具有 29GB/s 带宽，与 DirectX 11 兼容 建议：4GB GPU，具有 106GB/s 带宽，与 DirectX 11 兼容
磁盘空间	7.0GB
网络	通过部署向导进行部署 许可服务器以及运行依赖网络许可的应用程序的所有工作站都必须运行 TCP/IP 协议 可接受 Microsoft® 或 Novell TCP/IP 协议堆栈。工作站上的主登录可以是 NetWare 或 Windows 除了应用程序支持的操作系统外，许可服务器还将在 Windows Server® 2012 R2、Windows Server 2016、Windows Server 2019 各版本上运行
指针设备	Microsoft 鼠标兼容的指针设备
.NET Framework	.NET Framework 4.8 或更高版本 * 支持的操作系统推荐使用 DirectX 11

二、AutoCAD 2021 的安装

AutoCAD 2021 的安装与其他常用应用软件的安装流程基本相似，是比较容易的，我们可以借助其自带的安装向导很方便地完成，操作步骤如下：

序号	操　作	结　果	备　注
1	双击运行 AutoCAD 2021 的安装程序文件（通常是在安装包中有一个 setup.exe 文件），启动安装向导（图 1-7）	 图 1-7　安装向导	单击鼠标右键，以管理员身份打开
2	单击【安装】按钮，开始软件的安装，按照相应提示进行相应操作，就可完成 AutoCAD 2021 的安装（图 1-8）	 图 1-8　安装软件	

三、AutoCAD 2021 的运行

具体操作步骤如下：

序号	操　作	结　果	备　注
1	安装完 AutoCAD 2021 后，双击桌面图标，即可启动 AutoCAD 2021；或在【开始】菜单中，选择【程序】→【Autodesk】→【AutoCAD 2021】，完成 AutoCAD 2021 的启动（图 1-9）	 a)　　　　b) 图 1-9　启动 AutoCAD 2021	

（续）

序号	操　作	结　果	备　注
2	启动后 AutoCAD 2021 的界面（图 1-10）	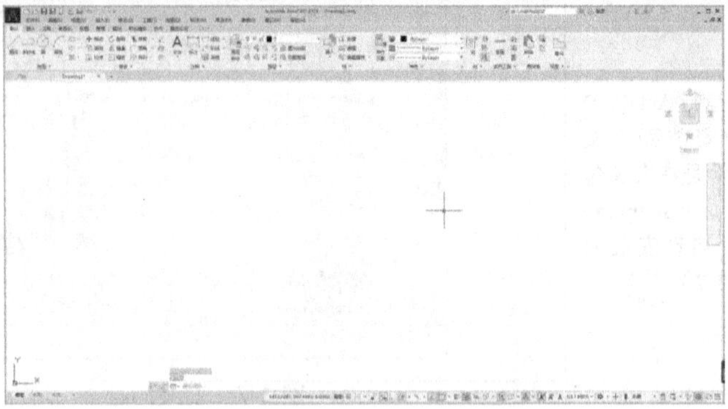 图 1-10　AutoCAD 2021 的界面	

四、AutoCAD 2021 的退出

具体操作步骤如下：

序号	操　作	结　果	备　注
1	退出 AutoCAD 2021 仅需单击软件界面右上角的 ⊠ 即可（图 1-11）	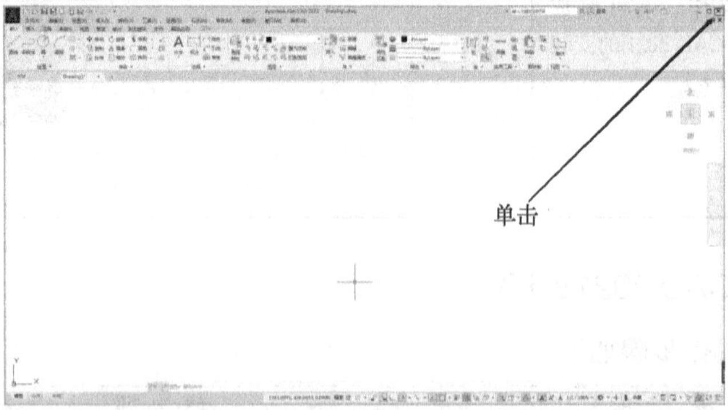 单击 图 1-11　退出 AutoCAD 2021	

五、AutoCAD 2021 的卸载

具体操作步骤如下：

序号	操　作	结　果	备　注
1	在【开始】菜单中，选择【程序】→【Autodesk】→【Uninstall Tool】→在弹出的【Autodesk 卸载工具】中全部勾选→单击【卸载】按钮，完成 AutoCAD 2021 的卸载（图 1-12）	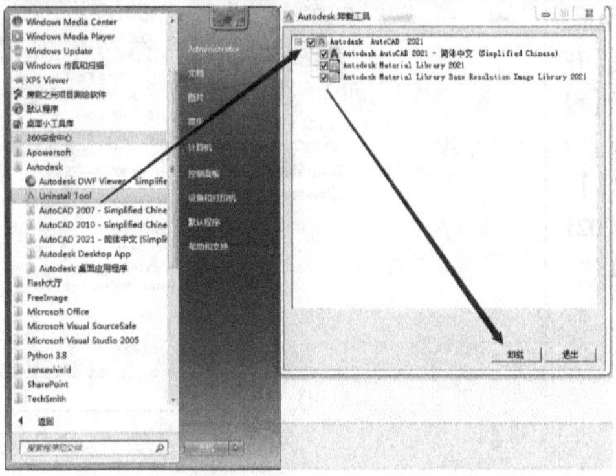 图 1-12　卸载 AutoCAD 2021	

（续）

序号	操　作	结　果	备　注
1	在【开始】菜单中，选择【程序】→【Autodesk】→【Uninstall Tool】→在弹出的【Autodesk 卸载工具】中全部勾选→单击【卸载】按钮，完成 AutoCAD 2021 的卸载（图 1-12）	 图 1-12　卸载 AutoCAD 2021（续）	

任务三　AutoCAD 2021工作界面

AutoCAD 2021 工作界面如图 1-13 所示。

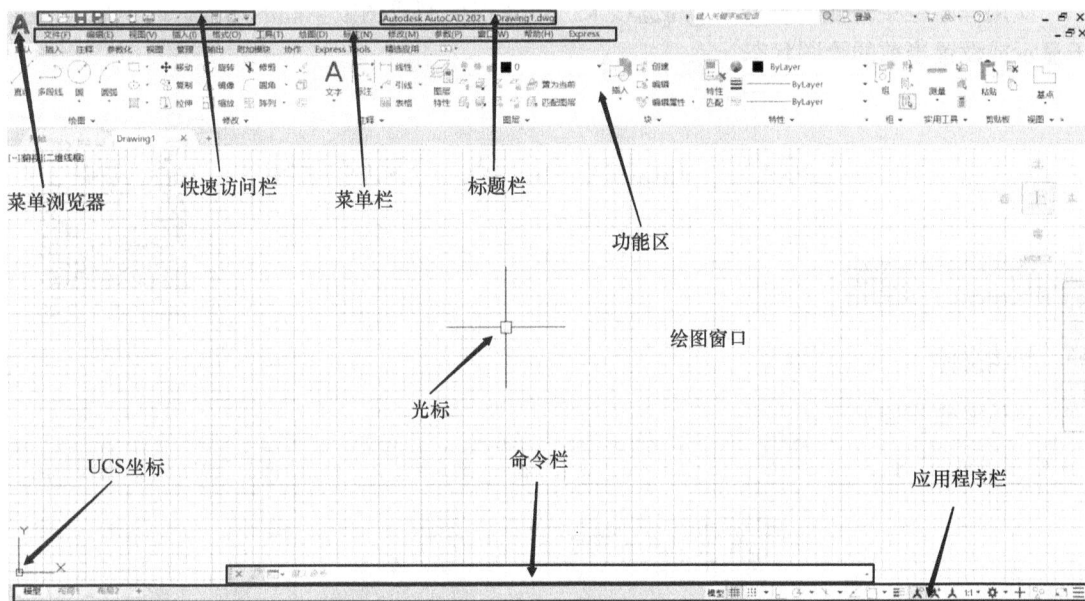

图 1-13　AutoCAD 2021 工作界面

下面介绍该界面中各项功能：

1. 快速访问栏

快速访问栏位于工作界面最上方的左侧，其功能与其他 Windows 应用程序类似，在左侧有最常用的几个工具按钮（如：新建、打开、保存等）和一个下拉列表框，用于改变工作界面显示模式。

2. 标题栏

标题栏位于工作界面最上方的中间，用于显示 AutoCAD 2021 的程序图标以及当前所操作图形文件的名称，其右侧有用于实现 AutoCAD 2021 最小化、最大化和关闭的按钮。

3. 菜单栏

菜单栏是 AutoCAD 2021 的主菜单。在首层菜单（如：默认、插入、注释等）下，下级菜单用图形按钮配合文字说明的方式显示，界面更友好美观，易于操作，便于用户使用。

4. 绘图窗口

绘图窗口是该界面中间最大的区域，其功能类似于手工绘图时的图纸，是用户用 AutoCAD 2021 绘图并显示所绘图形的区域。

5. 光标

当光标位于绘图窗口中为十字形状时，十字线的交点为光标的当前位置。AutoCAD 2021 的光标用于绘图、选择对象等操作。

6. 命令栏

命令栏是 AutoCAD 2021 显示用户从键盘输入命令和显示 AutoCAD 2021 提示信息的地方。命令栏的大小可以根据需要灵活调整。

7. 应用程序栏

应用程序栏中左侧的模型 / 布局选项卡，可实现模型或图纸空间的切换，右侧状态栏用于显示或设置当前的绘图状态。

任务四　AutoCAD 2021文件管理

【技能操作】

AutoCAD 文件管理

一、新建文件

具体操作步骤如下：

序号	操 作	结 果	备 注
1	在【快速访问栏】中单击【新建】按钮 □（图 1-14）	 图 1-14　单击【新建】按钮	

（续）

序号	操 作	结 果	备 注
2	弹出【选择样板】对话框，选择所需的图形样板后，单击【打开】按钮即可（图1-15）	图 1-15　【选择样板】对话框	一般初学者建议选择 acad.dwt 或 acadiso.dwt 图形样板

二、打开图形

具体操作步骤如下：

序号	操 作	结 果	备 注
1	在【快速访问栏】中单击【打开】按钮 （图1-16）	图 1-16　单击【打开】按钮	
2	弹出【选择文件】对话框，选择要打开的图形文件名称及存放路径→单击【打开】按钮（图1-17）	图 1-17　【选择文件】对话框	

三、保存文件

具体操作步骤如下：

序号	操 作	结 果	备 注
1	在【快速访问栏】中单击【保存】按钮 ![保存图标]（图 1-18）	 图 1-18 单击【保存】按钮	
2	弹出【图形另存为】对话框，输入文件名，选择文件类型→单击【保存】按钮（图 1-19）	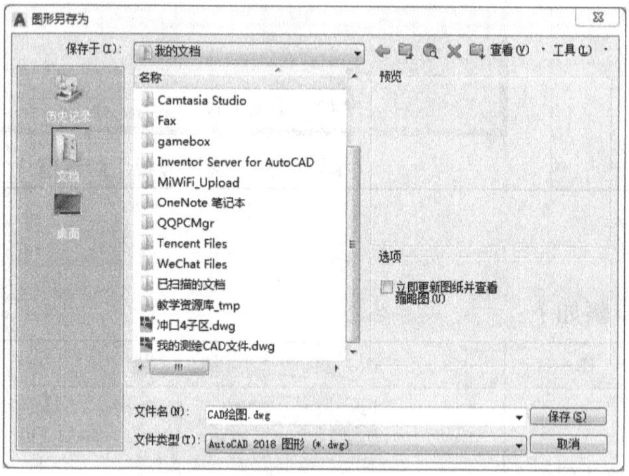 图 1-19 【图形另存为】对话框	

四、删除文件

删除 AutoCAD 图形文件的方法和在计算机中删除普通文件的方法完全一样。在 Windows 操作系统中，找到相应的 AutoCAD 图形文件，删除即可。

五、课后练习

以"acad.dwt 样板文件"新建一个文件，并保存为"我的测绘 CAD 文件 .dwg"。

任务五　AutoCAD 2021绘图基本设置

【技能操作】

AutoCAD 绘图
基本设置

一、设置图形界限

具体操作步骤如下：

序号	操　作	结　果	备　注
1	选择【格式】菜单项下的【图形界限】子菜单（图1-20），或在命令栏中输入"LIMITS"命令	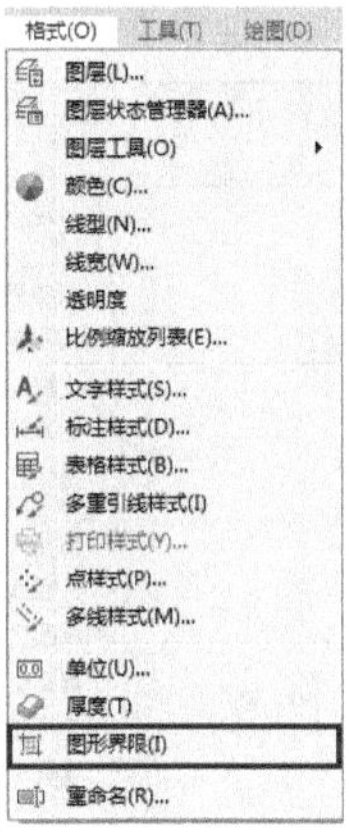 图 1-20　【图形界限】子菜单	
2	命令栏中输入左下角点坐标值→按 \<Space\> 键或 \<Enter\> 键→输入右上角点坐标值，按 \<Enter\> 键（图1-21），或直接用鼠标在桌面单击确定图形界限	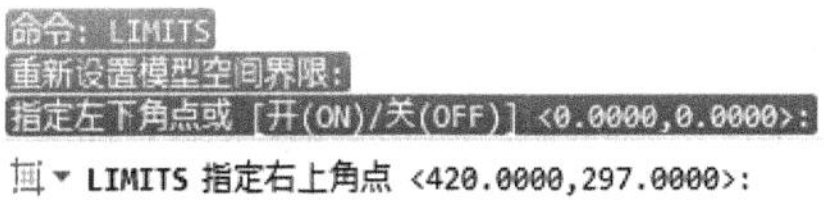 图 1-21　设置图形界限	在 AutoCAD 的操作过程中，可以按\<Space\>键或 \<Enter\> 键进行确认，教材中只表述一种

二、设置绘图单位格式

具体操作步骤如下：

序号	操　作	结　果	备　注
1	选择【格式】菜单项下的【单位】子菜单（图1-22），或在命令栏中输入"UNITS"命令	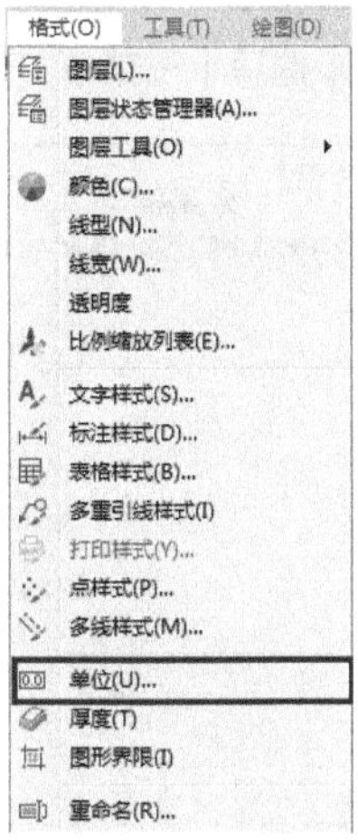 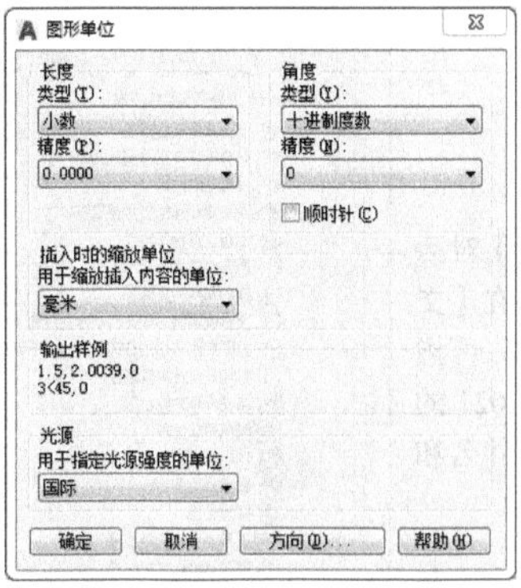	"UNITS"命令的快捷键为"UN"
2	弹出【图形单位】对话框（图1-23），可设置长度、角度等单位格式	图 1-22　【单位】子菜单　　图 1-23　【图形单位】对话框	

三、设置绘图环境

具体操作步骤如下：

序号	操 作	结 果	备 注
1	选择【工具】菜单下的【选项】子菜单（图1-24）或在命令栏中输入"OPTIONS"命令	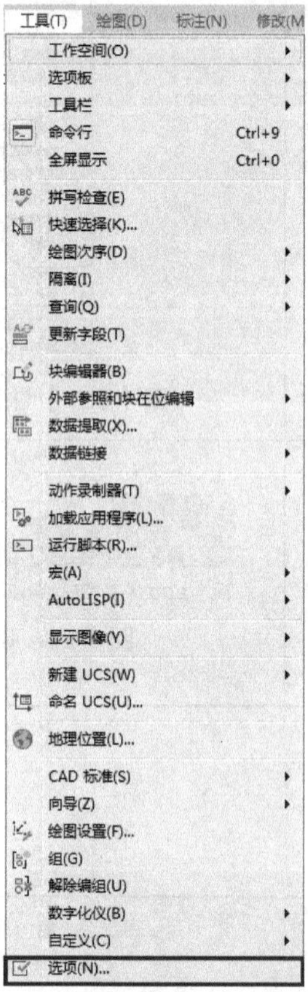 图 1-24 【选项】子菜单	"OPTIONS"命令的快捷键为"OP"或"PR"
2	弹出【选项】对话框（图1-25）；在【文件】选项卡中，可指定 AutoCAD 2021 的搜索路径、文件名和文件位置	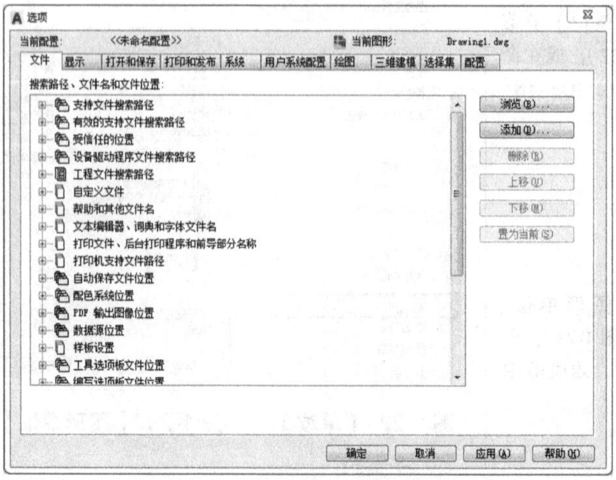 图 1-25 【选项】对话框	

（续）

序号	操　作	结　果	备　注
	在【显示】选项卡中（图1-26），可设置 AutoCAD 2021 的显示特征	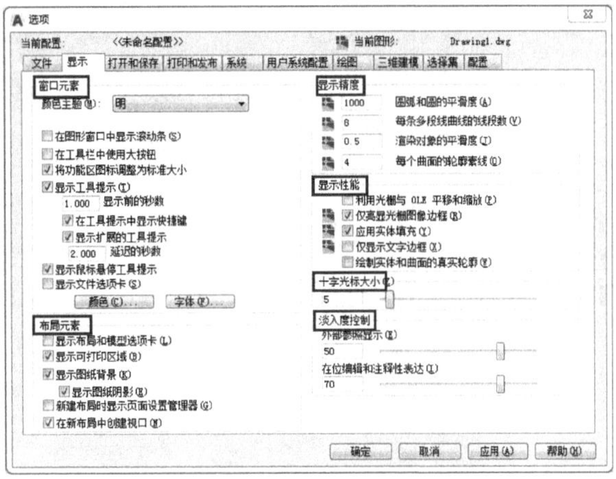 图 1-26 【显示】选项卡	
2	在【打开和保存】选项卡中（图1-27），可设置 AutoCAD 2021 中与打开和保存文件相关的选项	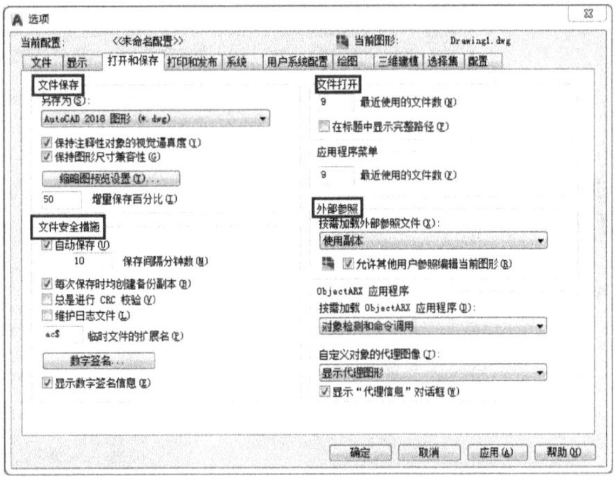 图 1-27 【打开和保存】选项卡	
	在【绘图】选项卡中（图1-28），可设置基本绘图选项	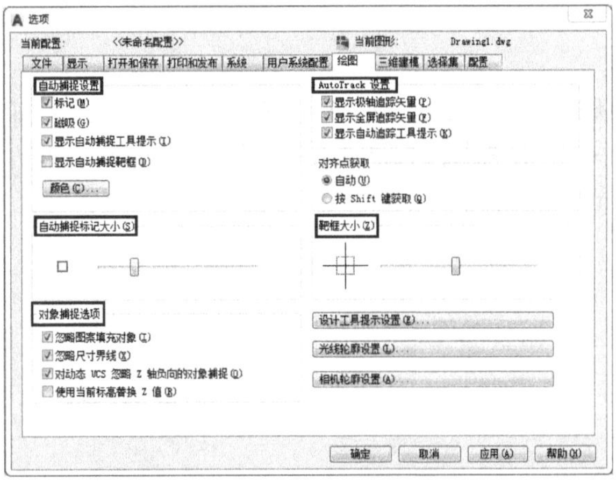 图 1-28 【绘图】选项卡	

（续）

序号	操　作	结　果	备　注
2	在【选择集】选项卡中（图 1-29），可设置基本编辑选项	图 1-29 【选择集】选项卡	
	【配置】选项卡（图 1-30），可用于新建系统配置、重命名系统配置和删除系统配置等操作	图 1-30 【配置】选项卡	

四、课后练习

请将任务四新建的"我的测绘 CAD 文件 .dwg"文件进行如下设置：背景设为白色，主题为"明"，绘图单位为毫米，长度为小数型，数据保留两位小数，并设置绘图区域为 A4 图纸大小（210mm×297mm）。

项目评价

一、自我评价

1. 此次操作是否顺利?

2. 若不顺利，请列出遇到的问题。

3. 分析出现问题的原因，并提出修正方案。

4. 你认为还需要加强哪些方面的指导？

二、学习任务评价表

考核项目	分　数			学生自评	组长评价	教师评价	小　计
	差	中	好				
团队合作精神	6	13	20				
活动参与是否积极	6	13	20				
CAD 安装是否顺利	6	13	20				
CAD 卸载是否顺利	6	13	20				
绘图基本设置	6	13	20				
总分	100						

教师签字：　　　　　　　　　　　　　　　　　　　年　　月　　日　　得分

项目小结

　　本项目主要介绍 AutoCAD 的基础知识，AutoCAD 2021 安装、运行、退出和卸载的方法，详细阐述了 AutoCAD 2021 的工作界面、文件管理相关知识和操作方法。重点掌握 AutoCAD 2021 的工作界面、文件管理知识，熟练启动、退出 AutoCAD 2021 软件，将文件管理转化为基本操作技能；了解 AutoCAD 的基础知识、绘图基本设置等方面知识。

复习思考题

　　1. 正确安装 AutoCAD 2021，并能正常运行。

　　2. 创建一个 AutoCAD 2021 图形文件，使用 acad.dwt 模板，并将其命名为"我的第一个 CAD 文件 .dwt"，保存在 D 盘下。

　　3. 打开第 2 题中保存的文件，并为其设置图形界限：左下角点坐标（100.000，100.000）；右上角点坐标（10000.000，10000.000）。

项目二

绘制基本图形

【项目概述】

在众多测绘工程项目中，任何复杂地物和地貌的表示，都可以分解为点、线、面三类基本的几何要素。一般的地形图是二维图形的组合，点、线段、矩形、圆、圆弧、椭圆等是构成二维图形的基本元素。因此，熟练掌握这些基本图形元素的绘制和编辑方法，是 AutoCAD 2021 后续学习的基础，更是绘制复杂图形和绘制电子地形图的基础。

【知识与能力图谱】

【知识目标】

1. 理解点样式的设置；
2. 掌握点对象、直线、圆的绘制方法；
3. 理解圆弧的绘制方法；
4. 了解椭圆和椭圆弧的绘制方法；
5. 掌握矩形与正多边形的绘制方法；
6. 掌握多段线的绘制和编辑方法；

7. 理解多线的绘制和编辑方法；

8. 了解样条曲线的绘制和编辑方法；

9. 了解射线和构造线的绘制方法。

【能力目标】

1. 能够进行点、直线、圆、圆弧、矩形、正多边形、多段线等的绘制，并掌握编辑方法；

2. 能够绘制射线、构造线、样条曲线。

【素质目标】

1. 强化在制图过程中严格遵守国家行业标准的职业精神，建立工程意识；

2. 具备团队合作能力。

【课前引领】

王家耀，中国工程院院士、地图学与地理信息工程专家。1973 年，一本名为《计算机绘图》的英文版著作让他心头一动：既然计算机能绘制机械图，为什么不能绘制地形图呢？ 1978 年，王家耀带领团队研发了我国第一幅计算机绘制的地图，开启了我国地图制图的新时代。1979 年，王家耀与同事一起开创了我国第一个计算机地图制图专业，同时由他筹建的实验室也初具规模，这成为从纸质地图至数字化地图，建立各种地理信息系统的一个里程碑。王家耀院士一生专注于地图与地理信息科学研究，创造过很多个第一，为我国地图与地理信息科学技术发展作出了重大贡献。

任务一　绘制点对象

绘制点对象

【基本概念】

点是最简单的图形元素，也是组成各类图形的最基本元素，通常作为对象捕捉的参考点，如端点、中点、圆心、节点和交叉点等。AutoCAD 2021 提供了多种形式的点，包括单点和多点，还能对线段、圆、圆弧等对象进行定数等分和定距等分。

【技能操作】

一、设置点样式

具体操作步骤如下：

序号	操　作	结　果	备　注
1	在【常用】选项卡中单击【实用工具】中的【点样式】按钮（图 2-1），即可弹出【点样式】对话框（图 2-2）	 图 2-1 【点样式】按钮 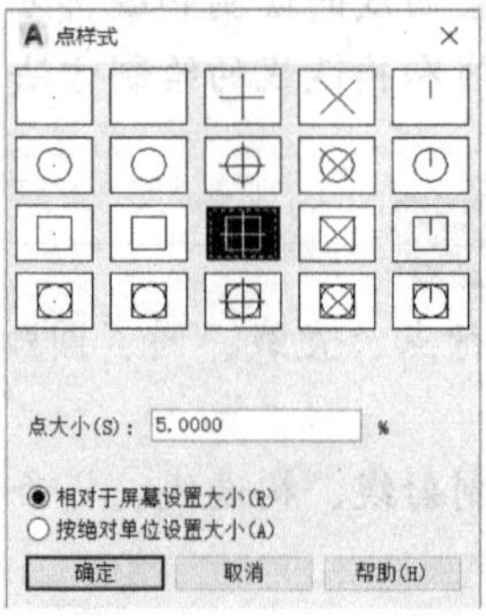　　图 2-2 【点样式】对话框	
2	在命令栏中输入"DDPTYPE"命令（点样式），按 <Space> 键，即可弹出【点样式】对话框（图 2-2）		
3	在菜单栏中，选择【格式】菜单下的【点样式】子菜单项（图 2-3），即可弹出【点样式】对话框（图 2-2）	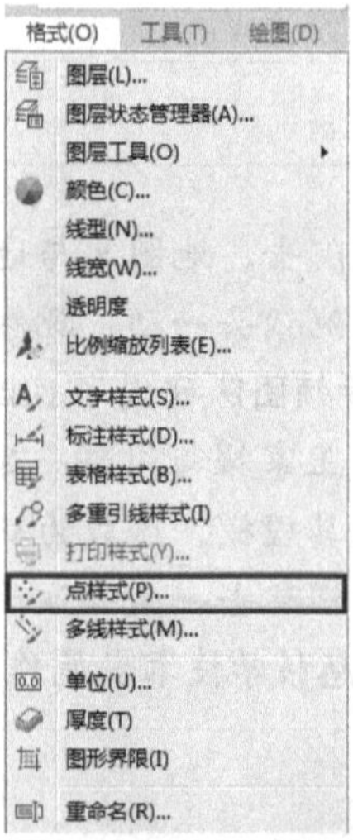 图 2-3 【点样式】子菜单	

二、绘制单点

具体操作步骤如下：

序号	操　作	结　果	备　注
1	在命令栏中输入"POINT"命令（图 2-4）→按 <Space> 键→在绘图区中单击鼠标左键，即可绘制单个点（图 2-5）	 图 2-4 绘制单点命令 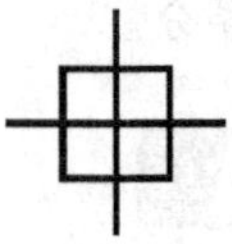　　图 2-5 单点的绘制	

（续）

序号	操　作	结　果	备　注
2	在菜单栏中选择【绘图】→【点】→【单点】菜单项（图2-6）→在绘图区中单击鼠标左键，即可绘制单个点（图2-5）	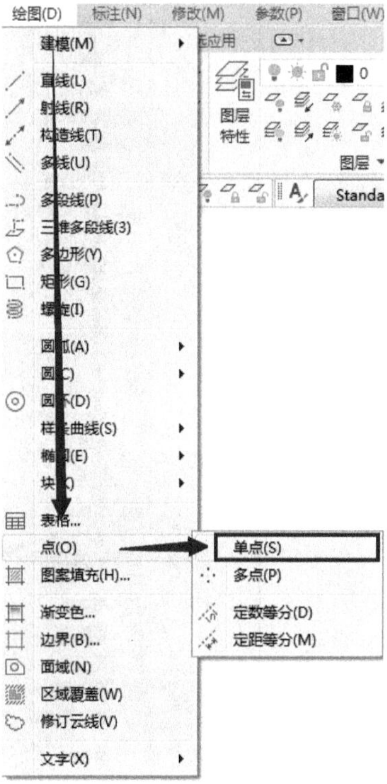 图2-6　【单点】菜单	

三、绘制多点

具体操作步骤如下：

序号	操　作	结　果	备　注
1	在【常用】选项卡中，单击【绘图】中的【多点】按钮 ⁘ （图2-7）→在绘图区中连续单击鼠标左键，即可绘制多点（图2-8），按 <Esc> 键，退出绘制	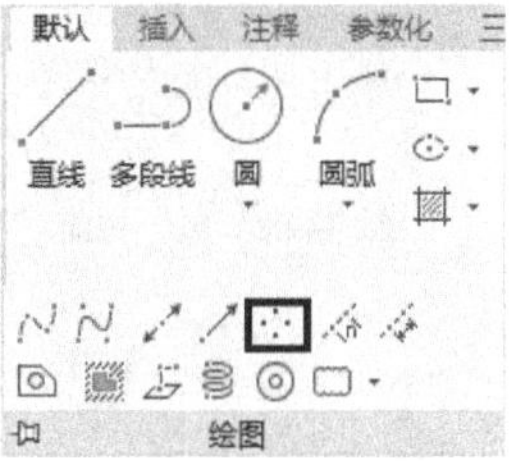 图2-7　【多点】按钮 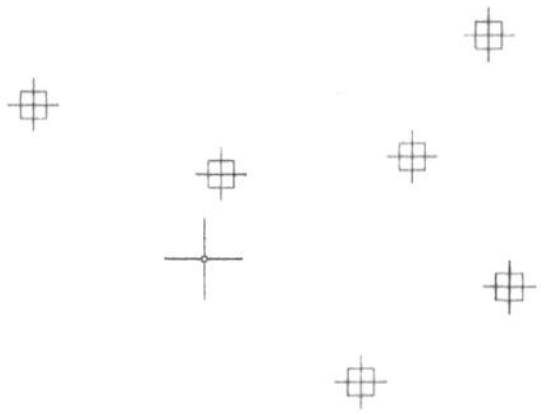　　图2-8　多点的绘制	

（续）

序号	操　作	结　果	备　注
2	在菜单栏中选择【绘图】→【点】→【多点】菜单项（图 2-9），在绘图区中连续单击鼠标左键，即可绘制多点（图 2-8），按 <Esc> 键，退出绘制	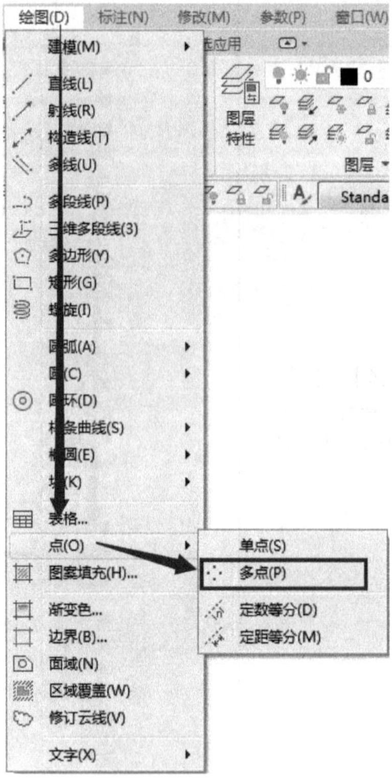 图 2-9　【多点】菜单	

四、绘制等分点

1. 定数等分

具体操作步骤如下：

序号	操　作	结　果	备　注
1	在【绘图】选项板中单击【定数等分】按钮（图 2-10） 在命令栏中输入"DIVIDE"命令→按 <Space> 键	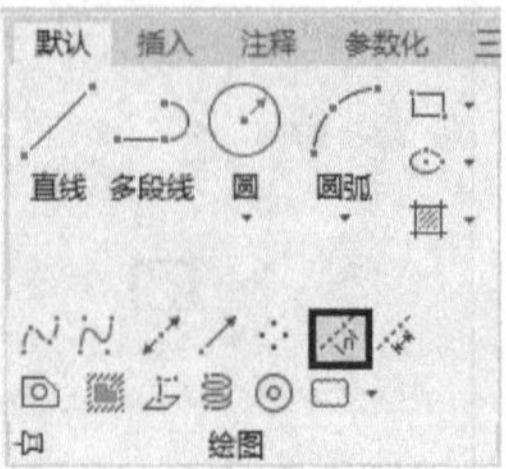 图 2-10　【定数等分】按钮	定数等分"DIVIDE"命令的快捷命令为"DIV"

（续）

序号	操　作	结　果	备　注
1	在菜单栏中，选择【绘图】→【点】→【定数等分】菜单项（图2-11）	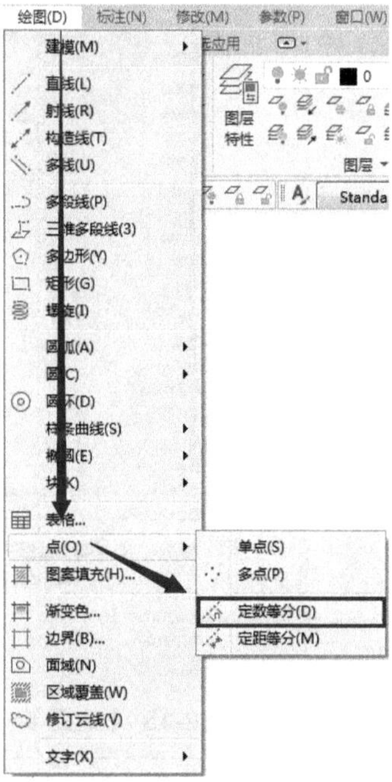 图 2-11　【定数等分】菜单	
2	在命令行的提示下，选择需定数等分的对象（图2-12）→输入线段数目→按<Space>键，完成定数等分（图2-13）	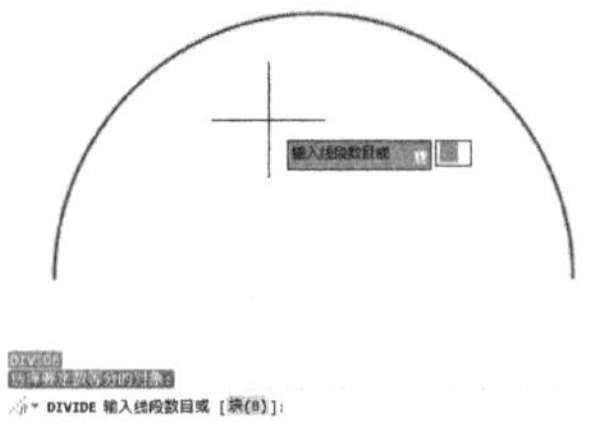 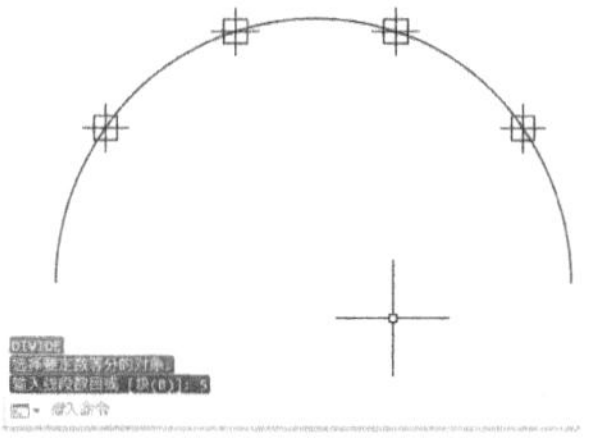 图 2-12　选取定数等分对象　图 2-13　完成圆弧的定数等分	当图形封闭时，实际等分点数等于等分段数；而当图形开放时，实际等分点数等于等分段数减一

2. 定距等分

具体操作步骤如下：

序号	操　作	结　果	备　注
1	在【绘图】选项板中单击【定距等分】按钮（图2-14） 在命令栏中输入"MEASURE"命令→按<Space>键	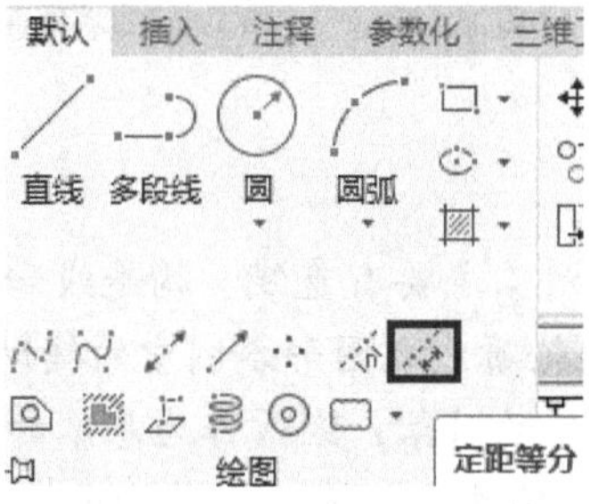 图 2-14　【定距等分】按钮	定距等分"MEASURE"命令的快捷命令为"ME"

（续）

序号	操 作	结 果	备 注
1	在菜单栏中，选择【绘图】→【点】→【定距等分】菜单项（图2-15）	图 2-15 【定距等分】菜单	定距等分 "MEASURE" 命令的快捷命令为 "ME"
2	在命令行的提示下，选择需定距等分的对象（图2-16）→输入线段长度→按 <Space> 键，完成定距等分（图2-17）	图 2-16 选取定距等分对象　　图 2-17 完成圆弧的定距等分	对于直线或非闭合的多段线或圆弧，起点是距离选择点最近的点；对于闭合的多段线，起点是多段线的起点；对于圆或椭圆，起点是以圆心为起点、以当前捕捉角度为方向的捕捉路径与圆的交点

任务二　绘制直线对象

【基本概念】

AutoCAD 2021 中的线状对象主要有直线、构造线和射线。这些线状对象主要用来作为对象的轮廓线或图形绘制中的辅助线。

直线是 AutoCAD 中最常用的对象，经常作为基本的图元对象来使用，同时也是组成几何图形的基本元素。它是由起点和终点确定的线段，构成直线的两个特征点可以是节点、中点、切点、交点、圆心等各种类型的点。

绘制直线对象

　　射线是一端固定而另一端无限延伸的直线，即只有起点没有终点的直线，它主要用于绘制辅助参考线，便于绘图。射线的绘制一般是通过指定两点的方式，其中指定的第一点为射线的起点，而第二点的位置确定了射线的延伸方向。

　　构造线是由两点确定的两端无限延伸的直线，适用于空间的任意位置，主要用于绘制图形的定位线或参考辅助线。

【技能操作】

一、绘制直线

　　具体操作步骤如下：

序号	操　作	结　　果	备　注
1	在【常用】选项卡中，单击【绘图】中的【直线】按钮（图 2-18） 在菜单栏中，选择【绘图】→【直线】菜单项（图 2-19） 在命令栏输入直线命令"LINE"→按 <Space> 键	图 2-18　【直线】按钮　　　图 2-19　【直线】菜单	三种方式指定一点的坐标： （1）在绘图窗口中，用鼠标单击该点的位置 （2）在命令栏中输入该点的坐标（在项目三的任务一和任务二中会详细阐述） （3）利用对象捕捉或对象捕捉追踪的方法（在项目三的任务三和任务四中会详细阐述），指定该点位置 直线命令"LINE"的快捷命令为"L"
2	在命令行的提示下，在绘图区中指定一点，作为直线的起点→指定下一点，绘制直线→按 <Space> 键或 <Esc> 键完成直线绘制（图 2-20）	图 2-20　绘制直线	

【例 2-1】（提示：在实际绘图过程中，应严格依照相关规范或规程进行绘制）请根据《国家基本比例尺地图图式 第 1 部分：1：500 1：1000 1：2000 地形图图式》(GB/T 20257.1—2017) 绘制不埋石图根点符号，如图 2-21 所示，不必进行尺寸标注。

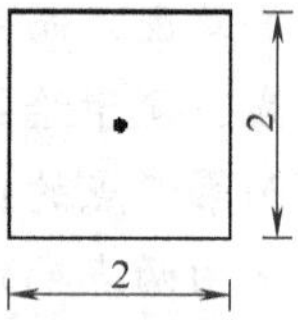

图 2-21 不埋石图根点符号示意图

具体操作步骤如下：

序号	操 作	结 果	备 注
1	在命令栏输入绘制点命令 "POINT" →按 <Space> 键→输入该点的坐标 "0，0" →按 <Space> 键确认（图 2-22）	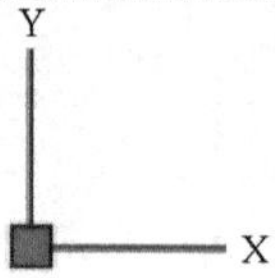 图 2-22 不埋石图根点符号正中间的点	坐标输入时，要在英文半角状态下输入
2	在命令栏输入绘制直线命令 "LINE" →按 <Space> 键→根据命令栏的提示，输入该符号左下角点的坐标 "–1，–1" →按 <Space> 键→输入该符号右下角点的坐标 "1，–1" →按 <Space> 键→输入该符号右上角点的坐标 "1，1" →输入 "C" →按 <Space> 键完成绘制（图 2-23）	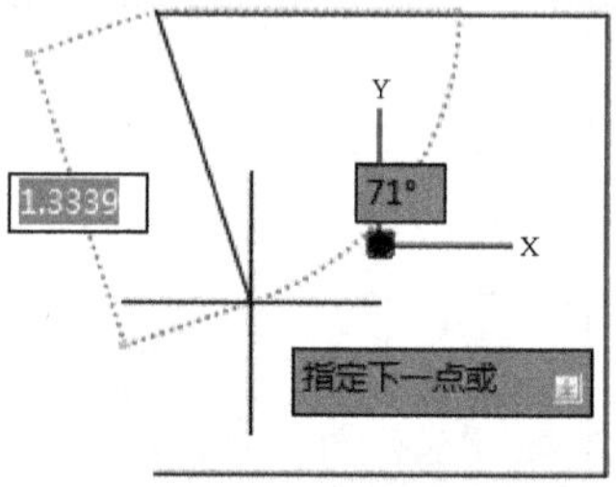 图 2-23 绘图窗口中显示内容	

二、绘制射线

具体操作步骤如下：

序号	操 作	结 果	备 注
1	在【常用】选项卡中，单击【绘图】中的【射线】按钮（图 2-24）		
	在【绘图】菜单中，选择【射线】子菜单（图 2-25）	 图 2-24 【射线】按钮　　图 2-25 【射线】子菜单	

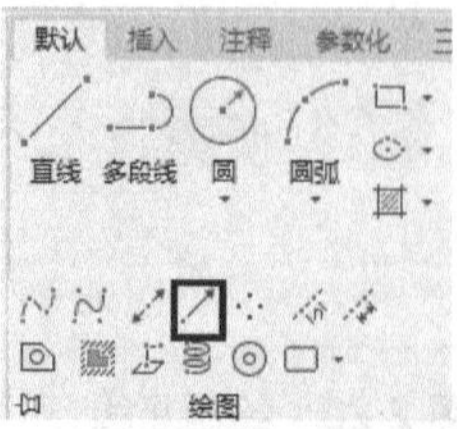

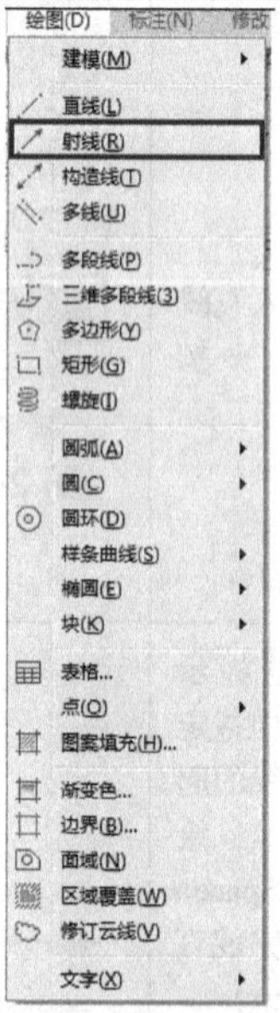

（续）

序号	操　作	结　果	备　注
1	在命令行中输入"RAY"→按<Space>键，绘制射线（图2-26）		
2	根据命令行的提示，指定起点和通过点，绘制射线（图2-27）	命令：RAY 指定起点： RAY 指定通过点：　　指定起点： RAY 指定通过点： 图2-26 【射线】命令　　图2-27 绘制射线	

三、绘制构造线

具体操作步骤如下：

序号	操　作	结　果	备　注
1	在【常用】选项卡中，单击【绘图】中的【构造线】按钮（图2-28） 在【绘图】菜单中，选择【构造线】子菜单（图2-29）	图2-28 【构造线】按钮　　图2-29 【构造线】子菜单	

（续）

序号	操作	结果	备注
1	在命令行中输入 "XLINE" →按 \<Space\> 键，绘制构造线（图 2-30）	 XLINE 指定点或 [水平(H) 垂直(V) 角度(A) 二等分(B) 偏移(O)]： **图 2-30　【构造线】命令**	构造线 "XLINE" 的快捷命令为 "XL"
2	根据命令行的提示，绘制水平的、垂直的、与 X 轴正向有一定夹角的、某角的角平分线的、与某对象平行的构造线（图 2-31）	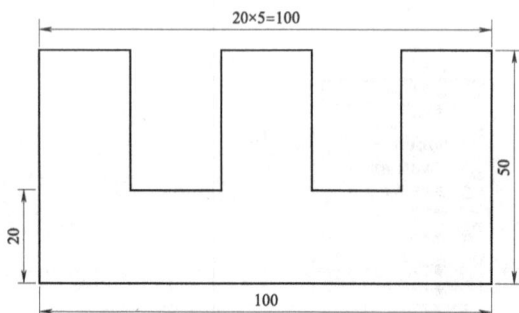 **图 2-31　绘制构造线**	

四、课后练习

完成下列图形的绘制。

1.

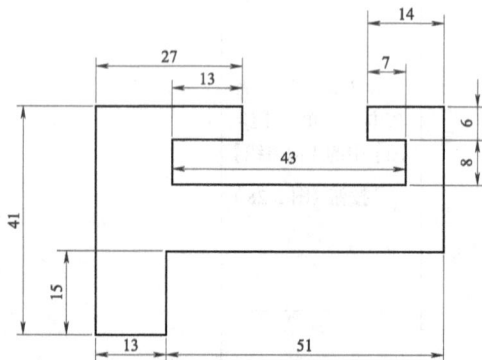

2.

任务三　绘制矩形和正多边形对象

【基本概念】

　　矩形是由四条直线段组成的封闭图形，是一个单独的整体。地形图的地物符号，如四点房屋等均为矩形，是经常使用的图元。矩形可通过定义两个对角点或长度与宽度的方式来绘制。

　　正多边形（即等边多边形）是由 3 条或 3 条以上长度相等的线段首尾相接形成的闭合图形。使用正多边形命令可以快速绘制 3 ~ 1024

绘制矩形和正多边形对象

条边的正多边形，其中包括等边三角形、正方形、正五边形和正六边形等。

【技能操作】

一、绘制矩形

具体操作步骤如下：

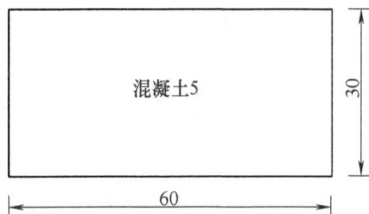

序号	操　作	结　　　果	备　注
1	在【常用】选项卡中，单击【绘图】面板中的【矩形】按钮（图2-32）	图 2-32 【矩形】按钮	矩形命令"RECTANG"的快捷命令为"REC"
	在命令栏输入绘制矩形命令"RECTANG"→按<Space>键（图2-33）	图 2-33 【矩形】命令	
	选择【绘图】→【矩形】菜单项，绘制矩形（图2-34）	图 2-34 【矩形】菜单	
2	根据命令栏提示参照图2-35所示输入所需选项	A 指定角点　圆角　倒角　标高　宽度　厚度　图 2-35 【矩形】命令的各选项	

【例2-2】 根据《国家基本比例尺地图图式 第1部分：1：500 1：1000 1：2000地形图图式》（GB/T 20257.1—2017），绘制一个四点混凝土房屋符号，如图2-36所示，不必进行文字和尺寸标注。

具体操作步骤如下：

混凝土5　30　60

图 2-36　四点混凝土房屋符号示意图

31

序号	操　作	结　果	备　注
1	在命令栏内输入绘制矩形命令 "REC" →按 <Space> 键 →输入矩形左下角点坐标（0，0）→按 <Space> 键→输入矩形右上角点坐标（60，30）→按 <Space> 键（图2-37）	 图2-37　绘制四点混凝土房屋符号	

二、绘制正多边形

具体操作步骤如下：

序号	操　作	结　果	备　注
1	在【常用】选项卡中，单击【绘图】面板中的【多边形】多边形按钮（图2-38） 在命令栏输入绘制多边形的命令 "POLYGON" →按 <Space> 键（图2-39） 选择【绘图】→【多边形】菜单项，绘制正多边形（图2-40）	 图2-38 【多边形】按钮 图2-39 【多边形】命令 图2-40 【多边形】菜单	多边形命令 "POLYGON" 的快捷命令为 "POL"
2	根据命令栏提示，输入 "5" →按 <Space> 键→根据命令栏提示，指定中心点→选择【内接于圆】→输入半径 "20" →按 <Space> 键，完成绘制（图2-41）	 图2-41　绘制内接于圆的正五边形	还可通过指定正多边形的边长或一条边的两个端点，绘制正多边形

（续）

序号	操　作	结　果	备　注
2	根据命令栏提示，输入"5"→按 \<Space\> 键→根据命令栏提示，指定中心点→选择【外切于圆】→输入半径"20" → 按 \<Space\> 键，完成绘制（图 2-42）	 图 2-42　绘制外切于圆的正五边形	

【例 2-3】　根据《国家基本比例尺地图图式　第 1 部分：1∶500 1∶1000　1∶2000 地形图图式》（GB/T 20257.1—2017），绘制卫星定位等级点符号，如图 2-43 所示，不必标注尺寸。

　具体操作步骤如下：

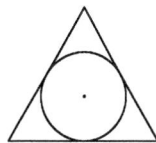

图 2-43　卫星定位等级点符号示意图

序号	操　作	结　果	备　注
1	在命令栏输入绘制正多边形命令"POL"，按 \<Space\> 键→根据命令栏提示，输入侧面数"3"，按 \<Space\> 键→根据命令栏提示，输入正三角形的中心点坐标"0,0"，按 \<Space\> 键→根据命令栏提示，输入内接于圆命令"I"，按 \<Space\> 键→输入内接圆半径"3"，按 \<Space\> 键，完成正三角形的绘制（图 2-44）	 图 2-44　卫星定位等级点符号外侧的正三角形	
2	在命令栏输入绘制圆的命令"CIRCLE"→按 \<Space\> 键→根据命令栏提示，输入圆心坐标（0，0）→按 \<Space\> 键→根据命令栏提示，输入"TAN"，捕捉递延切点→将鼠标移动到正三角形的边上（图 2-45）	 图 2-45　卫星定位等级点符号内部的圆形	

（续）

序号	操　作	结　果	备　注
3	在命令栏输入绘制点的命令"PO"→按 \<Space\> 键→根据命令栏的提示，输入点的坐标（0，0）→按 \<Space\> 键，完成图形的绘制（图2-46）	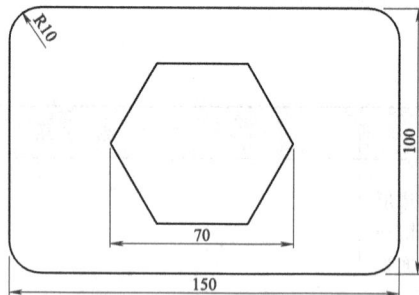 POINT 当前点模式：PDMODE=0 PDSIZE=0.0000 指定点：0,0 键入命令 **图2-46　卫星定位等级点符号**	

三、课后练习

完成下列图形的绘制。

任务四　绘制曲线对象

【基本概念】

利用 AutoCAD 2021，可以轻松绘制各种曲线，如圆、圆弧、椭圆、椭圆弧、样条曲线等对象。

圆是指同一平面上到定点的距离等于定长的所有点组成的图形，是有着恒定曲率和半径的封闭曲线图形。圆是组成二维图形的重要几何图元，在地形图中，有较多的地物和标注符号是由圆形构成的。

圆弧可以看作是圆的一部分图形，既可用圆弧来光滑连接已知圆弧和直线，也可以用作放样图形的放样截面，或用以表达曲面的投影线。

椭圆和椭圆弧都是平面绘图时常用的曲线对象，该类曲线长、短半轴方向所对应的圆弧直径有差异。如果直径完全相同则形成规则的圆轮廓线，因此可以说圆是椭圆的特殊形式，而椭圆弧则是椭圆的一部分。

多段线是一种非常有用的对象，它是由多段直线段或圆弧段组成的一个组合体，既可以一起编辑，也可以分别编辑，还可以具有不同的宽度。

多线又称多重平行线，AutoCAD 2021 中的多线可以包括 1～16 条平行线。其中，每条平行线就是多线的元素，每条线可以有不同的线型和颜色。绘制多线是 AutoCAD 2021 绘图中经常使用的绘图命令。

样条曲线是由一系列控制点定义的光滑曲线。曲线的大致形状、曲线与点的拟合程度均由这些控制点控制。样条曲线拟合逼真、形状控制方便，是一种用途非常广泛的曲线类型，通常用来绘制局部剖视图的剖断线，在地形图中用以表示地貌等。

【技能操作】

绘制圆

一、绘制圆

具体操作步骤如下：

序号	操 作	结 果	备 注
1	在【常用】选项卡中，单击【绘图】面板中的【圆】按钮（图2-47）	图2-47 【圆】按钮	
	在命令栏中输入绘圆命令"CIRCLE"→按<Space>键（图2-48）	图2-48 【圆】命令	圆命令"CIR-CLE"的快捷命令为"C"
	在菜单栏中，选择【绘图】→【圆】→选择需要使用的子菜单（图2-49）	图2-49 【圆】菜单	

35

（续）

序号	操　作	结　　果	备　注
2	在【常用】选项卡中，单击【绘图】面板中的【圆】 按钮下侧的黑色小三角形 → 单击【圆心，半径】 圆心，半径按钮（图 2-50）	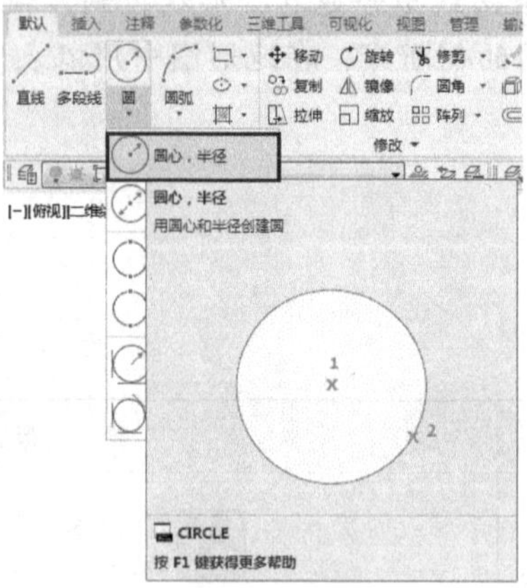 图 2-50 【圆心，半径】按钮	每种调用【圆】命令的方法里都有 6 种方式绘制圆，这里仅介绍通过选项卡绘制圆，通过命令行、菜单绘制圆的方法类似，就不再叙述
3	根据提示指定圆的圆心或输入圆心坐标，这里输入（0，0）→按 <Space> 键 → 根据提示指定圆的半径或直接输入半径，这里输入"20"（图 2-51）	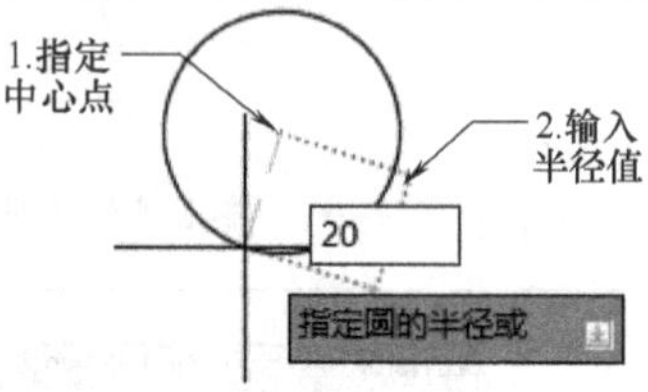 图 2-51 【圆心，半径】绘圆	
4	在【常用】选项卡中，单击【绘图】面板中的【圆】 按钮下侧的黑色小三角形 → 单击【圆心，直径】 圆心，直径按钮（图 2-52 ）	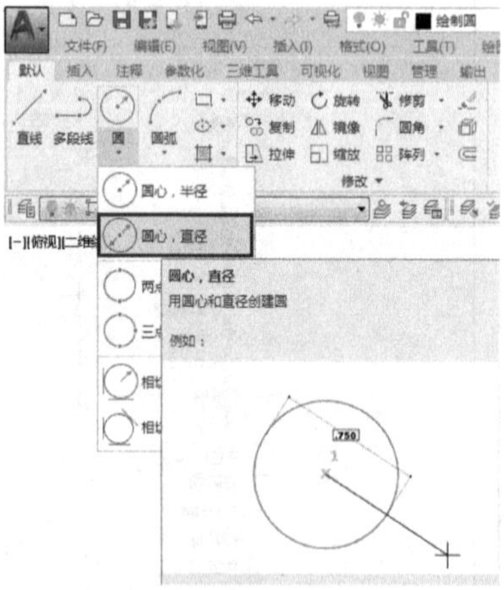 图 2-52 【圆心，直径】按钮	
5	根据提示指定圆的圆心或输入圆心坐标，这里输入（40，0）→按 <Space> 键 → 根据提示指定圆的直径或直接输入直径，这里输入"40"（图 2-53）	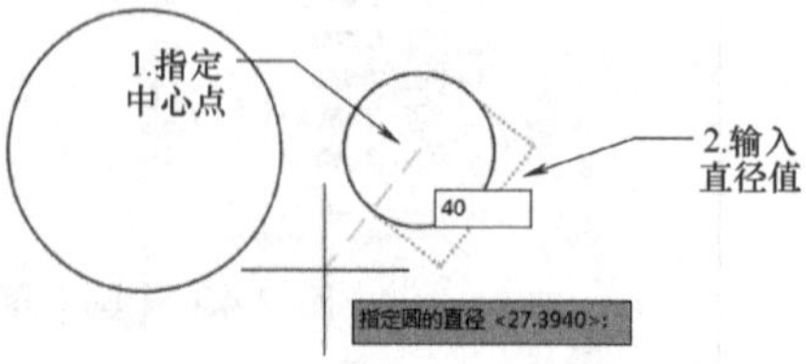 图 2-53 【圆心，直径】绘圆	

（续）

序号	操　作	结　果	备　注
6	在【常用】选项卡中，单击【绘图】面板中的【圆】 按钮下侧的黑色小三角形 ▼ →单击【两点】按钮（图2-54）	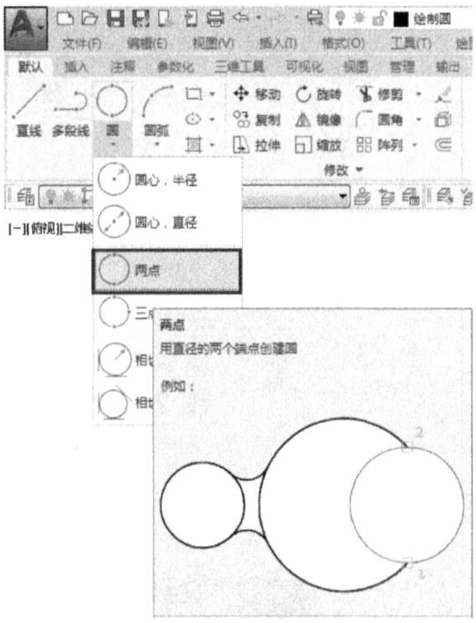 图2-54　【两点】按钮	
7	根据提示指定圆直径的第一个端点，这里随意指定一个点→根据提示指定圆直径的第二个端点，这里随意指定另一个点（图2-55）	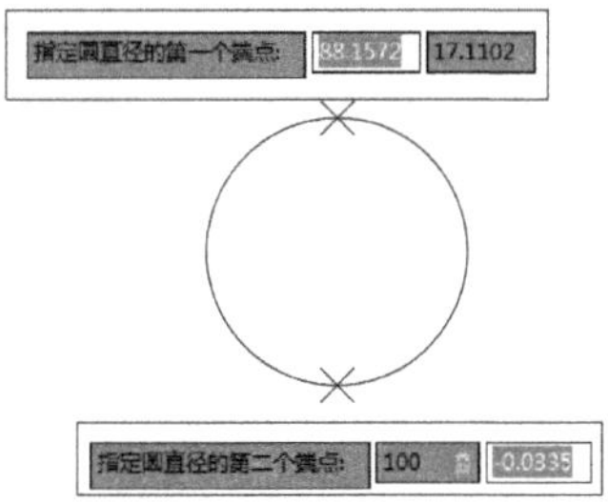 图2-55　【两点】绘圆	可在直径位置已知，但直径值未知的情况下，用此方法
8	在【常用】选项卡中，单击【绘图】面板中的【圆】 按钮下侧的黑色小三角形 ▼ →单击【三点】按钮（图2-56）	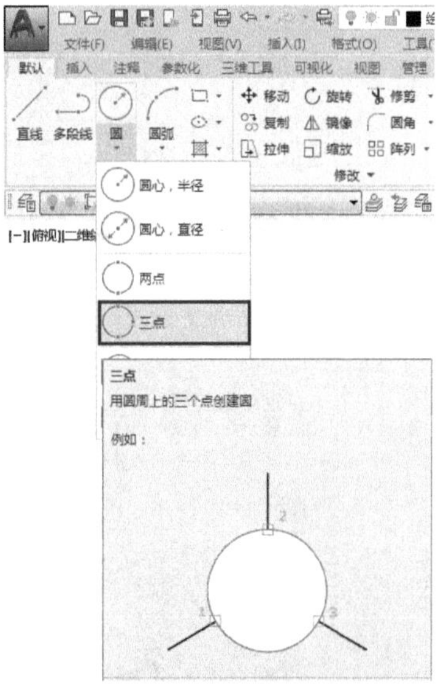 图2-56　【三点】按钮	注意：三点不在同一直线上

（续）

序号	操　作	结　果	备　注
9	根据提示依次指定圆上的第一个点、第二个点、第三个点（图 2-57）	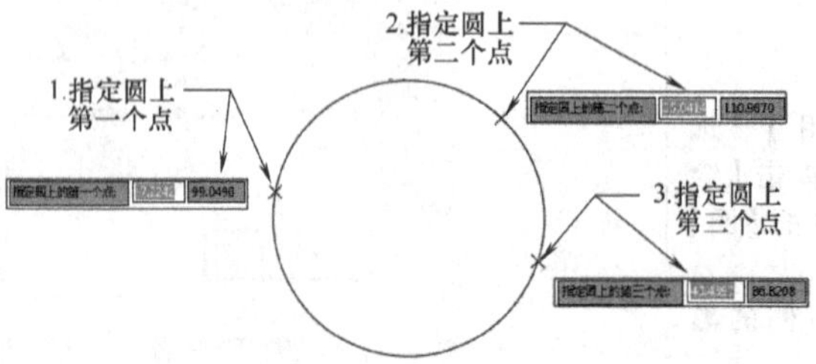 图 2-57 【三点】绘圆	
10	在【常用】选项卡中，单击【绘图】面板中的【圆】按钮下侧的黑色小三角形 ▾ →单击【相切，相切，半径】 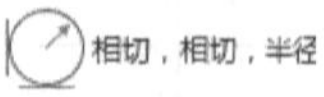 相切，相切，半径 按钮（图 2-58） 	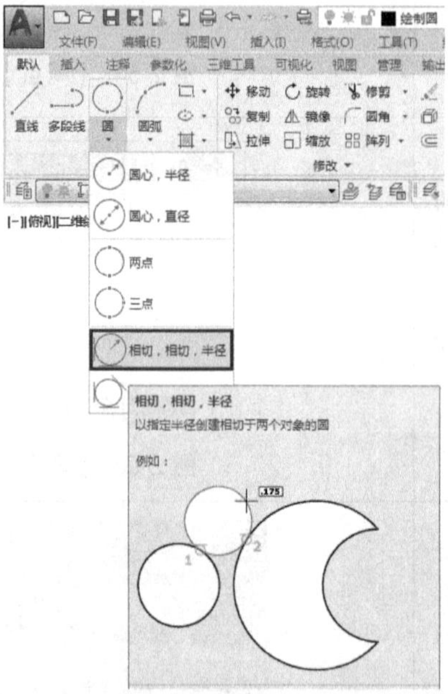 图 2-58 【相切，相切，半径】按钮	
11	根据提示依次指定对象与圆的第一个切点、第二个切点，输入圆的半径（图 2-59）	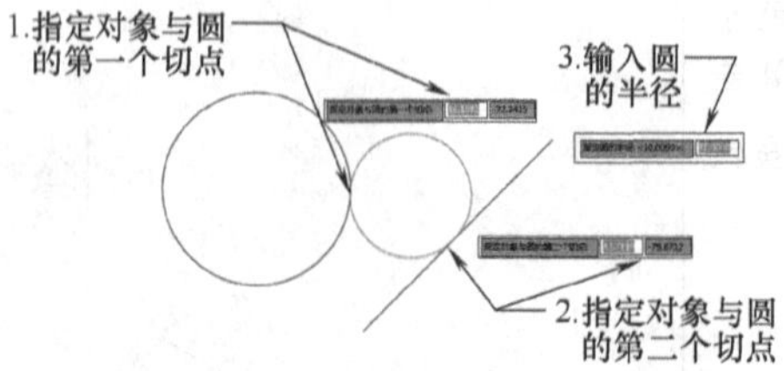 图 2-59 【相切，相切，半径】绘圆	

（续）

序号	操 作	结 果	备 注
12	在【常用】选项卡中，单击【绘图】面板中的【圆】  按钮下侧的黑色小三角形 ▼ → 单击【相切，相切，相切】 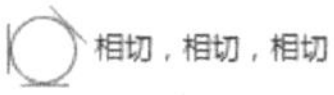 按钮（图2-60）	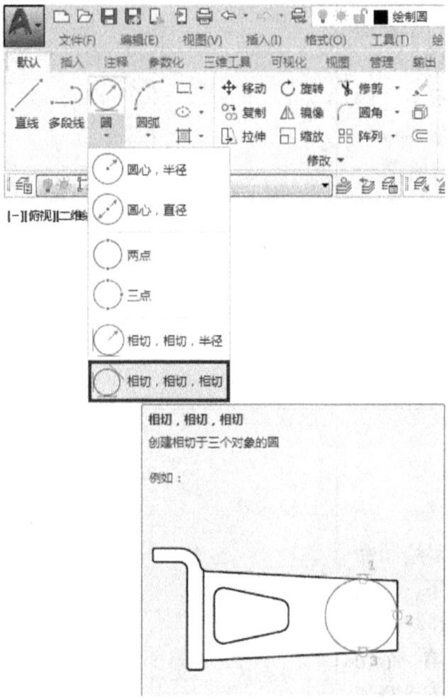 图2-60 【相切，相切，相切】按钮	
13	根据提示依次指定对象与圆的第一个切点、第二个切点和第三个切点（图2-61）	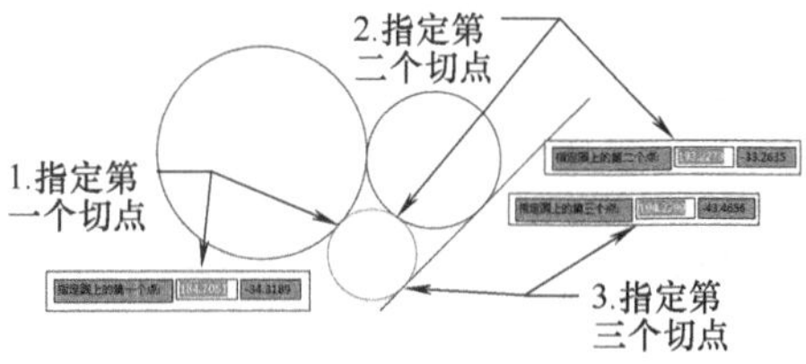 图2-61 【相切，相切，相切】绘圆	

【例2-4】 绘制如图2-62所示图形，不必进行尺寸标注。

具体操作步骤如下：

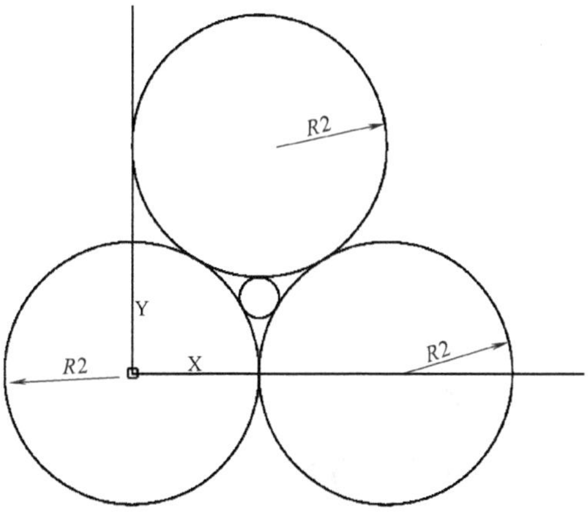

图2-62 "四环"图形

序号	操 作	结 果	备 注
1	在命令栏内输入绘制圆命令"C"→按 <Space> 键，在命令栏提示下，输入第一个圆的圆心坐标（0，0）→按 <Space> 键，在命令栏的提示下，输入半径值"2"→按 <Space> 键，完成第一个圆的绘制→按 <Space> 键，重复绘圆命令，输入圆心坐标（4，0）→按 <Space> 键，命令行提示输入圆的半径→按 <Space> 键（表示直接使用圆的半径默认值），完成圆的绘制（图 2-63）	 图 2-63　已绘制的两个圆	在 AutoCAD 2021 中，若要连续使用同一个命令，可在上一个命令结束后，直接按 <Space> 键，重复使用该命令 同时 AutoCAD 2021 会自动记下上一次绘制圆的半径，将其作为默认值，以 <数值> 的方式给我们提示
2	按 <Space> 键，重复绘圆命令→在命令栏的提示下，输入"T"，即【相切，相切，半径】绘圆→依次选择第一个切点、第二个切点并输入半径值"2"，完成圆的绘制（图 2-64）	 图 2-64　已绘制的三个圆	
3	在【常用】选项卡中，单击【绘图】面板中的【圆】按钮下侧的黑色小三角形 ▼ →单击【相切，相切，相切】按钮→依次在三个大圆上拾取第一个切点、第二个切点、第三个切点，完成绘图（图 2-65）	 图 2-65　绘制的"四环"图形	

二、绘制圆弧

具体操作步骤如下：

绘制圆弧

序号	操　作	结　果	备　注
1	在【常用】选项卡中，单击【绘图】面板中的【圆弧】![圆弧]按钮（图2-66） 	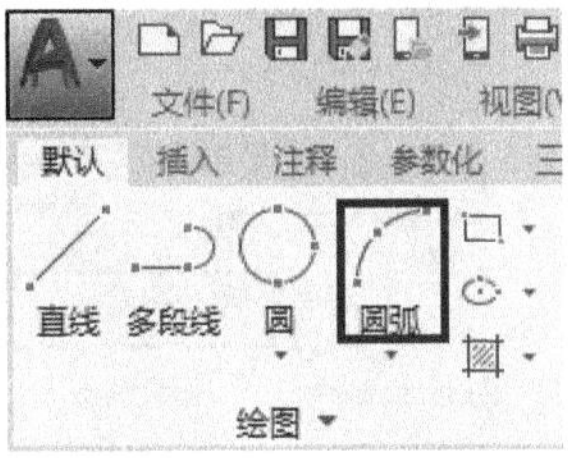 图 2-66 【圆弧】按钮	绘制圆弧有11种工具按钮，根据绘图顺序以及已知图形要素条件的不同，分为以下5类方式：1.三点绘制圆弧；2.起点和圆心绘制圆弧；3.起点和端点绘制圆弧；4.圆心和起点绘制圆弧；5.连续圆弧。每种方式只介绍一种方法 圆弧命令"ARC"的快捷命令为"A"
	在命令栏中输入绘圆弧命令"ARC"→按<Space>键（图2-67）	 图 2-67 【圆弧】命令	
	在菜单栏中，选择【绘图】→【圆弧】→选择需要使用的子菜单（图2-68）	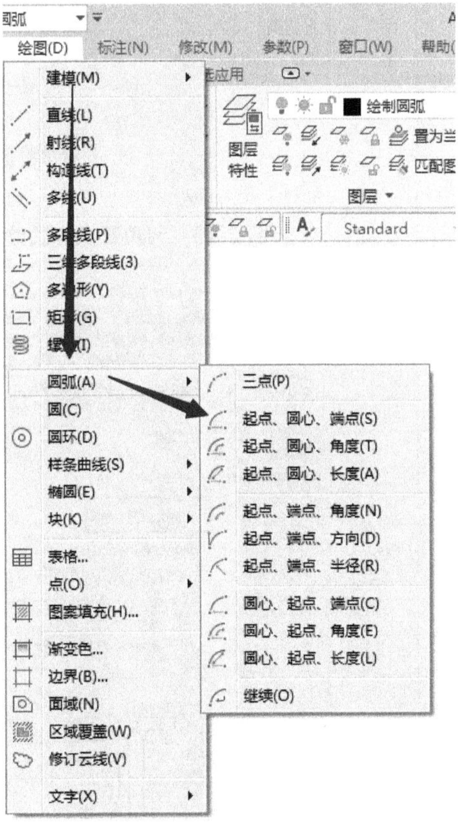 图 2-68 【圆弧】子菜单	

（续）

序号	操　作	结　果	备　注
2	在【常用】选项卡中，单击【绘图】面板中的【圆弧】  按钮下侧的黑色小三角形 ▼ →单击【三点】 三点 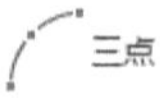 按钮（图 2-69）	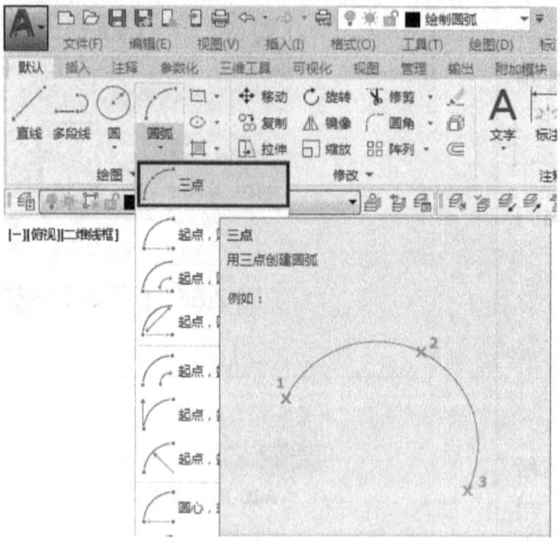 图 2-69 【三点】按钮	
3	根据提示依次指定圆弧的起点、圆弧的第二个点、圆弧的端点（图 2-70）	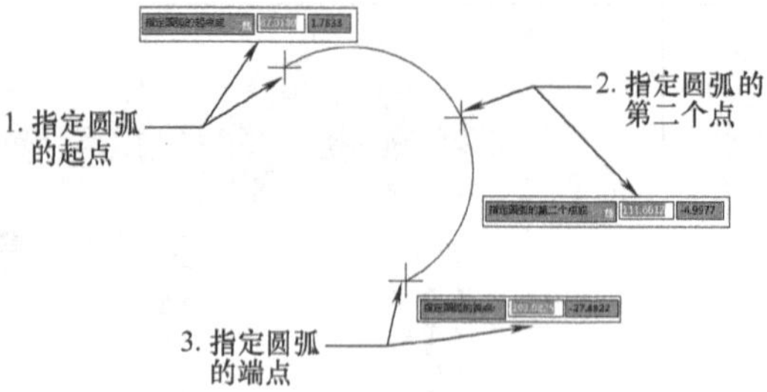 图 2-70　利用三点方式绘制圆弧	
4	在【常用】选项卡中，单击【绘图】面板中的【圆弧】  按钮下侧的黑色小三角形 ▼ →单击【起点，圆心，角度】 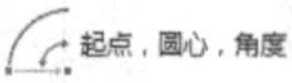 起点，圆心，角度 按钮（图 2-71）	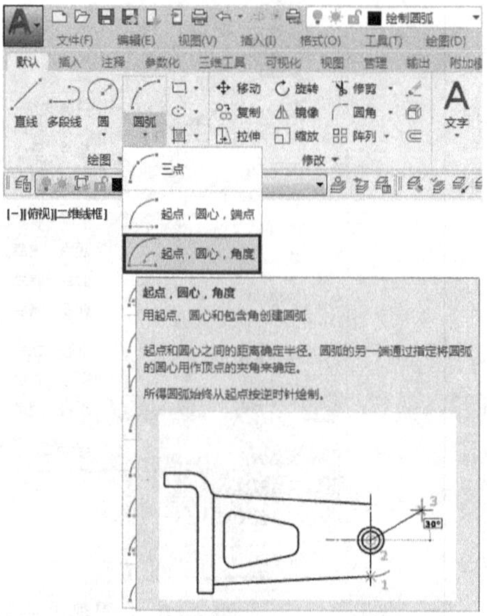 图 2-71 【起点，圆心，角度】按钮	起点和圆心方式绘制圆弧：通过指定圆弧的起点和圆心，再指定圆弧的端点，或设置圆弧的包含角或弦长来确定圆弧，仅以【起点，圆心，角度】为例说明

（续）

序号	操 作	结 果	备 注
5	根据提示依次指定圆弧的起点、圆心，并输入圆心角度值绘制圆弧（图2-72）	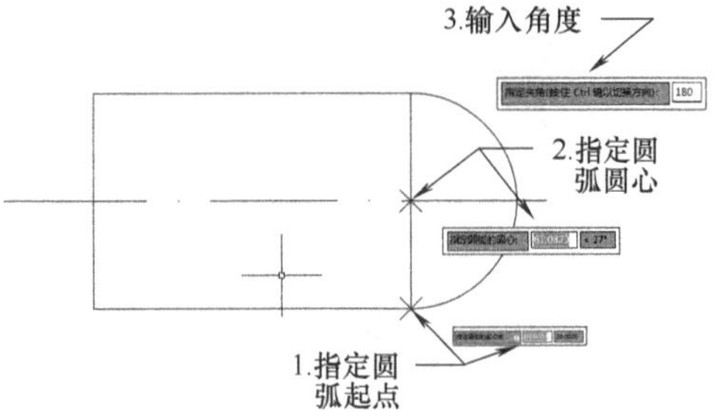 图 2-72 【起点，圆心，角度】绘圆弧	注意：当输入正角度值时，从起点绕圆心逆时针绘制圆弧；当输入负角度值时，则顺时针绘制圆弧
6	在【常用】选项卡中，单击【绘图】面板中的【圆弧】按钮下侧的黑色小三角形 ▼ →单击【起点，端点，方向】按钮（图2-73）  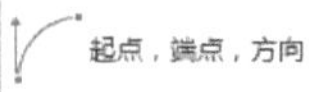	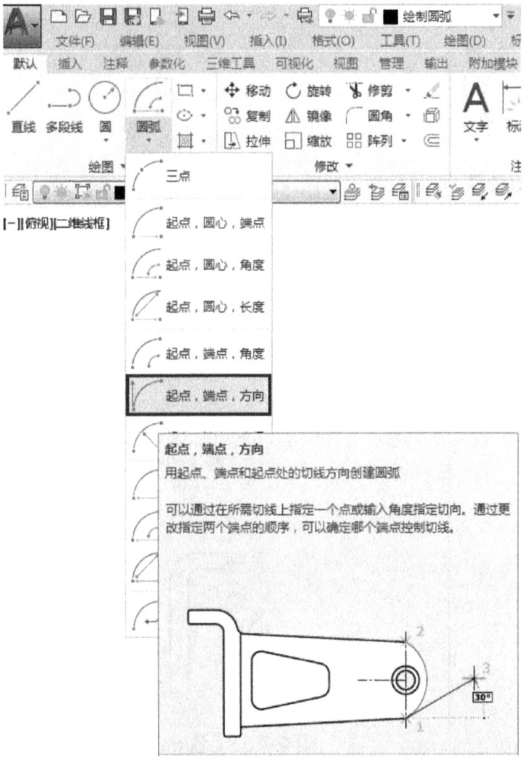 图 2-73 【起点，端点，方向】按钮	
7	根据提示依次指定圆弧的起点、端点，在起点位置处会产生一条"橡皮筋线"，此橡皮筋线即为圆弧起始点的切线，此时可以拖动光标，动态地确定圆弧或可直接输入角度来确定（图2-74）	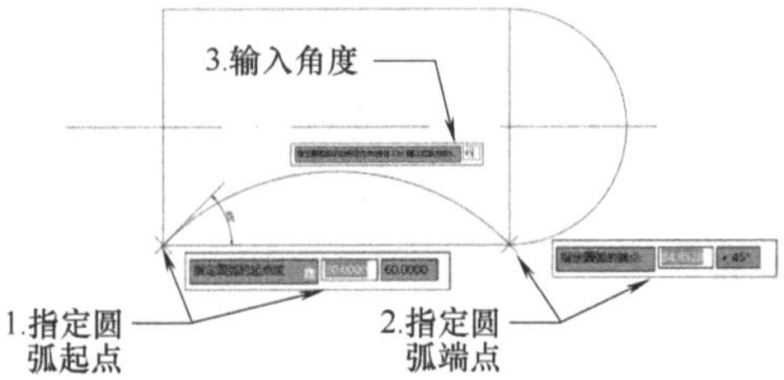 图 2-74 【起点，端点，方向】绘圆弧	

（续）

序号	操 作	结 果	备 注
8	在【常用】选项卡中，单击【绘图】面板中的【圆弧】按钮下侧的黑色小三角形 ▾ →单击【圆心，起点，长度】按钮（图 2-75）	图 2-75 【圆心，起点，长度】按钮	此方法输入的长度是所绘圆弧对应的弦长
9	根据提示依次指定圆弧的圆心、起点，并输入圆弧所对应的弦的长度，绘制圆弧（图 2-76）	图 2-76 【圆心，起点，长度】绘圆弧	

（续）

序号	操 作	结 果	备 注
10	在【常用】选项卡中，单击【绘图】面板中的【圆弧】  按钮下侧的黑色小三角形 ▾ →单击【连续】 连续  按钮（图2-77）	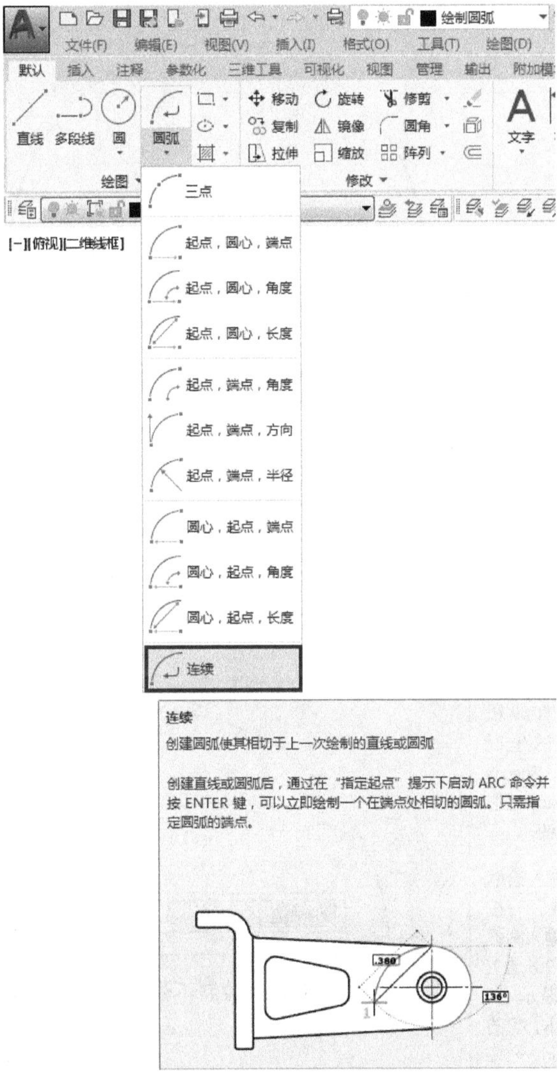 图 2-77 【连续】按钮	
11	以最后一次绘制直线段或圆弧过程中确定的最后一点作为新圆弧的起点，并以最后所绘线段的方向或圆弧终止点处的切线方向作为新圆弧在起始点处的切线方向，再指定端点确定一段圆弧（图2-78）	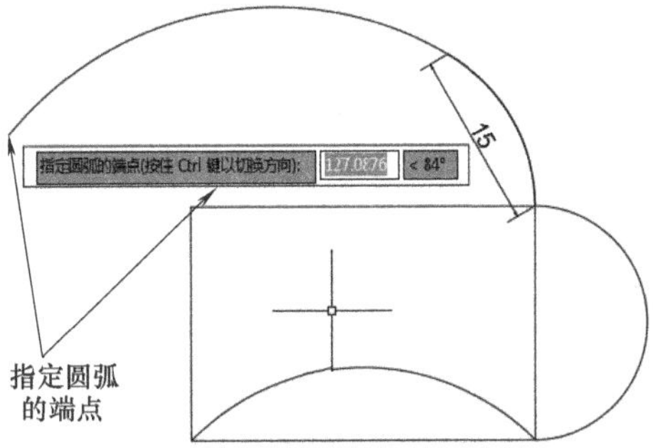 图 2-78 【连续】绘圆弧	

【例 2-5】　根据《国家基本比例尺地图图式　第 1 部分：1∶500　1∶1000　1∶2000 地形图图式》（GB/T 20257.1—2017），绘制不依比例尺的蒙古包符号，如图 2-79 所示，不必进行尺寸标注。

图 2-79　不依比例尺蒙古包符号示意图

具体操作步骤如下：

序号	操　作	结　果	备　注
1	在命令栏内输入绘制直线命令"L"→按<Space>键，在命令栏提示下，输入直线段左侧特征点的坐标（0，0）→按<Space>键，在命令栏的提示下，输入直线段右侧特征点的坐标（4，0）→按<Space>键→再按<Space>键，完成直线的绘制	 图 2-80　绘制不依比例尺蒙古包符号	绘制圆弧时注意圆弧的方向：是从起点绕圆心逆时针绘制
2	在命令栏输入绘制圆弧命令"A"→按<Space>键，输入圆弧起点的坐标（3.6，0），在命令栏的提示下，输入圆弧中间点的坐标（2，1.6）→按<Space>键，在命令栏提示下，输入圆弧终点的坐标（0.4，0）→按<Space>键，完成绘制（图 2-80）		

三、绘制椭圆与椭圆弧

具体操作步骤如下：

绘制椭圆和椭圆弧

序号	操　作	结　果	备　注
1	在【常用】选项卡中，单击【绘图】面板中的【椭圆】 ⊙ ▾ 按钮（图2-81） 在命令栏中输入椭圆命令"ELLIPSE"→按 <Space> 键（图2-82） 在菜单栏中，选择【绘图】→【椭圆】→选择需要使用的子菜单（图2-83）	图 2-81 【椭圆】按钮 图 2-82 【椭圆】命令 图 2-83 【椭圆】菜单	椭圆命令"ELLIPSE"的快捷命令为"EL"
2	在【常用】选项卡中，单击【绘图】面板中的【椭圆】 ⊙ ▭ 按钮右侧的黑色小三角形 ▾ →单击【圆心】 ⊙ 圆心按钮（图2-84）	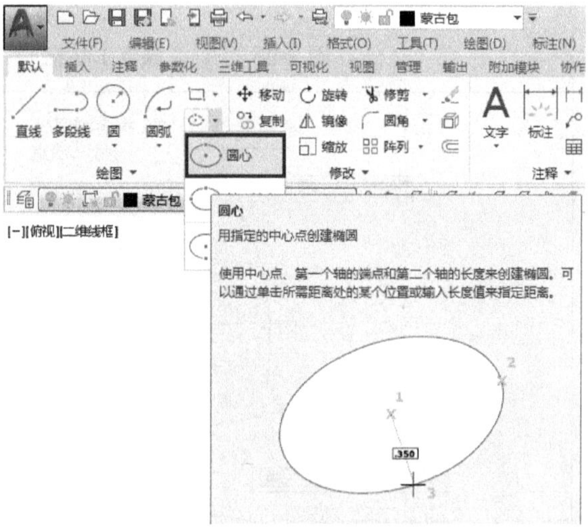 图 2-84 【圆心】按钮	有两种方法绘制椭圆，这里仅以通过选项卡绘制椭圆为例进行讲述；通过命令行、菜单绘制椭圆的方法与此类似，不再叙述

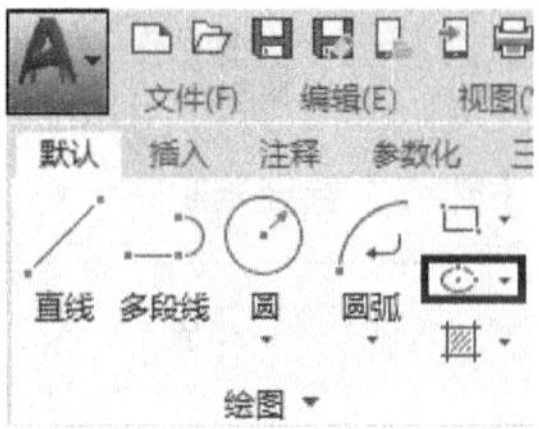

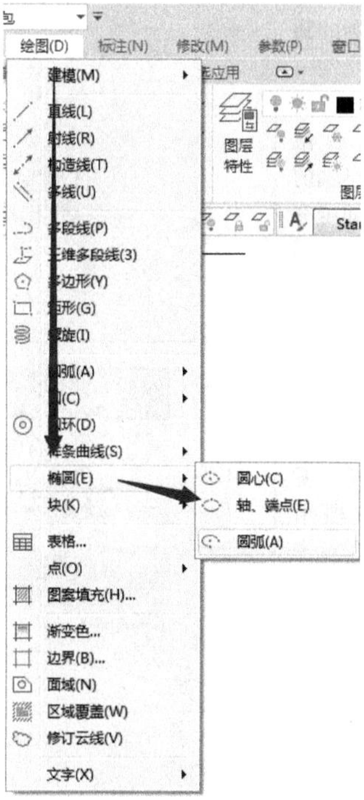

47

（续）

序号	操　作	结　　果	备　注
3	根据提示指定椭圆的圆心，并指定一个半轴的端点，然后指定另一半轴的长度，即可完成椭圆的绘制（图2-85）	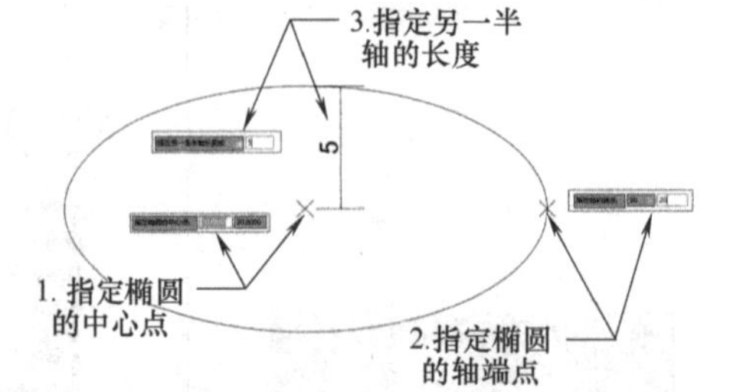 图 2-85　【圆心】绘制椭圆	
4	在【常用】选项卡中，单击【绘图】面板中的【椭圆】 按钮右侧的黑色小三角形 ▾ →单击【轴，端点】 按钮（图2-86）	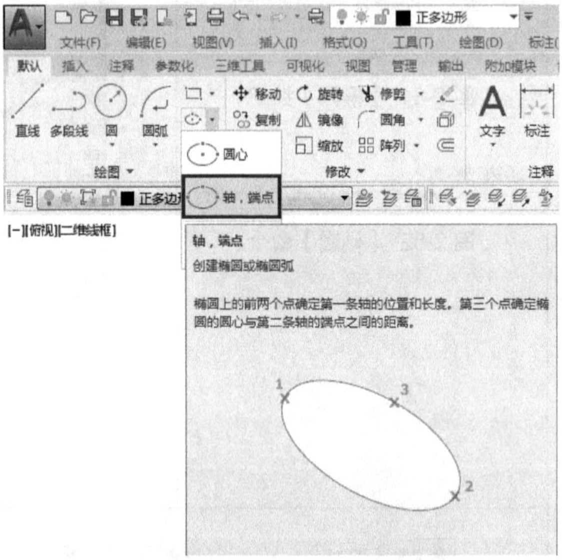 图 2-86　【轴，端点】按钮	
5	根据提示指定椭圆轴的端点，并指定轴的另一端点，然后指定另一半轴的长度，即可完成椭圆的绘制（图2-87）	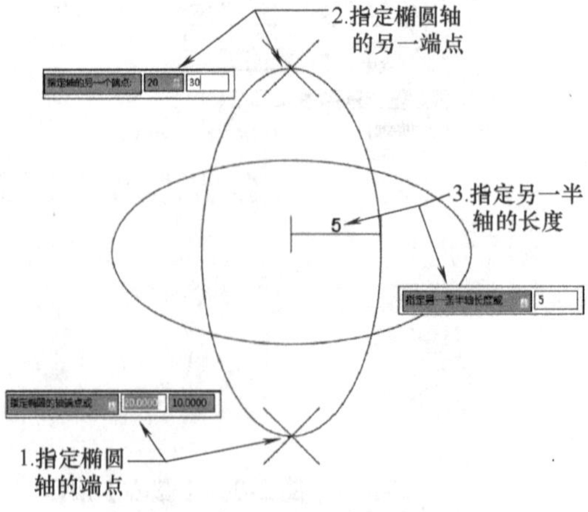 图 2-87　【轴，端点】绘制椭圆	

（续）

序号	操　作	结　　　果	备　注
6	在【常用】选项卡中，单击【绘图】面板中的【椭圆】 ⊙▫ 按钮右侧的黑色小三角形 ▾ →单击【椭圆弧】 ⌒ 椭圆弧 按钮（图2-88）	 图2-88　【椭圆弧】按钮	在绘制椭圆的基础上，指定圆弧的起点角度和端点角度，即可绘制椭圆弧
7	根据提示指定椭圆轴的端点，并指定轴的另一端点，然后指定另一半轴的长度，即可完成椭圆的绘制；在此基础上指定起点角度，指定端点角度，完成椭圆弧的绘制（图2-89）	 图2-89　绘制椭圆弧	

四、绘制与编辑多段线

1. 绘制多段线

具体操作步骤如下：

多段线的绘制

序号	操 作	结 果	备 注
1	在【常用】选项卡中，单击【绘图】面板中的【多段线】 ↗ 多段线 按钮（图 2-90） 在命令栏中输入多段线命令"PLINE"→按<Space>键（图 2-91） 在菜单栏中，选择【绘图】→【多段线】(图 2-92)	图 2-90 【多段线】按钮 图 2-91 【多段线】命令 图 2-92 【多段线】菜单	多段线命令"PLINE"的快捷命令为"PL"
2	根据命令栏提示指定起点→按<Space>键，命令栏提示如图 2-93 所示，可根据提示对绘制的多段线进行设置	图 2-93 绘制多段线提示	

【例 2-6】 下面用一个简单的小实例来说明由直线和弧线组成的多段线的绘制过程，具体操作步骤如下：

序号	操 作	结 果	备 注
1	在命令栏输入多段线绘制命令"PLINE"→按<Space>键→指定起点 A→指定直线段的端点 B→在命令栏输入"A"→指定弧线的端点 C→在命令栏输入"W"，输入起点宽度为"20"，终点宽度为"20"→在命令栏输入"L"→拾取直线端点 D→在命令栏输入"A"，切换到绘圆弧模式→在命令栏输入"W"，输入起点宽度为"20"，终点宽度为"0"→在命令栏输入"CL"，使弧线闭合于第一条直线的起点（图 2-94）	图 2-94 多段线 $ABCD$ 的绘制	

2. 编辑多段线

具体操作步骤如下：

序号	操 作	结 果	备 注
1	在【常用】选项卡中，单击【修改】面板中的【编辑多段线】按钮（图 2-95）	 图 2-95 【编辑多段线】按钮	可以一次编辑一条或多条多段线。编辑内容包括改变多段线的宽度、连接、闭合、拟合、插入、增加、删除、改变顶点 编辑多段线命令"PEDIT"的快捷命令为"PE"
2	在命令栏中输入编辑多段线命令"PEDIT"→按 <Space> 键（图 2-96）	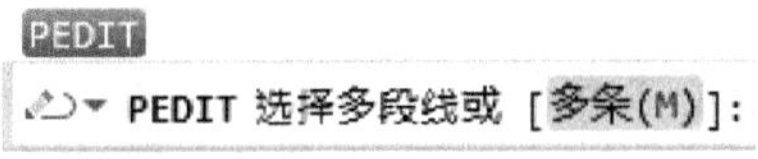 图 2-96 【编辑多段线】命令	
3	在菜单栏中，选择【修改】→【对象】→【多段线】子菜单（图 2-97）	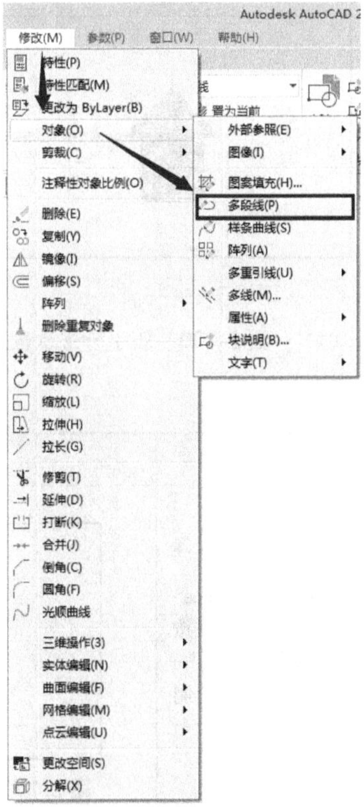 图 2-97 【多段线】子菜单	可以一次编辑一条或多条多段线。编辑内容包括改变多段线的宽度、连接、闭合、拟合、插入、增加、删除、改变顶点 编辑多段线命令"PEDIT"的快捷命令为"PE"

【例 2-7】 下面以一个简单的小实例来说明多段线拟合的过程，如图 2-98 所示。

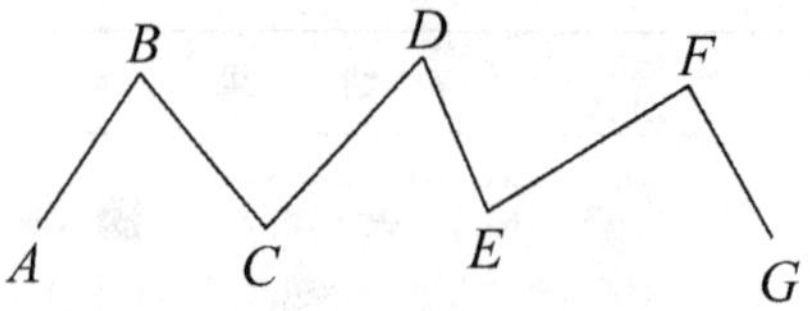

图 2-98　绘制多段线

具体操作步骤如下：

序号	操　作	结　果	备　注
1	在命令栏输入"PEDIT"命令→按 \<Space\> 键→选择绘制的多段线→根据命令栏提示，输入"S"，则将折线状的多段线编辑成样条曲线（图 2-99）	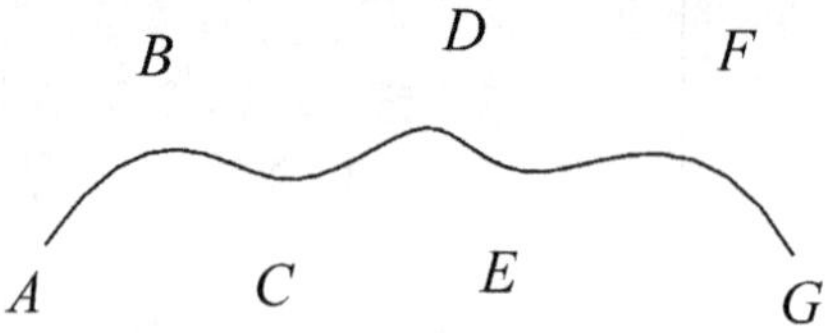 图 2-99　多段线的曲线化	

【例 2-8】 根据《国家基本比例尺地图图式　第 1 部分：1：500　1：1000　1：2000 地形图图式》(GB/T 20257.1—2017)，绘制庙宇符号，如图 2-100 所示，不必标注文字和尺寸。

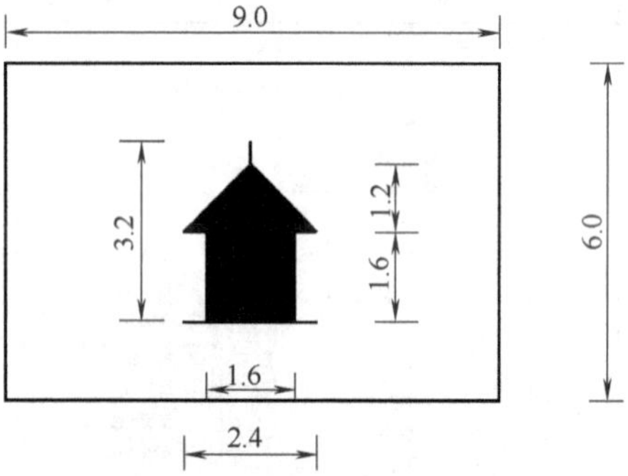

图 2-100　庙宇符号示意图

具体操作步骤如下：

序号	操　作	结　果	备　注
1	在命令栏输入"RECTANG"命令→按 \<Space\> 键→输入矩形左下角点坐标（0，0）→按 \<Space\> 键→输入矩形右上角点坐标（9，6）→按 \<Space\> 键，庙宇符号外侧的矩形便绘制完成了（图 2-101）	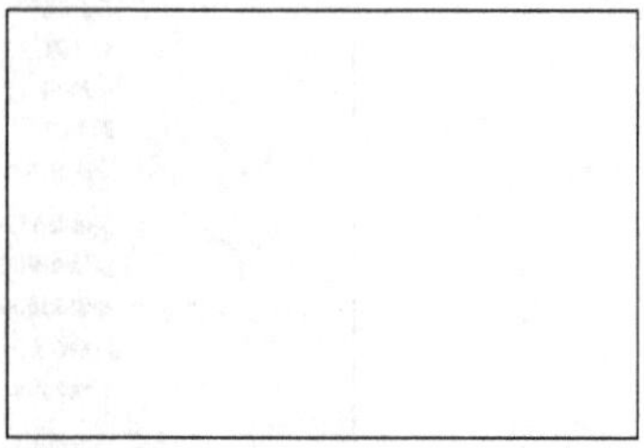 图 2-101　庙宇符号外侧的矩形	

（续）

序号	操　　作	结　　果	备　注
2	在命令栏输入绘制直线命令"LINE"→按 <Space> 键→输入线段左侧特征点的坐标（3.3，1.4）→按 <Space> 键→输入线段右侧特征点的坐标（5.7，1.4）→按 <Space> 键，庙宇符号内部图形最下端的直线段就绘制好了（图 2-102）	图 2-102　庙宇符号内部图形最下端的直线段	
3	在命令栏内输入绘制多段线命令"PLINE"→按 <Space> 键→输入起点坐标（4.5，1.4）→按 <Space> 键→输入"W"→按 <Space> 键→根据命令栏提示，输入起点宽度"1.6"→按 <Space> 键→输入终点宽度"1.6"→按 <Space> 键→在命令栏的提示下，输入下一个点坐标（4.5，3）→按 <Space> 键→输入"W"→按 <Space> 键→根据命令栏提示，输入起点宽度"2.4"→按 <Space> 键→输入终点宽度"0"→按 <Space> 键→在命令栏的提示下，输入下一个点坐标（4.5，4.2）→按 <Space> 键→输入下一个点坐标（4.5，4.6）→按两次 <Space> 键，完成绘制（图 2-103）	图 2-103　绘制完成庙宇符号	

五、创建、绘制与编辑多线

1. 创建多线样式

具体操作步骤如下：

序号	操　　作	结　　果	备　注
1	选择【格式】→【多线样式】子菜单，弹出【多线样式】对话框（图 2-104）	图 2-104　【多线样式】对话框	

（续）

序号	操　作	结　果	备　注
1	选择【格式】→【多线样式】子菜单，弹出【多线样式】对话框（图 2-104）	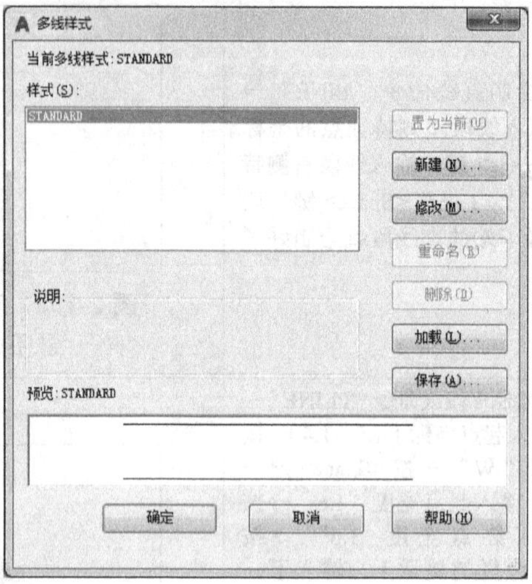 图 2-104 【多线样式】对话框（续）	
2	单击【新建】按钮→打开【创建新的多线样式】对话框，输入样式名→单击【继续】按钮（图 2-105）	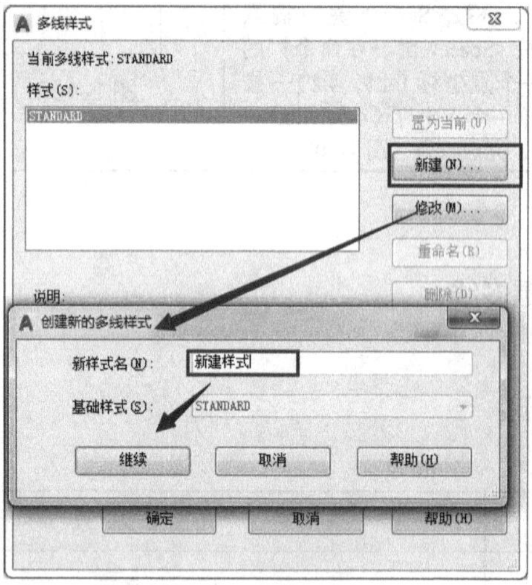 图 2-105 【创建新的多线样式】对话框	STANDARD 样式为系统默认样式，不允许删除
3	在弹出的【新建多线样式新建样式】对话框中，在【说明】文本框内填入样式描述→设置【封闭】→【填充颜色】→【图元】，可在【多线样式】对话框中的【预览】窗口内，查看设置的多线样式→单击【确定】按钮（图 2-106）	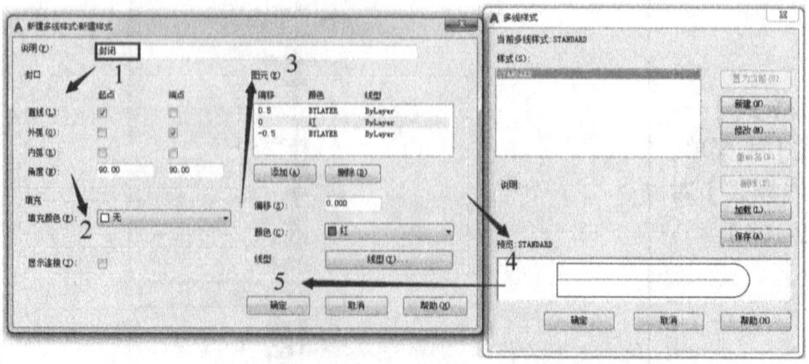 图 2-106 【新建多线样式新建样式】对话框	

（续）

序号	操　作	结　　果	备　注
4	在返回的【多线样式】对话框中可以看到，刚新建的"新建样式"多线样式已经在【样式】列表框中了，在【预览】窗口中可以看到它的基本情况，如不满意，可单击【修改】按钮，进行修改；如需立即使用该多线样式，单击【置为当前】按钮（图 2-107）	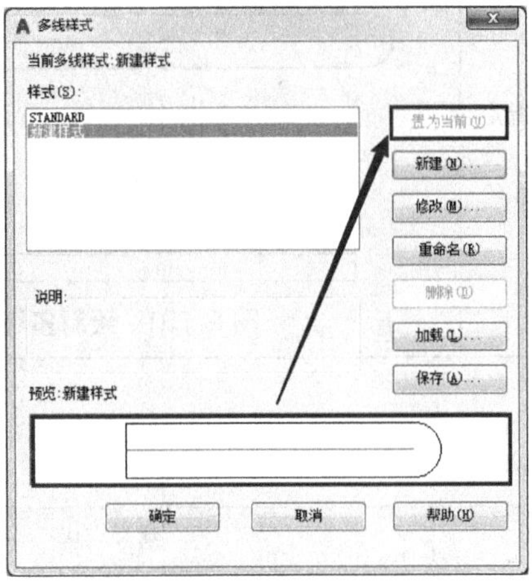 图 2-107　新建的"新建样式"	

2. 绘制多线

具体操作步骤如下：

序号	操　作	结　　果	备　注
1	在命令栏中输入绘多线命令"MLINE"→按<Space>键（图 2-108）	 图 2-108　【多线】命令（1）	多线命令"MLINE"的快捷命令为"ML" 当前设置：上对正，比例放大 20 倍，多线样式是"新建样式"
	在菜单栏中，选择【绘图】→【多线】（图 2-109）	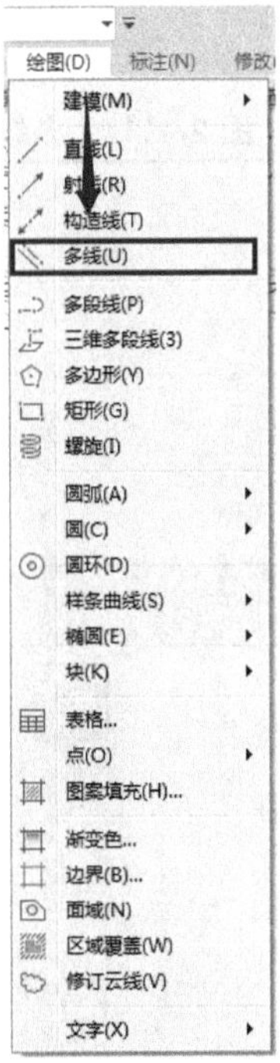 图 2-109　【多线】命令（2）	

(续)

序号	操 作	结 果	备 注
2	根据命令栏提示指定起点→指定下一点→按 <Space> 键，完成多线绘制（图 2-110）	 图 2-110　绘制多线	

3. 编辑多线

具体操作步骤如下：

序号	操 作	结 果	备 注
1	在菜单栏中，选择【修改】→【对象】→【多线】菜单项，弹出【多线编辑工具】对话框（图 2-111）	 图 2-111　【多线编辑工具】对话框	（1）第一列为处理十字交叉的多线 （2）第二列为处理 T 形相交的多线 （3）第三列为处理角点连接和顶点的多线 （4）第四列为多线的剪切或接合处理
2	命令栏输入"MLEDIT"命令→按 <Space> 键，弹出【多线编辑工具】对话框（图 2-111）		

六、绘制样条曲线

具体操作步骤如下：

绘制样条曲线

序号	操 作	结 果	备 注
1	在【常用】选项卡中，单击【绘图】中的【样条曲线拟合】按钮（图 2-112），或选择【样条曲线控制点】按钮（图 2-113）	 图 2-112　【样条曲线拟合】按钮	

（续）

序号	操　作	结　果	备　注
1	在【常用】选项卡中，单击【绘图】中的【样条曲线拟合】按钮（图2-112），或选择【样条曲线控制点】按钮（图2-113）	 图 2-113　【样条曲线控制点】按钮	
	在命令栏中输入"SPLINE"命令→按 <Space> 键（图2-114）	 图 2-114　【样条曲线】命令	样条曲线命令"SPLINE"的快捷命令为"SPL"
2	指定起点、中间点和终点后，即可绘制出样条曲线（图2-115）	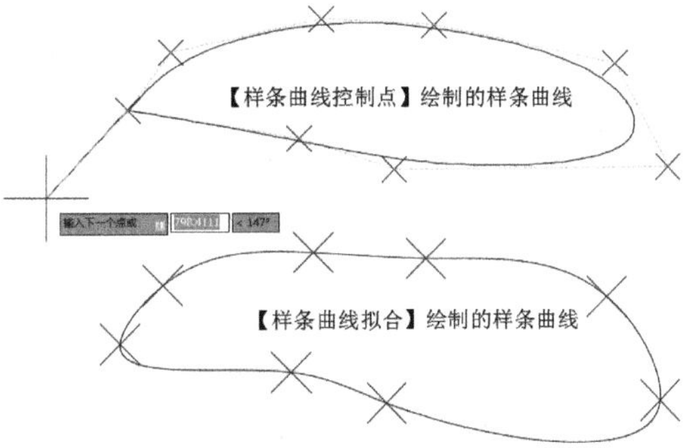 图 2-115　样条曲线的绘制	
3	在样条曲线绘制完成后，如果不能满足实际的使用要求，可以进行编辑，在【常用】选项卡中，单击【修改】面板中的【编辑样条曲线】按钮（图2-116）	 图 2-116　【编辑样条曲线】按钮	

（续）

序号	操　作	结　果	备　注
3	在菜单栏中，选择【修改】→【对象】→【样条曲线】子菜单（图 2-117）	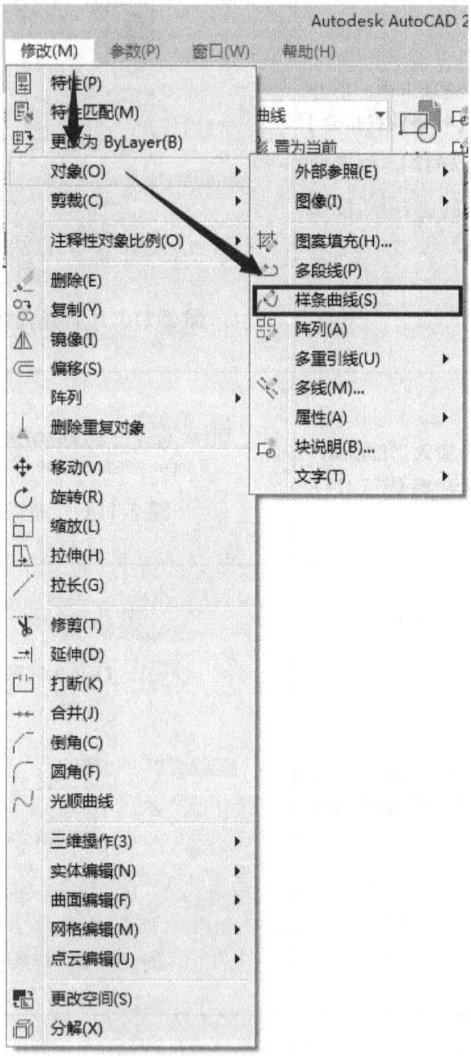 图 2-117　【样条曲线】子菜单	
4	根据命令栏的提示，修改样条曲线（图 2-118）	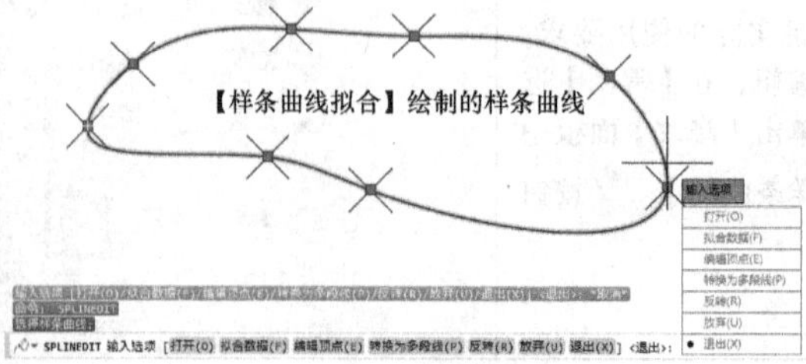 图 2-118　修改样条曲线	

七、课后练习

1. 完成下列图形的绘制。

（1）

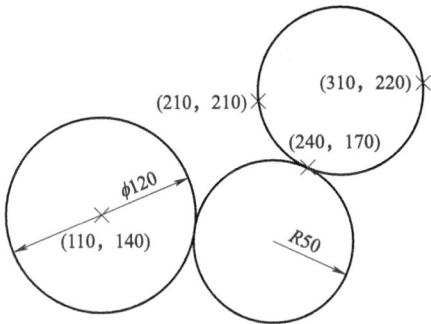

（2）

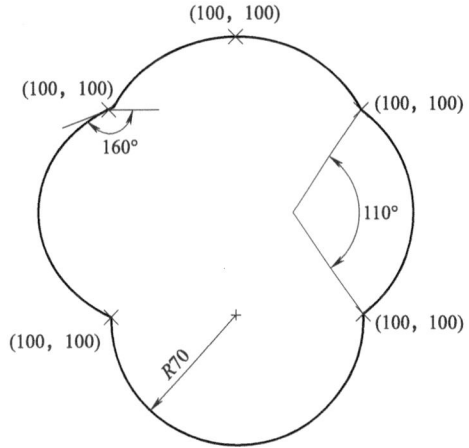

（3）

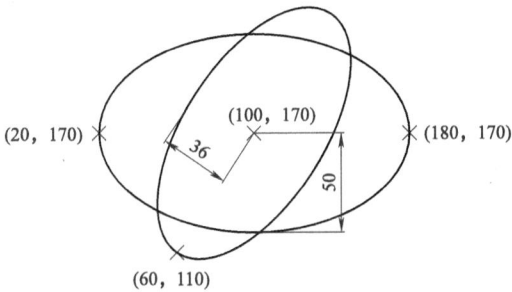

（4）

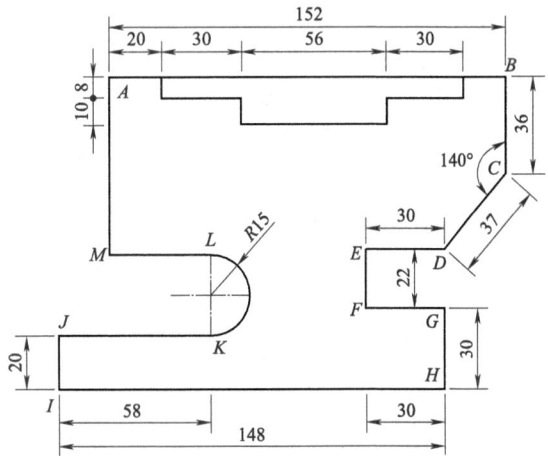

2. 定义并绘制多线，要求：多线样式的样式名为"新多线"，多线中各线元素的特性见下表。

序号	偏移量	颜色	线型
1	2	黑色	BYLAYER
2	1	绿色	DASHED
3	0	红色	CENTER
4	−1	绿色	DASHED
5	−2	黑色	BYLAYER

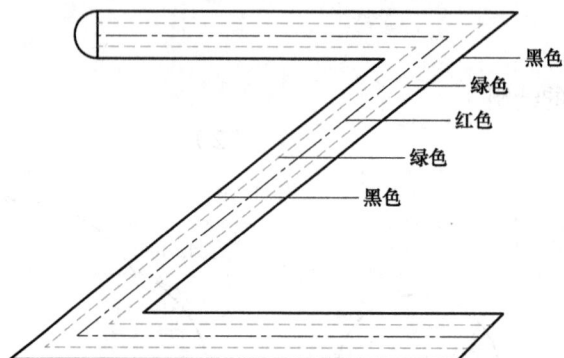

黑色
绿色
红色
绿色
黑色

项目评价

一、自我评价

1. 此次操作是否顺利？
2. 若不顺利，请列出遇到的问题。
3. 分析出现问题的原因，并提出修正方案。
4. 你认为还需要加强哪些方面的指导？

二、学习任务评价表

考核项目	分数			学生自评	组长评价	教师评价	小 计
	差	中	好				
团队合作精神	3	6	10				
活动参与是否积极	3	6	10				
绘制点对象	6	13	20				
绘制直线对象	6	13	20				
绘制矩形和正多边形对象	6	13	20				
绘制曲线对象	6	13	20				
总分	100						
教师签字：				年　月　日		得分	

项目小结

　　本项目重点阐述了点对象、直线对象、矩形和正多边形对象、曲线对象的绘制命令和绘制方法，并通过一些典型实例辅助论述，这些知识都需要重点掌握，并转换为基本操作技能，要求能熟练地设计绘制方案，利用相应的命令绘制一些简单的二维图形；通过本项目对椭圆、椭圆弧、样条曲线、射线及构造线的绘制方法的简要论述，对上述基本二维图形的绘制有所了解。

复习思考题

1. 在 AutoCAD 2021 中，绘制如图 2-119 所示简单图形，不必标注尺寸。

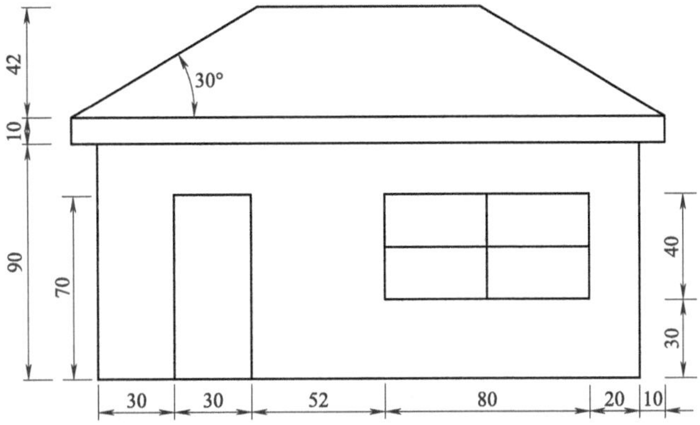

图 2-119　绘制简单图形

2. 在 AutoCAD 2021 中，绘制如图 2-120 所示的图形，不必标注尺寸。

3. 在 AutoCAD 2021 中，绘制如图 2-121 所示的图形，不必标注尺寸。

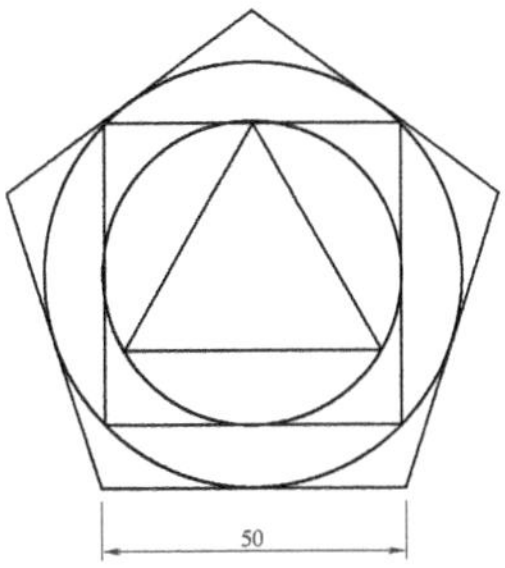

图 2-120　绘制图形（1）

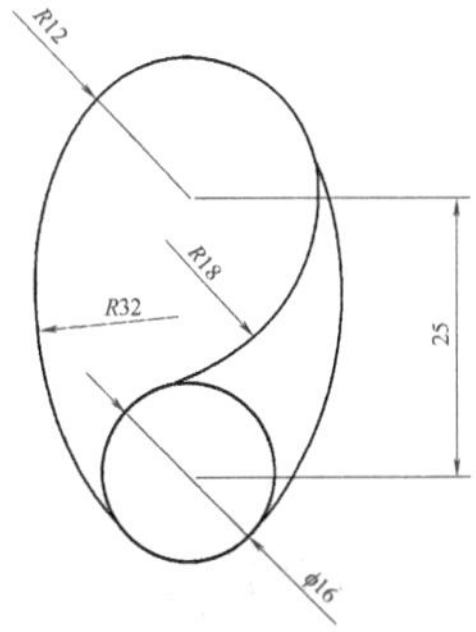

图 2-121　绘制图形（2）

4. 在 AutoCAD 2021 中，绘制如图 2-122 所示某机械零件模型，不必标注尺寸。

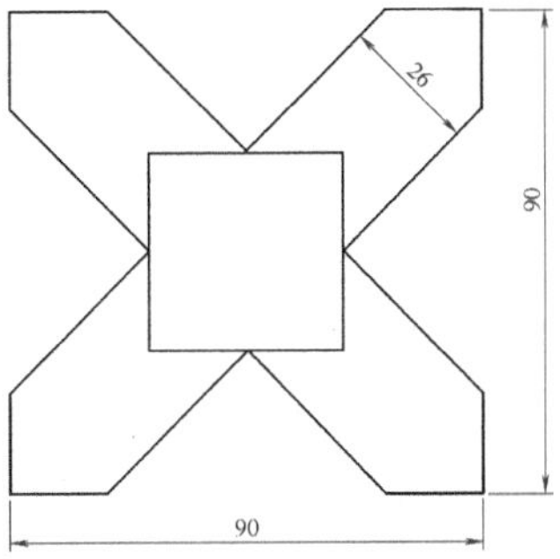

图 2-122　绘制某机械零件模型

5. 在 AutoCAD 2021 中，根据《国家基本比例尺地图图式　第 1 部分：1∶500　1∶1000　1∶2000 地形图图式》（GB/T 20257.1—2017），绘制不依比例尺的独立大坟符号，如图 2-123 所示，不必标注尺寸。

6. 在 AutoCAD 2021 中，绘制如图 2-124 所示图形，不必标注尺寸。

7. 在 AutoCAD 2021 中，根据《国家基本比例尺地图图式　第 1 部分：1∶500　1∶1000　1∶2000 地形图图式》（GB/T 20257.1—2017），绘制不依比例尺的城楼符号，如图 2-125 所示，不必标注尺寸。

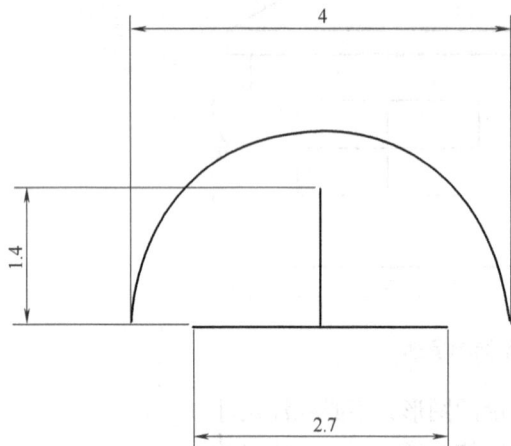

图 2-123　独立大坟符号示意图

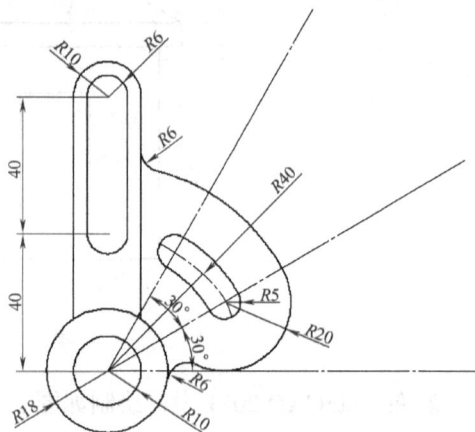

图 2-124　绘制图形（3）

8. 在 AutoCAD 2021 中，绘制箭头符号，如图 2-126 所示，不必标注尺寸。

9. 在 AutoCAD 2021 中，绘制某机械零件图，如图 2-127 所示，不必标注尺寸。

图 2-125　不依比例尺的城楼符号示意图

图 2-126　箭头符号

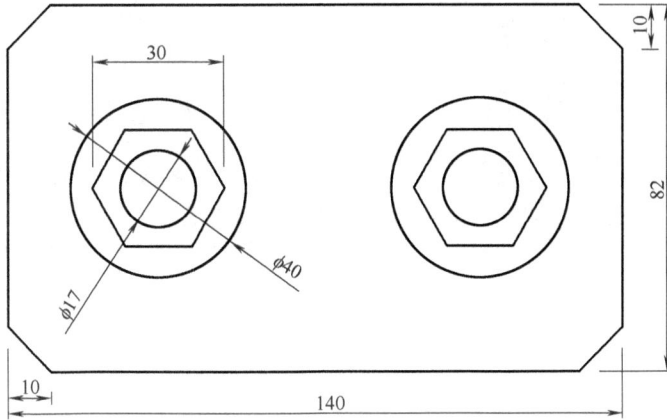

图 2-127　某机械零件图

10.定义并绘制多线，要求：多线样式的样式名为"多线样式1"，起始点、终止点处绘制外圆弧，多线中各线元素的特性见下表。

序号	偏移量	颜色	线型
1	5	白色	BYLAYER
2	2.5	绿色	DASHED
3	−2.5	绿色	DASHED
4	−5	白色	BYLAYER

项目三

精 确 绘 图

【项目概述】

　　本项目主要介绍在利用 AutoCAD 绘图时使用到的坐标，以及怎样精确地将光标定位在某些直线或曲线的特征点上，从而实现快速精确定点的问题。AutoCAD 为我们提供了一些辅助绘图的工具，如对象捕捉、对象捕捉追踪、极轴追踪、栅格和正交功能，利用这些工具，可以方便、迅速、准确地实现图形的绘制和编辑，这样不仅可提高工作效率，并且能更好地保证图形的质量。

【知识与能力图谱】

```
                绝对直角坐标
                  (X,Y)        动态输入      对象捕捉
                                            (F3)
   绝对极坐标                                        对象捕捉追踪
  (距离<角度)                                          (F11)
                  绘图坐标系          精确绘图
   相对直                                            极轴追踪
   角坐标                                             (F10)
 (@ΔX,ΔY)     相对极坐标                          栅格显示
               @距离<角度                           (F7)
                            正交       栅格
                           (F8)                  栅格捕捉
                                                  (F9)
```

【知识目标】

　　1. 掌握利用绝对坐标和相对坐标确定点的方法；

　　2. 掌握动态输入的方法；

　　3. 掌握对象捕捉、对象捕捉追踪、极轴追踪、正交功能的使用方法；

　　4. 了解栅格捕捉的方法。

【能力目标】

　　1. 能够正确应用坐标的输入方法；

　　2. 能够灵活应用对象捕捉、对象捕捉追踪、极轴追踪等精确绘图工具。

【素质目标】

　　1.培养严谨务实、精益求精的学习工作态度；

　　2.培养制图质量意识，引导形成耐心细致、追求专注的工作作风和严肃认真的工作态度。

【课前引领】

　　"积土成山，风雨兴焉；积水成渊，蛟龙生焉；积善成德，而神明自得，圣心备焉。故不积跬步，无以至千里；不积小流，无以成江海。骐骥一跃，不能十步；驽马十驾，功在不舍。锲而舍之，朽木不折；锲而不舍，金石可镂。蚓无爪牙之利，筋骨之强，上食埃土，下饮黄泉，用心一也。蟹六跪而二螯，非蛇鳝之穴无可寄托者，用心躁也。"翻译成现代汉语就是：堆积土石成为高山，风雨就从这里兴起；汇积水流成为深渊，蛟龙就从这里产生；积累善行养成高尚的品德，自然就会心智澄明，也就具有了圣人的精神境界。所以不一步一步地积累行程，就没有办法达到千里之远；不积累细小的溪流，就没有办法汇成江河大海。骏马跨跃一次，也超不过十步远；劣马拉车走十天（也能到达很远的地方），它的成绩来源于走个不停。比如刻东西，如果刻几下就停了下来，那么腐烂的木头也是刻不断的；但如果不停地刻下去，那么金属、石头也能雕刻成功。蚯蚓没有锐利的爪子和牙齿，没有强健的筋骨，却能向上吃到泥土，向下喝到土壤里的水，这是由于它用心专一；螃蟹有六条腿，两个蟹钳，可如果没有蛇、鳝的洞穴它就无处存身，这是因为它用心浮躁啊。

　　这段话所要强调的，是"积累"在学习中的重要性。在作者荀子看来，持之以恒的努力，远远比聪颖的天分重要得多。荀子（约公元前313～公元前238年），名况，字卿，战国末期赵国人，著名思想家、文学家、政治家，时人尊称为"荀卿"。

任务一　绘图坐标系

【基本概念】

　　在 AutoCAD 中，当输入一条命令后，通常还要为命令的执行提供一些必要的附加信息，如输入点、数值、角度等。点的坐标可以用直角坐标、极坐标、球面坐标和柱面坐标表示，每一种坐标又分别有两种坐标的输入方法：绝对坐标和相对坐标。绝对坐标是指相对当前坐标系原点的坐标，相对坐标是指相对于某个已知点的坐标。

　　绝对直角坐标：相对当前坐标系原点的坐标，用点的 X，Y 坐标值表示，即（X，Y）表示一个点。

　　绝对极坐标：通过输入某点距离当前坐标系原点的距离，以及在 XOY 平面上该点与坐标系原点的连线与 X 轴正向的夹角来确定该点的位置,其坐标形式为(距离 < 角度)。

相对直角坐标:某点相对于已知点沿 X 轴和 Y 轴的位移,其坐标形式为(@ΔX,ΔY)。

相对极坐标:通过定义某点与已知点之间的距离,以及两点之间的连线与 X 轴正向的夹角来定位该点的位置,其坐标形式为(@ 距离 < 角度)。

下面介绍绝对直角坐标、绝对极坐标、相对直角坐标和相对极坐标的输入方法。

【技能操作】

一、绝对直角坐标

具体操作步骤如下:

序号	操 作	结 果	备 注
1	在命令行提示输入点的坐标时,输入 "20,30",即表示该点相对于坐标系原点的 X 坐标为 20,Y 坐标为 30(图 3-1)	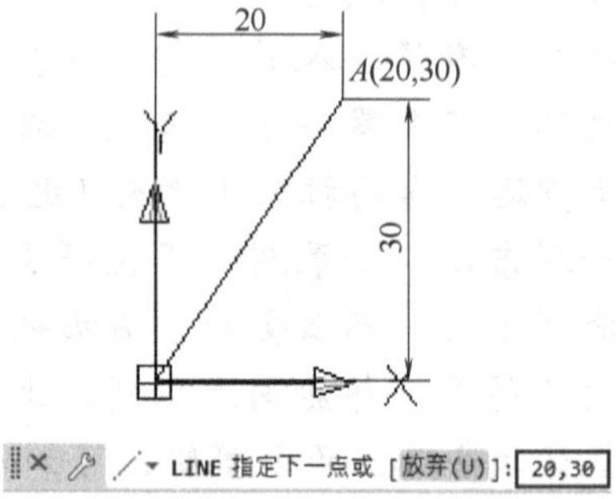 图 3-1 绝对直角坐标	X 与 Y 值之间用英文输入法的逗号","隔开

二、绝对极坐标

具体操作步骤如下:

序号	操 作	结 果	备 注
1	在命令行提示输入点的坐标时,输入 "25<45",即表示该输入点距离坐标系原点的连线长度为 25,该连线方向与 X 轴正向的夹角为 45°(图 3-2)	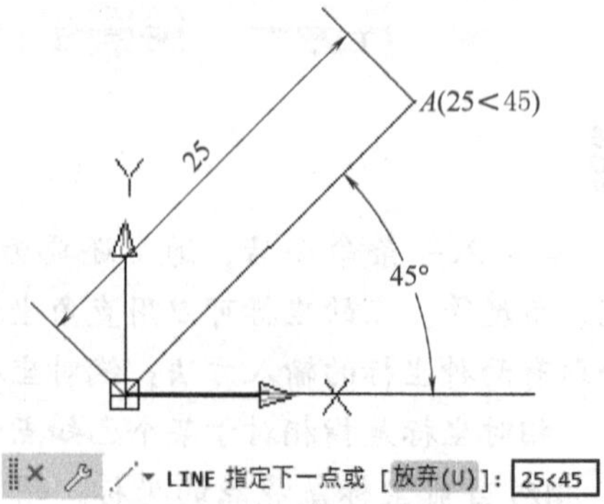 图 3-2 绝对极坐标	距离和角度之间用小于符号"<"隔开

三、相对直角坐标

具体操作步骤如下：

序号	操　作	结　果	备　注
1	在命令行提示输入点的坐标时，输入"@15，25"，即表示输入点 B 相对于已知点 A 沿 X 轴正方向移动 15，沿 Y 轴正方向移动 25。若换成绝对直角坐标，也等同于（25，45）（图 3-3）	图 3-3　相对直角坐标	

四、相对极坐标

具体操作步骤如下：

序号	操　作	结　果	备　注
1	在命令行提示输入点的坐标时，输入"@50<60"，即表示输入点 B 相对于已知点 A 的距离为 50，两点连线方向与 X 轴正方向的夹角为 60°（图 3-4）	图 3-4　相对极坐标	

五、课后练习

完成下列图形的绘制。

1.

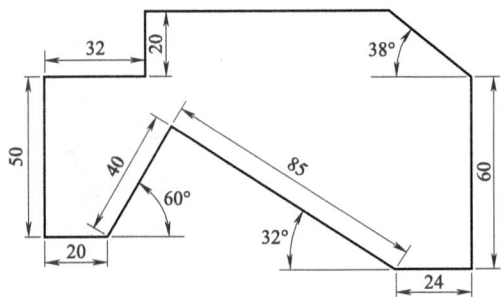

2.

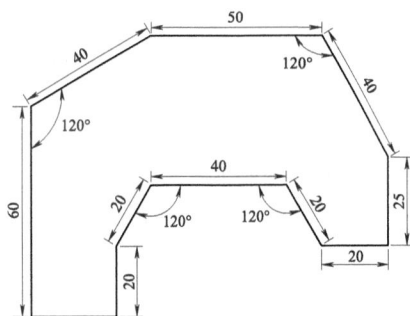

任务二　动　态　输　入

【基本概念】

　　动态输入是一种运用方便的人机交互方式。使用动态输入功能，用户可以在指针位置处显示标注输入和命令提示等信息，可用于输入命令并指定选项和数值，从而极大地方便绘图。

　　动态输入有两种方式：指针输入用于输入坐标值，标注输入用于输入距离和角度。

【技能操作】

指针输入

一、指针输入

具体操作步骤如下：

序号	操　作	结　果	备　注
1	在命令行中输入草图设置命令"DSETTINGS"→按<Enter>键，或在【工具】菜单中单击【绘图设置】，打开【草图设置】对话框，在【动态输入】选项卡中，选中【启用指针输入】复选框可以启用指针输入功能（图3-5）。在绘图区域中移动光标时，光标附近的工具栏提示显示为坐标（图3-6）	 图 3-5　启用指针输入  图 3-6　动态指针输入形式	草图设置命令"DSETTINGS"的快捷命令为"DS" 　　可以在工具栏提示中输入坐标值，并用<Tab>键在几个工具栏提示中切换 　　在指定点时，第一个点的坐标是绝对坐标，第二个或下一个点的坐标是相对坐标。如果需要输入点的绝对坐标值，应在坐标值前面加"#"

二、标注输入

具体操作步骤如下：

标注输入

序号	操 作	结 果	备 注
1	在命令行中输入"DSETTINGS"命令→按<Enter>键，或在【工具】菜单中单击【绘图设置】，打开【草图设置】对话框，在【动态输入】选项卡中，选中【可能时启用标注输入】复选框，则可以启用标注输入的功能（图3-7）	图3-7　启用标注输入	用户可以在工具栏提示中输入距离和角度值，并按<Tab>键在它们之间切换
2	当命令提示输入第二点时，工具栏提示中的距离和角度将随着光标的移动而改变（图3-8）	图3-8　动态标注输入形式	

三、动态提示

具体操作步骤如下：

序号	操 作	结 果	备 注
1	在命令行中输入草图设置命令"DSETTINGS"→按<Enter>键，或在【工具】菜单中单击【绘图设置】，打开【草图设置】对话框，在【动态输入】选项卡中，选中【在十字光标附近显示命令提示和命令输入（C）】复选框，则启用动态提示（图3-9） 在光标附近会显示命令的动态提示，可以使用键盘上的<↓>键选择其他选项（图3-10）	图3-9　启用动态提示 图3-10　命令的动态提示	

任务三 对象捕捉

【基本概念】

对象捕捉功能是 AutoCAD 实现精确绘图的一个重要方法，用户在绘制图形过程中可以利用此功能迅速、准确地定位图形对象的端点、中点、交点、切点等特殊点和位置，大大提高了绘图的准确度和速度。对象捕捉有单点捕捉模式和自动对象捕捉模式两种方式。

单点捕捉模式：在命令运行期间选择的捕捉模式就是单点捕捉模式。这种捕捉模式只对当前命令操作有效，一次只能指定一种捕捉模式，并且只能执行一次，AutoCAD 提供了命令行、工具栏、右键快捷菜单和状态栏来进行特殊单点的对象捕捉。

自动对象捕捉模式：在用 AutoCAD 绘图之前，可以根据需要在【草图设置】中设置一些对象捕捉模式，绘图时 AutoCAD 能自动捕捉这些特殊点，从而加快绘图速度，提高绘图质量。

对象捕捉

【技能操作】

一、设置单点捕捉模式

【对象捕捉】工具栏各图标按钮对应的名称、命令关键字及功能见表 3-1。

表 3-1 【对象捕捉】工具栏各图标按钮对应的名称、命令关键字及功能

图 标	名 称	命令关键字	功 能
	临时追踪点	TT	创建对象捕捉所使用的临时点
	捕捉自	FROM	从临时建立的基点偏移
	捕捉到端点	END	捕捉到相关对象的最近端点
	捕捉到中点	MID	捕捉到相关对象的中点
	捕捉到交点	INT	捕捉到相关对象之间的交点
	捕捉到外观交点	APP	捕捉到两个相关对象的投影交点
	捕捉到延长线	EXT	捕捉到相关对象的延长线上的点
	捕捉到圆心	CEN	捕捉到相关对象的圆心
	捕捉到象限点	QUA	捕捉到位于圆、椭圆或弧段上的 0°、90°、180° 和 270° 处的点
	捕捉到切点	TAN	捕捉到相关对象上与最后生成的一个点连接形成相切的离光标最近的点
	捕捉到垂足	PER	捕捉到相关对象上或在它们的延长线上，与最后生成的一个点连线形成正交且离光标最近的点

（续）

图　标	名　称	命令关键字	功　能
	捕捉到平行线	PAR	捕捉到与指定线平行的线上的点
	捕捉插入点	INS	捕捉相关对象（块、图形、文字或属性）的插入点
	捕捉到节点	NOD	捕捉到节点对象（点对象）
	捕捉到最近点	NEA	捕捉到相关对象离拾取点最近的点
	无捕捉	NON	关闭下一个点的对象捕捉模式

具体操作步骤如下：

序号	操　作	结　果	备　注
1	绘图时，在命令行中提示输入一点，此时输入相应特殊位置点的命令（表3-1），然后根据提示操作即可（图3-11）	 图 3-11　【对象捕捉】命令方式	
2	工具栏方式：使用【对象捕捉】工具栏可以使用户更方便地实现捕捉点的目的。当在命令行中提示输入一点时，可从【对象捕捉】工具栏上单击相应的按钮（图3-12）	 图 3-12　【对象捕捉】工具栏	当把指针放在【对象捕捉】工具栏某一图标上时，就会显示出该功能的提示，然后根据提示操作即可
3	快捷菜单方式：通过 <Shift> 键＋鼠标右键可以激活快捷菜单方式，菜单中列出了 AutoCAD 提供的对象捕捉模式（图3-13）。在 AutoCAD 提示输入点时单击快捷菜单上相应的菜单项；或者在绘图过程中单击鼠标右键，在出现的快捷菜单中选择【捕捉替代】即可（图3-14）	 图 3-13　【对象捕捉】快捷菜单　图 3-14　【捕捉替代】快捷菜单	

二、设置自动对象捕捉模式

具体操作步骤如下：

序号	操 作	结 果	备 注
1	在命令行输入对象捕捉设置命令"OSNAP"；或在【工具】菜单栏选择【绘图设置】；或选择【对象捕捉】工具栏中的【对象捕捉设置】按钮🎵；或在状态栏单击【对象捕捉】按钮▢（仅限打开和关闭）或者单击【对象捕捉】按钮中的向下按键▢。然后单击【对象捕捉设置】（图 3-15），对象捕捉快捷键为 <F3>（仅限打开和关闭） 在打开的【草图设置】对话框中，单击【对象捕捉】选项卡进行对象捕捉方式的设置（图 3-16）	 图 3-15 【对象捕捉设置】状态栏菜单 图 3-16 【草图设置】对话框的【对象捕捉】选项卡	对象捕捉设置命令"OSNAP"的快捷命令为"OS" 可以在状态栏单击【对象捕捉】按钮的向下按键，然后单击保留的"对象捕捉"方式

三、对象捕捉的操作

【例 3-1】 利用对象捕捉绘制图 3-17 中的图形。

提示：绘制图形是一项需要耐心、需要专注的工作，在绘图过程中，应严格按照相关技术要求，精确绘制。

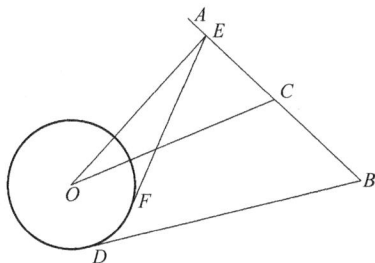

图 3-17 【对象捕捉】练习

具体操作步骤如下：

序号	操 作	结 果	备 注
1	在命令行中输入"OSNAP"命令，打开【草图设置】对话框，单击【对象捕捉】选项卡，勾选【启用对象捕捉】，对象捕捉模式中勾选【中点】、【圆心】、【垂足】、【切点】的复选框（图 3-18）	图 3-18 【对象捕捉】模式设置	
2	在命令行输入绘图命令"CIRCLE"→按 <Enter> 键→在绘图窗口任意位置单击鼠标左键指定一点为圆心 O→任意指定圆的半径，完成圆的绘制；在命令行输入绘制直线命令"LINE"→按 <Enter> 键→在绘图窗口单击鼠标左键指定直线一端点 A→指定直线另一端点 B→移动光标至圆的下方自动捕捉到切点 D（图 3-19）→按 <Enter> 键完成该条直线的绘制	图 3-19 捕捉到"切点"	光标捕捉到特殊点后单击鼠标左键绘制该点

（续）

序号	操 作	结 果	备 注
2	在命令行输入绘制直线命令"LINE"→按 \<Enter\>键→移动光标至直线 *AB* 的中间位置，捕捉直线的中点 *C*（图 3-20）→移动光标至圆的中心位置，捕捉圆心 *O*（图 3-21）→移动光标至直线 *AB* 附近捕捉到垂足 *E*（图 3-22）→移动光标至圆的右下方自动捕捉到切点 *F*（图 3-23）→按 \<Enter\> 键完成绘制	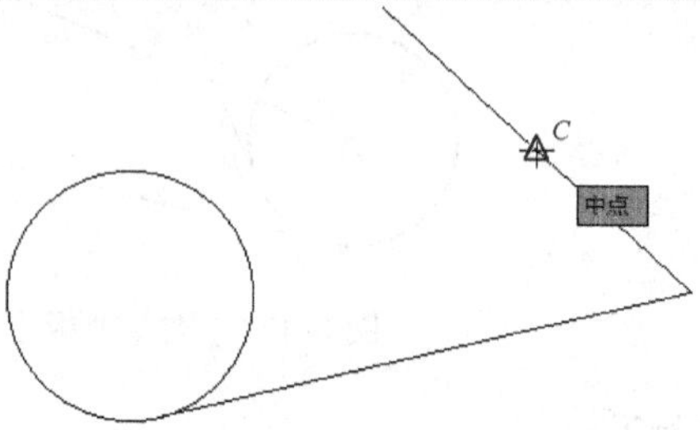 图 3-20　捕捉直线的"中点" 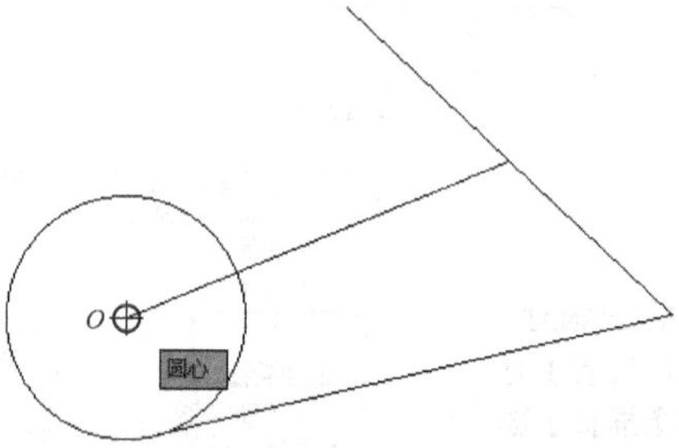 图 3-21　捕捉"圆心" 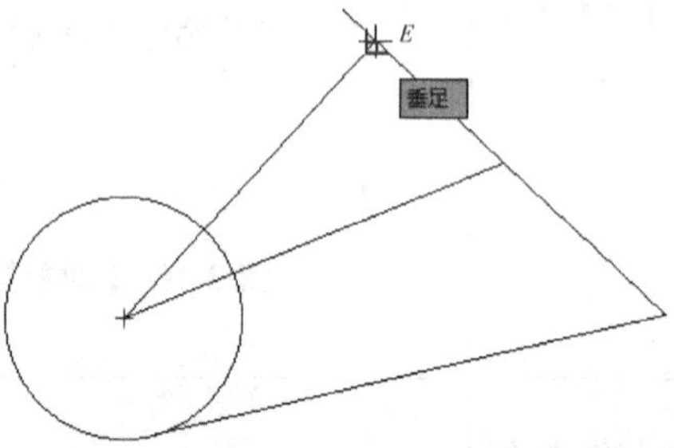 图 3-22　捕捉"垂足" 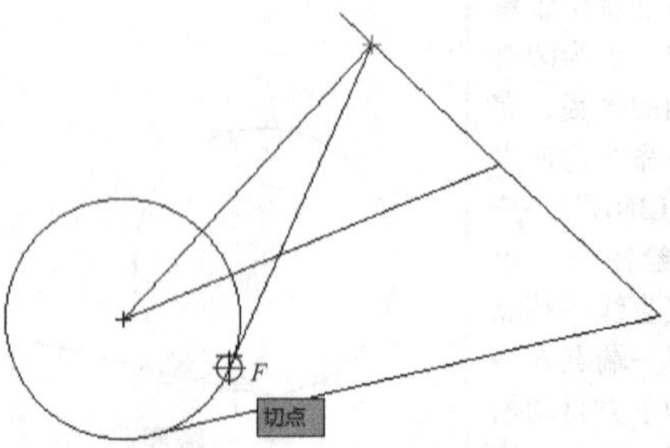 图 3-23　捕捉"切点"	光标捕捉到特殊点后单击鼠标左键绘制该点

四、课后练习

完成下列图形的绘制。

1. 绘制 a) 图，并用对象捕捉修改为 b) 图。

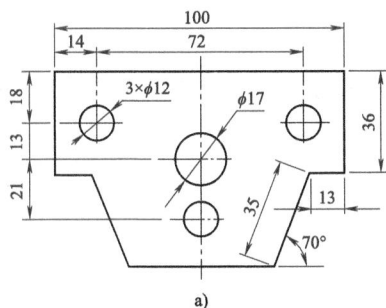

a)

b)

2.

任务四　对象捕捉追踪

【基本概念】

AutoCAD 系统为用户提供了自动追踪功能，它也是一种精确定位的方法，用户可以在特定的角度和位置绘制图形。自动追踪包括两种，即极轴追踪和对象捕捉追踪。极轴追踪是指按指定的极轴角或极轴角的倍数对齐要指定点的路径；对象捕捉追踪是指以捕捉到的特殊位置点为基点，按指定的极轴角或极轴角的倍数对齐要指定点的路径，是基于对象捕捉点的对齐路径进行追踪，已获取的点将显示一个小加号（+），获取点之后，当在绘图路径上移动光标时，将显示相对于获取点的水平、垂直或极轴的对齐路径。

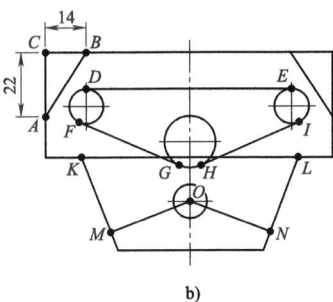

对象捕捉追踪

【技能操作】

一、对象捕捉追踪的设置

具体操作步骤如下：

序号	操　作	结　果	备　注
1	在命令行输入对象捕捉追踪设置命令"OSNAP"；或在【工具】菜单栏选择【绘图设置】；或选择【对象捕捉】工具栏中的【对象捕捉设置】按钮🔛；或在状态栏中单击【对象捕捉】和【对象追踪】按钮（仅限打开和关闭）。单击【对象捕捉】按钮中的向下按键📐🔲▾，然后单击【对象捕捉设置】，快捷键为\<F11>和\<F3>（仅限打开和关闭） 在打开的【草图设置】对话框中，单击【对象捕捉】选项卡，选中【启用对象捕捉追踪】复选框，即完成了对象捕捉追踪的设置（图3-24）	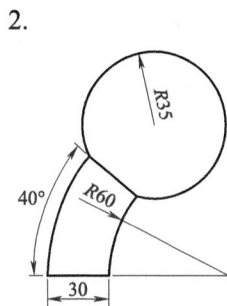 图 3-24　启用对象捕捉追踪	要使用对象捕捉追踪，必须打开一个或多个对象捕捉模式

二、对象捕捉追踪的操作

【例 3-2】 利用对象捕捉追踪功能绘制如图 3-25 所示的图形，该图中已知直线 *AB*，画出以 *AB* 为斜边的直角三角形 *ABC*。

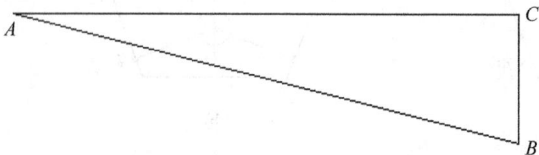

图 3-25　对象捕捉追踪示意图

具体操作步骤如下：

序号	操　作	结　果	备　注
1	打开【草图设置】对话框，按图 3-26 进行对象捕捉追踪设置	图 3-26　对象捕捉追踪设置	
2	在命令行输入绘制直线命令"LINE"→按\<Enter\>键→捕捉直线端点 *A*（注意不要拾取该点，光标只在该点上停留片刻），然后水平向右移动光标，将显示一条过 *A* 点的临时水平辅助线，*A* 点将显示一个小加号（+）→移动光标捕捉直线端点 *B*，然后垂直向上沿辅助线移动光标，直到追踪到与 *A* 点的水平辅助线相交时（*C* 点），单击鼠标左键拾取该点（图 3-27）→然后再利用对象捕捉的功能捕捉直线 *AB* 的端点完成图形绘制	图 3-27　对象捕捉追踪（端点）	默认情况下，对象捕捉追踪的方向将设定为正交。对齐路径将显示在始于已获取的对象点的 0°、90°、180° 和 270° 方向上。但是，可以使用极轴追踪角度代替

三、课后练习

完成下列图形的绘制。

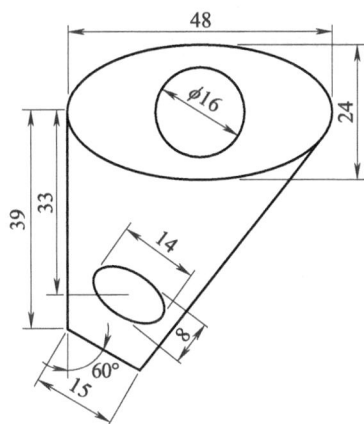

任务五　极轴追踪

【基本概念】

使用极轴追踪，光标将按指定角度进行移动。创建或修改对象时，可以使用极轴追踪来显示由指定的极轴角度所定义的临时对齐路径。

极轴追踪

【技能操作】

一、极轴追踪的设置

具体操作步骤如下：

序号	操　　作	结　　果	备　　注
1	在命令行输入对象捕捉追踪设置命令"OSNAP"；或在【工具】菜单栏选择【绘图设置】；或选择【对象捕捉】工具栏中的【对象捕捉设置】按钮；或在状态栏中单击【对象捕捉】和【极轴】按钮（仅限打开和关闭）。单击【对象捕捉】按钮，然后单击【对象捕捉设置】 在打开的【草图设置】对话框中，单击【极轴追踪】选项卡，选中【启用极轴追踪】复选框，逐一设置【增量角】、【附加角】、【对象捕捉追踪设置】、【极轴角测量】，即完成了对极轴追踪的设置（图3-28）	 图 3-28　启用极轴追踪	要使用极轴追踪，必须打开一个或多个对象捕捉模式 对象捕捉快捷键为 \<F10\> 和 \<F3\>（仅限打开和关闭）

二、极轴追踪的操作

【例 3-3】 利用极轴追踪和对象捕捉追踪功能绘制图 3-29 所示的图形。该图中已知直线 *AB*，画出以 *A* 为起点、*C* 为终点的直线，而 *B*、*C* 两点连线与 X 轴成 35° 夹角，且相距 50。

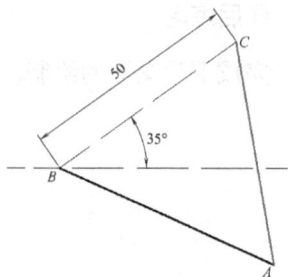

具体操作步骤如下：

图 3-29　极轴追踪和对象捕捉追踪

序号	操 作	结 果	备 注
1	单击菜单中的【工具】→【草图设置】→【极轴追踪】选项卡，勾选【启用极轴追踪】复选框→勾选【附加角】复选框→单击【新建】按钮，添加自定义的极轴角度（如 35°）→选中【用所有极轴角设置追踪】→【极轴角测量】选中【绝对】，完成极轴追踪的设置（图 3-30）	 图 3-30　极轴追踪的设置	附加角度是绝对的，而非增量的【极轴角测量】的【绝对】表示极轴角是绝对极角（与 X 轴正向的夹角），【相对上一段】表示相对于前一段线段的角度
2	在命令行输入绘制直线命令 "LINE"→按 \<Enter\> 键→利用对象捕捉功能捕捉直线的端点 *A*→捕捉直线端点 *B*，然后向右上移动并调整光标位置，当出现如图 3-31 所示的 35° 极轴方向的辅助线时（虚线），在命令行中输入 "50"→按 \<Enter\> 键，确定 *C* 点，完成直线的绘制	 图 3-31　极轴追踪与对象捕捉追踪	捕捉直线端点 *B* 时不要拾取该点，光标只在该点上停留片刻

三、课后练习

完成下列图形的绘制。

任务六　栅　格　捕　捉

【基本概念】

AutoCAD 还为用户提供了栅格捕捉工具，栅格是显示在绘图区中一些标定位置的间隔均匀的小黑点，它是一个形象的画图工具，就像传统的坐标纸一样，可以用作定位基准。

为了准确地在绘图区域捕捉点，AutoCAD 还为用户提供了捕捉工具，它可以在绘图区域生成一个隐含的栅格，这个栅格能够捕捉光标，约束它只能落在栅格的某一个节点上，使用户能够高精度地捕捉和选择这个栅格上的点，并捕捉用于设定光标移动的间距，以便于准确作图。

【技能操作】

一、栅格显示

具体操作步骤如下：

序号	操　作	结　果	备　注
1	命令行中输入栅格命令"GIRD"，或者单击菜单中的【工具】→【绘图设置】，打开【草图设置】对话框→选择【捕捉和栅格】选项卡→选中【启用栅格】复选框→设置【栅格间距】选项组中的【栅格 X 轴间距】和【栅格 Y 轴间距】（图 3-32）	 图 3-32 【草图设置】对话框的【捕捉和栅格】选项卡	单击状态栏中的【栅格】按钮或按快捷键＜F7＞可打开或关闭栅格显示。如果【栅格 X 轴间距】和【栅格 Y 轴间距】设置为 0，则 AutoCAD 会自动将捕捉栅格间距应用于栅格，且其原点和角度总是和捕捉栅格的原点和角度相同

二、栅格捕捉

具体操作步骤如下：

序号	操　作	结　果	备　注
1	单击菜单中的【工具】→【绘图设置】，打开【草图设置】对话框→选择【捕捉和栅格】选项卡→选中【启用捕捉】复选框→设置【捕捉间距】选项组中的【捕捉 X 轴间距】和【捕捉 Y 轴间距】（图 3-32）；或在命令行中输入栅格捕捉命令"SNAP"→按 <Enter> 键，根据命令行的提示输入相关参数（图 3-33），命令参数说明参考表 3-2	命令: SNAP SNAP 指定捕捉间距或 [打开(ON) 关闭(OFF) 纵横向间距(A) 传统(L) 样式(S) 类型(T)] <10.0000>: **图 3-33　【捕捉】功能命令提示选项** **表 3-2　【捕捉】功能命令参数说明**	单击状态栏中的【捕捉】按钮或快捷键 <F9> 可打开或关闭栅格捕捉功能

表 3-2　【捕捉】功能命令参数说明

名　称	命令关键字	备　注
指定捕捉间距	指定一数值作为捕捉栅格点在 X 与 Y 两个方向的间距。两方向栅格间距相等	默认选项
打开（ON）	打开栅格捕捉功能	
关闭（OFF）	关闭栅格捕捉功能，即绘图时光标的位置不受捕捉栅格点的限制	
纵横向间距（A）	分别确定捕捉栅格点在 X 和 Y 两个方向的间距	如果当前捕捉模式为【等轴测捕捉】，则不能使用此选项
样式（S）	确定栅格捕捉的方式是标准矩形还是等轴测捕捉	
类型（T）	设置捕捉样式和捕捉类型	

三、课后练习

完成下列图形的绘制。

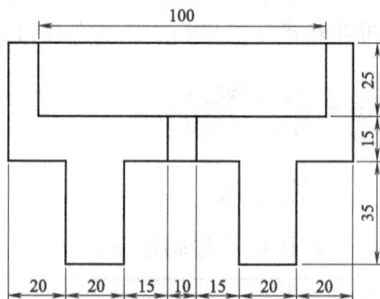

任务七　正交功能

【基本概念】

在绘图过程中，经常需要绘制水平直线和垂直直线，但是用光标拾取线段的端点时很难保证两个点严格沿水平或垂直方向，AutoCAD 为用户提供了正交功能，当启用正交模式时，画线或移动对象时只能沿水平方向或垂直方向移动光标，因此只能画平行于坐标轴的正交线段。

【技能操作】

一、正交功能的操作

具体操作步骤如下：

正交功能

序号	操　作	结　果	备　注
1	利用正交模式绘制气象台地物符号（图 3-34）	图 3-34　气象台地物符号	
2	在命令行输入正交设置命令"ORTHO"→输入"ON"命令，打开正交功能；也可以选中状态栏中的【正交】按钮 或利用快捷键 <F8> 打开正交功能（图 3-35）	ORTHO 输入模式 [开(ON) 关(OFF)] <关>: on 图 3-35　打开正交功能	
3	在命令行输入命令"LINE"→按 <Enter> 键→单击鼠标左键任意指定一点→向右水平移动光标，输入"100"（图 3-36）→按两次 <Enter> 键完成该条直线的绘制 在命令行输入命令"LINE"→按 <Enter> 键→拾取直线中点→向上垂直移动光标，输入"100"（图 3-37）→按 <Enter> 键（后面步骤省略）	图 3-36　"沿水平方向正交模式" 图 3-37　"沿垂直方向正交模式"	绘制前需要打开对象捕捉，并设置好捕捉模式

二、课后练习

完成下列图形的绘制。

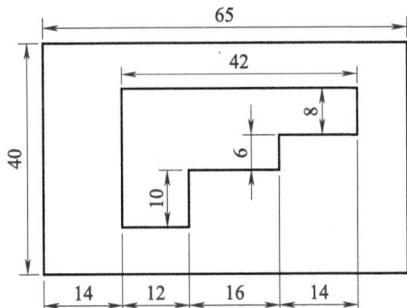

项目评价

一、自我评价

1. 此次操作是否顺利？

2. 若不顺利，请列出遇到的问题。

3. 分析出现问题的原因，并提出修正方案。

4. 你认为还需要加强哪些方面的指导？

二、学习任务评价表

考核项目	分数			学生自评	组长评价	教师评价	小计
	差	中	好				
团队合作精神	6	13	20				
活动参与是否积极	6	13	20				
绝对坐标、相对坐标和动态输入	6	13	20				
对象捕捉与对象捕捉追踪	6	13	20				
极轴追踪、栅格捕捉和正交功能	6	13	20				
总分	100						
教师签字：					年　月　日		得分

项目小结

　　本项目主要介绍了坐标的种类、对象捕捉、正交模式、极轴追踪、对象捕捉追踪、动态输入等辅助绘图功能。有了这些工具，用户在使用 AutoCAD 绘图时更方便、更精确。

复习思考题

1. 什么是相对直角坐标？与绝对直角坐标的区别是什么？

2. 极坐标有几种？它们有什么区别？

3. 如何调用【对象捕捉】工具栏？

4. 极轴追踪和对象捕捉追踪有什么区别？是否能同时使用？

5. 动态输入有几种？分别是什么？

6. 绘制图 3-38 ~ 图 3-46 所示图形，不用标注尺寸。

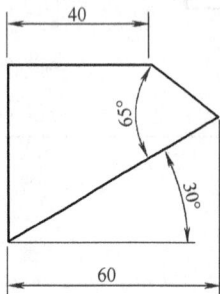

图 3-38　思考题 6（1）

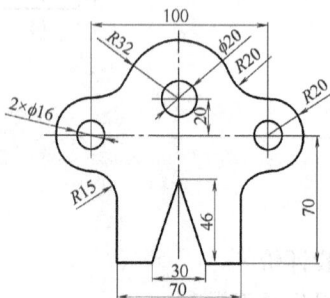

图 3-39　思考题 6（2）

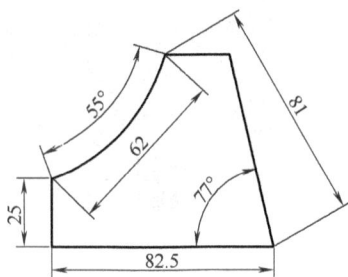

图 3-40　思考题 6（3）

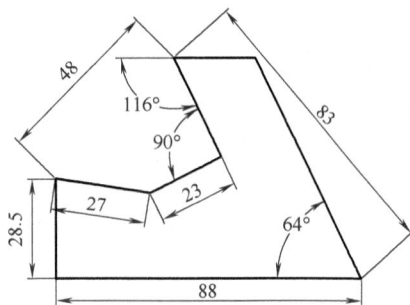

图 3-41　思考题 6（4）

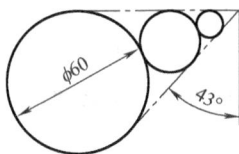

图 3-42　思考题 6（5）

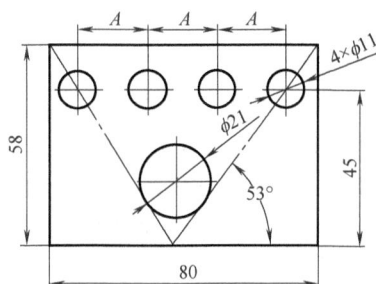

图 3-43　思考题 6（6）

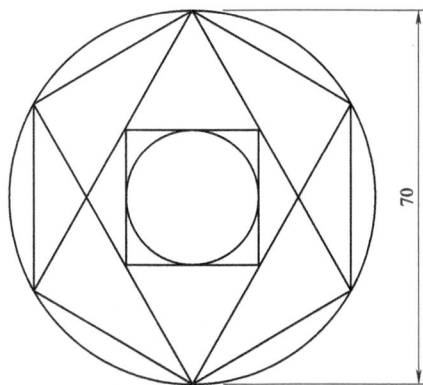

图 3-44　思考题 6（7）

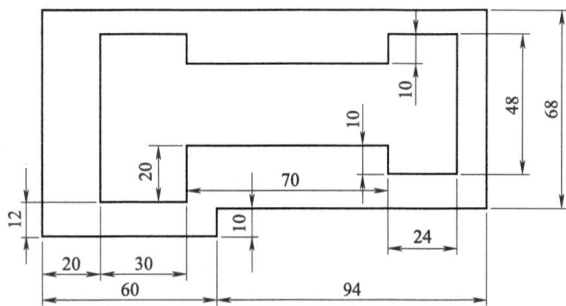

图 3-45　思考题 6（8）

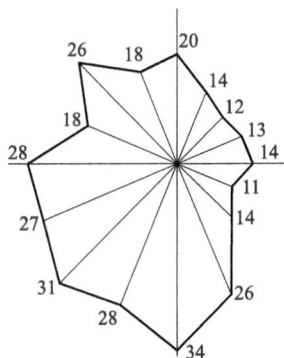

图 3-46　思考题 6（9）

项目四

编辑图形

【项目概述】

　　编辑图形是指对已有的图形对象进行选择、复制、移动、旋转、缩放、阵列等修改操作。在 AutoCAD 中利用绘图工具或绘图命令只能绘制简单图形，要绘制较为复杂的图形，就必须借助于图形编辑命令。AutoCAD 2021 具有非常强大的图形编辑功能，使用这些功能，我们可以快速、准确地修改或绘制复杂图形。因此图形编辑是快速、精确绘图的基础。

【知识与能力图谱】

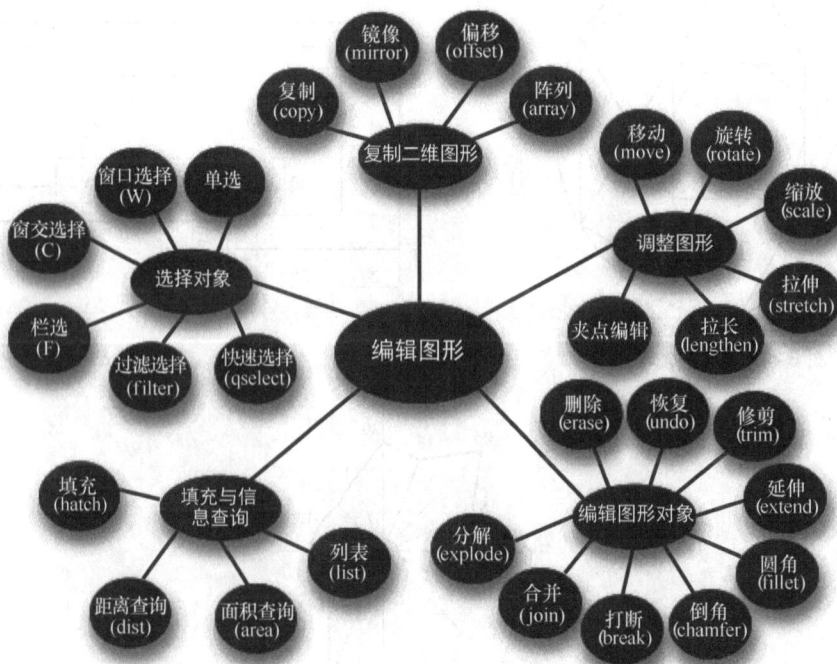

镜像(mirror)　偏移(offset)　复制(copy)　阵列(array)　复制二维图形

移动(move)　旋转(rotate)　缩放(scale)　拉伸(stretch)　调整图形

窗口选择(W)　单选　窗交选择(C)　栏选(F)　选择对象　过滤选择(filter)　快速选择(qselect)

编辑图形

夹点编辑　拉长(lengthen)

删除(erase)　恢复(undo)　修剪(trim)

填充(hatch)　填充与信息查询　列表(list)　距离查询(dist)　面积查询(area)

分解(explode)　合并(join)　打断(break)　倒角(chamfer)　编辑图形对象　延伸(extend)　圆角(fillet)

【知识目标】

1. 掌握选择对象的方法；
2. 掌握复制、镜像、偏移、阵列等复制二维图形对象的方法；
3. 掌握拉伸对象、拉长对象、旋转、夹点编辑等调整图形对象位置的方法；
4. 掌握修剪、创建圆角、倒角、打断、合并等编辑图形对象的方法；
5. 掌握删除对象、恢复对象的方法与移动对象的方法。

【能力目标】

1. 能够应用选择对象，复制二维图形对象，调整图形对象的位置；
2. 能够用删除、恢复与移动等方法编辑图形对象。

【素质目标】

1. 培养分析问题解决问题的能力；
2. 培养严谨务实、耐心仔细的工作态度，以及勤于钻研、严谨刻苦的工匠精神。

【课前引领】

　　珠穆朗玛峰，这个被称为"世界第三极"的地方一直是各国科学家和攀登爱好者的关注焦点，有越来越多的国家加入珠穆朗玛峰高程测量的队伍中。为什么要精确测量珠穆朗玛峰的高程？这对我国有什么重要意义呢？专家表示，珠穆朗玛峰高程的精确测定可以结束国际上珠穆朗玛峰高程不统一的混乱局面，为世界地球科学研究作出贡献，其社会效益和科学意义是巨大的。

　　为推动珠穆朗玛峰高程测量工作顺利开展，保证测量工作的科学性、高程成果的精确性，自然资源部组织了中国测绘科学研究院、陕西测绘地理信息局以及中国地质调查局等单位的精锐力量，编制珠穆朗玛峰高程测量技术设计书和实施方案。陈俊勇院士、杨元喜院士领衔的测绘科技与管理方面的专家进行了严格审查把关，对"综合运用 GNSS 卫星测量、精密水准测量、光电测距、雪深雷达测量、重力测量、天文测量、卫星遥感、似大地水准面精化等多种传统和现代测绘技术，精确测定珠穆朗玛峰高程"的技术路线，给予了充分肯定。要给珠穆朗玛峰这个"大个子"量身高，首先要确定哪里是测量的起始面。我们平时说的高度，一般是指某物高出地面多少，而高程指海拔高，是指某物基于平均海平面的高度。珠穆朗玛峰高程测量是从日喀则一等水准点起测的，将高程传递至珠穆朗玛峰脚下的 6 个交汇点，同时开始三角高程测量，即通过已知点观测未知点的水平距离和高度角，求两地间高差。

任务一 选 择 对 象

【基本概念】

在对图形进行编辑操作之前，首先需要选择要编辑的对象。在 AutoCAD 中选择对象的方法有很多，可以通过单击对象逐个拾取，也可利用矩形窗口选择对象，还可以选择集中添加对象等。AutoCAD 亮显所选的对象，这些对象就构成选择集。选择集可以包含单个对象，也可以包含复杂的对象编组。

选择对象

【技能操作】

提示：在绘制或编辑复杂图形时，需勤于思考、善于钻研，选择适用该图形的方法会事半功倍。

一、单选对象

具体操作步骤如下：

序号	操 作	结 果	备 注
1	单击图形对象即可选中对象，依次单击多个图形对象可选择多个对象（图 4-1）	 图 4-1 单选对象	

二、窗口选择对象

具体操作步骤如下：

序号	操 作	结 果	备 注
1	在命令行中输入选择命令"SELECT"→按 <Enter> 键→输入"?"，按 <Enter> 键→输入"W"，按 <Enter> 键→拖动光标选择一个矩形窗口，此时所有完全包含在矩形窗口内的图形对象均被选中，不在该矩形窗口内或只有部分对象在该窗口内的对象则不被选中（图 4-2）	 图 4-2 窗口选择对象	

三、窗交选择对象

具体操作步骤如下：

序号	操 作	结 果	备 注
1	在命令行中输入"SELECT"命令→按 <Enter> 键→输入"?"，按 <Enter> 键→输入"C"，按 <Enter> 键→拖动光标选择一个矩形窗口，此时所有完全包含在矩形窗口内的图形对象或与窗口边界相交的对象均被选中（图4-3）	图 4-3　窗交选择对象	

四、栏选对象

具体操作步骤如下：

序号	操 作	结 果	备 注
1	在命令行中输入"SELECT"命令→按 <Enter> 键→输入"?"，按 <Enter> 键→输入"F"，按 <Enter> 键→然后依次指定所要选择对象的栏选点后按 <Enter> 键，这样各栏选点连线所经过的对象即被选中（图4-4）	图 4-4　栏选对象	

五、过滤选择对象

具体操作步骤如下：

序号	操 作	结 果	备 注
1	在命令行中输入"FILTER"命令→按 <Enter> 键打开【对象选择过滤器】对话框（图4-5），此时以对象的类型（如直线、圆及圆弧等）、图层、颜色、线型或线宽等特性作为条件，过滤选择符合设定条件的对象	图 4-5　过滤选择对象	

六、快速选择对象

具体操作步骤如下：

序号	操 作	结 果	备 注
1	在命令行中输入"QSELECT"命令→按 <Enter> 键打开【快速选择】对话框（图4-6），在弹出的【快速选择】对话框中单击【对象类型】右侧的下拉按钮，在弹出的下拉列表框中选择【圆】，在【如何应用】选项中单击【包括在新选择集中】选项，单击【确定】按钮，即可选中图中的圆对象	图 4-6　快速选择对象	"QSELECT"命令的快捷命令为"QS"

任务二　复制二维图形对象

【基本概念】

复制二维图形
对象

在 AutoCAD 中，零件图上的轴类或盘类零件往往具有对称结构，并且这些零件上的孔特征又常常是均匀分布的，此时便可以利用相关的复制工具，以现有的图形对象为源对象，绘制出与源对象相同或相似的图形，从而简化具有重复性或近似性特点图形的绘图步骤，以达到提高绘图效率和绘图精度的目的。

【技能操作】

一、复制对象

具体操作步骤如下：

序号	操　作	结　果	备　注
1	在命令行中输入复制命令"COPY"→按 <Enter> 键，或在【修改】面板中单击【复制】按钮 →在命令行的提示下，选择复制对象，按 <Enter> 键→指定基点→指定第二点或输入"@75，-75"或直接输入绝对坐标"75，-75"→按 <Enter> 键确认；如需连续复制，则继续输入第二点的相对坐标或绝对坐标，直至按 <Enter> 键结束复制（图4-7）	 图4-7　复制对象	"COPY"命令的快捷命令为"CO"或"CP" 输入相对坐标时，系统默认将相对坐标作为位移的第二点

二、镜像对象

具体操作步骤如下：

序号	操　作	结　　果	备　注
1	镜像图形对象时，在命令行中输入"MIRROR"命令→按\<Enter\>键，或在【修改】面板中单击【镜像】按钮 △|▷ →在命令行的提示下，选择镜像对象，按\<Enter\>键→指定镜像线的第一点→指定镜像线的第二点，在命令行的提示下可根据需要确定是否删除源对象，按\<Enter\>键不删除源对象，即完成镜像图形对象操作（图4-8）	 图4-8　镜像图形	镜像命令"MIRROR"的快捷命令为"MI" 　默认情况下，系统保留源对象，若对图形进行镜像后将源对象删除，只需在选取镜像线后，在命令行输入"Y"，按\<Enter\>键即可
2	若镜像对象中有文字时，在命令行中输入"MIRRTEXT"命令→按\<Enter\>键确认，在命令行提示下输入"1"→按\<Enter\>键确认，改变"MIRRTEXT"命令的系统变量值（图4-9）	 图4-9　镜像文字对象	在系统默认的情况下，镜像文字对象时，不更改文字的方向，如果确实要反转文字，需将"MIRRTEXT"命令的系统变量设置为"1"

三、偏移图形

具体操作步骤如下：

序号	操　作	结　　果	备　注
1	在命令行中输入偏移命令"OFFSET"→按<Enter>键，或在【修改】面板中单击【偏移】按钮 ⊏ →在命令行的提示下输入偏移距离→选择偏移的对象→指定要偏移的那一侧上的点，完成偏移（图4-10）	 图 4-10　定距偏移	偏移命令"OFFSET"的快捷命令为"O" 在执行偏移命令时，可在命令行输入"E"→输入"Y"，可在偏移后删除源对象 在执行偏移命令时，可在命令行输入"L"→输入"C"，可使偏移出的新对象图层与当前图层相同
2	偏移时，可指定偏移对象通过的一些特征点作为偏移参照。执行偏移命令时，在命令行输入"T"→选择偏移的对象→指定偏移通过的点，完成偏移（图4-11）	 图 4-11　通过点偏移	

四、阵列图形

具体操作步骤如下：

序号	操 作	结 果	备 注
1	在命令行中输入阵列命令"ARRAY"→按<Enter>键，或在【修改】面板中单击【阵列】按钮 ⊞→选择阵列对象，按<Enter>键→在命令行输入"R"→在命令行输入"COU"，按<Space>键→在命令行分别输入列数与行数，按<Space>键完成矩形阵列（图4-12）	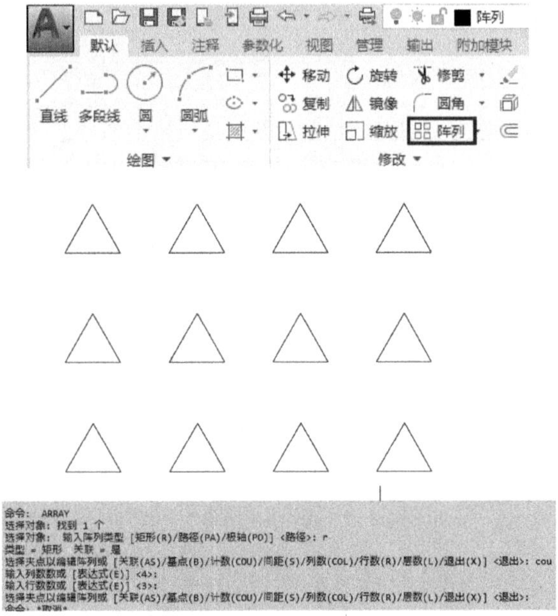 **图4-12 矩形阵列**	阵列命令"ARRAY"的快捷命令为"AR" 矩形阵列也可直接输入命令"ARRAYRECT"
2	在执行阵列命令时，输入"PO"→按<Space>键→指定阵列中心点→按<Space>键确认，完成环形阵列（图4-13）	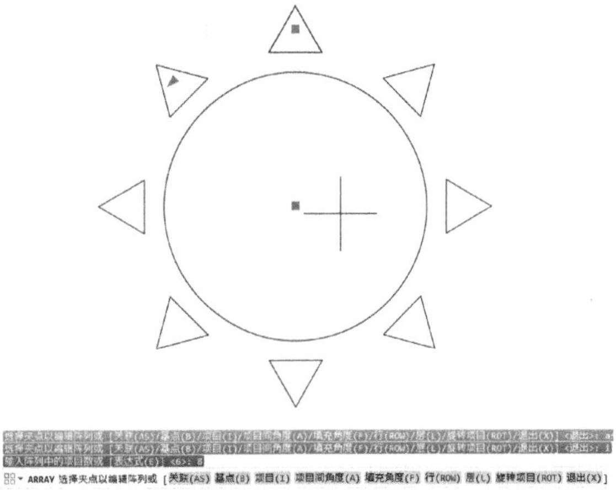 **图4-13 环形阵列**	环形阵列也可直接输入命令"ARRAYPOLAR"
3	在执行阵列命令时，输入"PA"→按<Space>键→选取路径曲线→按<Space>键确认，完成路径阵列（图4-14）	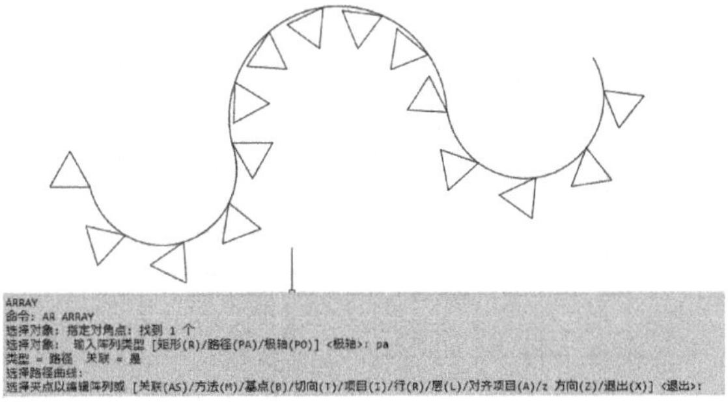 **图4-14 路径阵列**	路径阵列也可直接输入命令"ARRAYPATH" 路径可以是直线、多段线、三维多段线、样条曲线、螺旋、圆弧、圆或椭圆

五、课后练习

完成下列图形的绘制。

1.

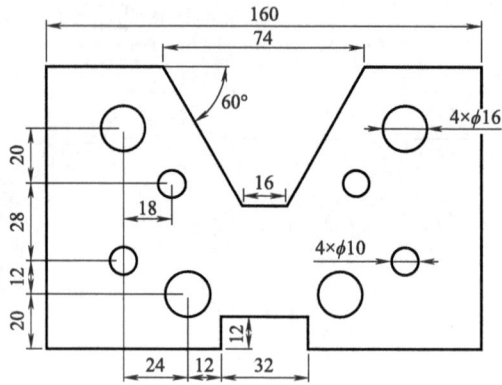

2.

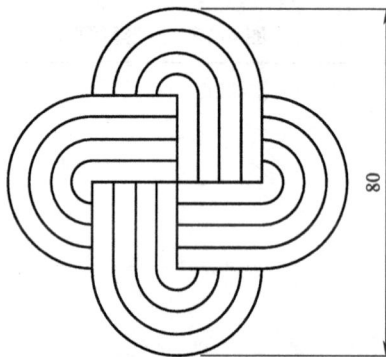

3.

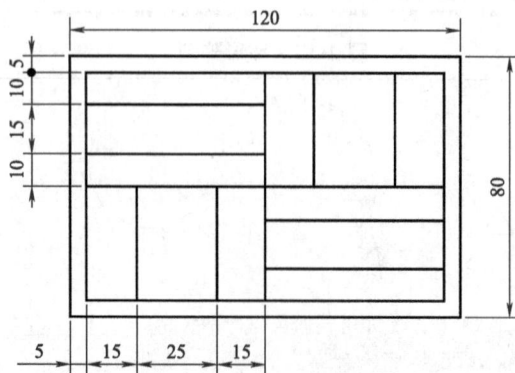

任务三　调整图形对象的位置与形状

【基本概念】

　　移动、旋转和缩放工具都是在不改变被编辑图形具体形状的基础上对图形的放置位置、角度以及大小进行重新调整；拉伸和拉长工具以及夹点应用的操作原理比较相似，都是在不改变现有图形位置的情况下，对单个或多个图形进行拉伸或缩减，从而改变被编辑对象的整体形状。

调整图形对象的位置与形状

【技能操作】

一、移动对象

具体操作步骤如下：

序号	操　作	结　果	备　注
1	在命令行中输入移动命令"MOVE"→按<Enter>键，或在【修改】面板中单击【移动】按钮 ✛ →在命令行的提示下，选择移动对象，按<Enter>键→指定基点→指定第二点或输入"@0,75"→按<Enter>键确认（图4-15）	图4-15　移动对象	移动命令"MOVE"的快捷命令为"M"　输入相对坐标时，将相对坐标作为位移的第二点

二、旋转对象

具体操作步骤如下：

序号	操 作	结 果	备 注
1	在命令行中输入旋转命令"ROTATE"→按<Enter>键，或在【修改】面板中单击【旋转】按钮 ↻ →在命令行的提示下，选择旋转对象，按<Enter>键→用光标移动即可旋转图形对象，也可在命令行输入指定角度→按<Enter>键进行旋转（图4-16）	 命令: RO ROTATE UCS 当前的正角方向： ANGDIR=逆时针 ANGBASE=0 找到 5 个 指定基点： 指定旋转角度，或 [复制(C)/参照(R)] <270>： -90 **图 4-16 旋转对象**	旋转命令"ROTATE"的快捷命令为"RO"
2	在执行旋转命令时，可在命令行输入"C"，可在保留源对象的情况下进行旋转（图4-17）	 命令: RO ROTATE UCS 当前的正角方向： ANGDIR=逆时针 ANGBASE=0 找到 5 个 指定基点： 指定旋转角度，或 [复制(C)/参照(R)] <270>： c 旋转一组选定对象。 指定旋转角度，或 [复制(C)/参照(R)] <270>： -90 **图 4-17 在保留源对象的情况下进行旋转**	

三、缩放对象

具体操作步骤如下：

序号	操 作	结 果	备 注
1	在命令行中输入缩放命令"SCALE"→按 <Enter> 键，或在【修改】面板中单击【缩放】按钮 □ →在命令行的提示下，选择缩放对象，按 <Enter> 键→指定缩放基点→指定比例因子"0.5"→按 <Enter> 键确认（图 4-18）	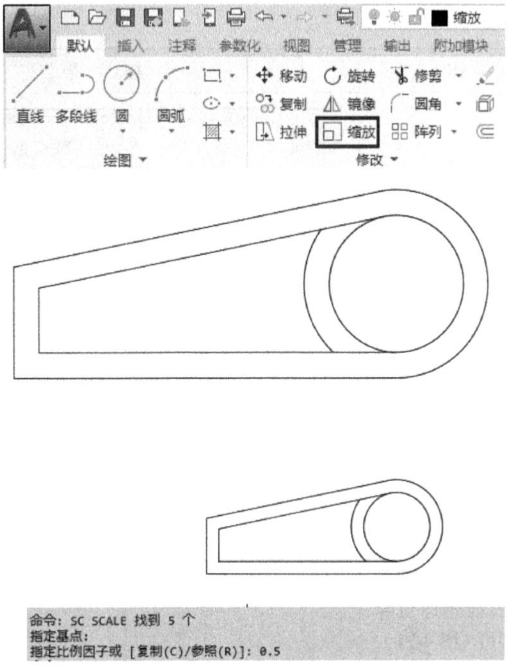 命令: SC SCALE 找到 5 个 指定基点: 指定比例因子或 [复制(C)/参照(R)]: 0.5 图 4-18　缩放对象	缩放命令"SCALE"的快捷命令为"SC"
2	在执行缩放命令时，在命令行输入"C"，可在保留源对象的情况下进行缩放（图 4-19）	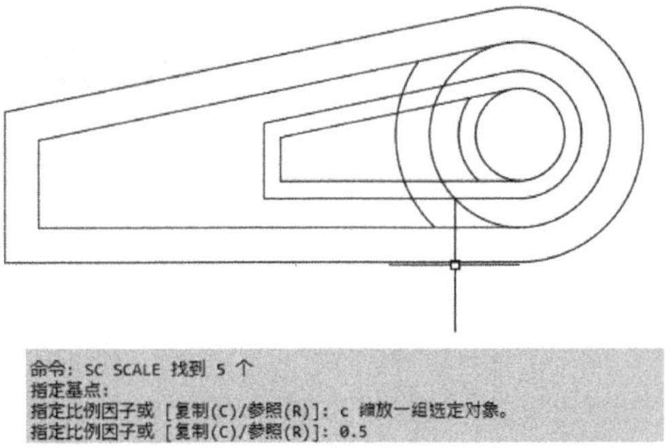 命令: SC SCALE 找到 5 个 指定基点: 指定比例因子或 [复制(C)/参照(R)]: c 缩放一组选定对象。 指定比例因子或 [复制(C)/参照(R)]: 0.5 图 4-19　在保留源对象的情况下进行缩放	
3	在执行缩放命令时，在命令行输入"R"，可使用参照长度进行缩放（图 4-20）	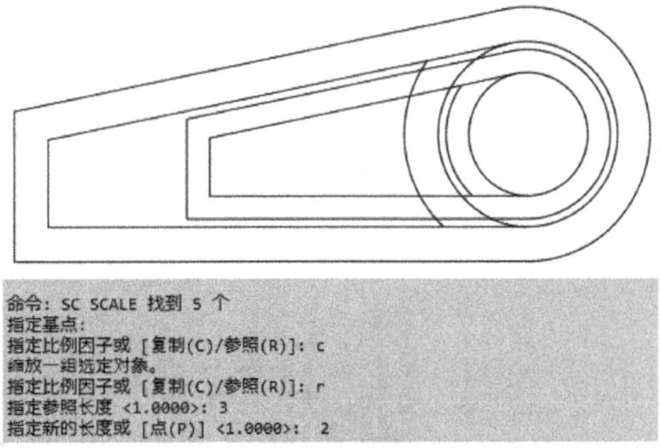 命令: SC SCALE 找到 5 个 指定基点: 指定比例因子或 [复制(C)/参照(R)]: c 缩放一组选定对象。 指定比例因子或 [复制(C)/参照(R)]: r 指定参照长度 <1.0000>: 3 指定新的长度或 [点(P)] <1.0000>: 2 图 4-20　使用参照长度缩放对象	此方法在比例因子未知的情况下使用

四、拉伸对象

具体操作步骤如下：

序号	操　作	结　　果	备　　注
1	在命令行中输入拉伸命令 "STRETCH" →按 <Enter> 键，或在【修改】面板中单击【拉伸】 按钮→在命令行的提示下，使用窗交方法选择拉伸对象，按 <Enter> 键→指定拉伸基点→向下拉动光标至合适的位置即可（图 4-21）	图 4-21　拉伸对象	拉伸命令 "STRETCH" 的快捷命令为 "S"　注意：完全包含在窗交窗口中的对象或单独选定的对象使用拉伸命令时，执行的是移动操作。拉伸命令针对的是窗交窗口部分包围的图形对象
2	在执行拉伸命令时，在命令行输入 "D"，可指定位移拉伸对象（图 4-22）	图 4-22　指定位移拉伸对象	

五、拉长对象

具体操作步骤如下：

序号	操　作	结　　果	备　注
1	在命令行中输入拉长命令"LENGTHEN"→按<Enter>键，或在【修改】面板中单击【拉长】按钮 ∕ →选择拉长对象→在命令行输入"DE"，按<Space>键→输入长度增量，按<Space>键→选取需要拉长的对象，按<Space>键完成增量拉长对象（图4-23）	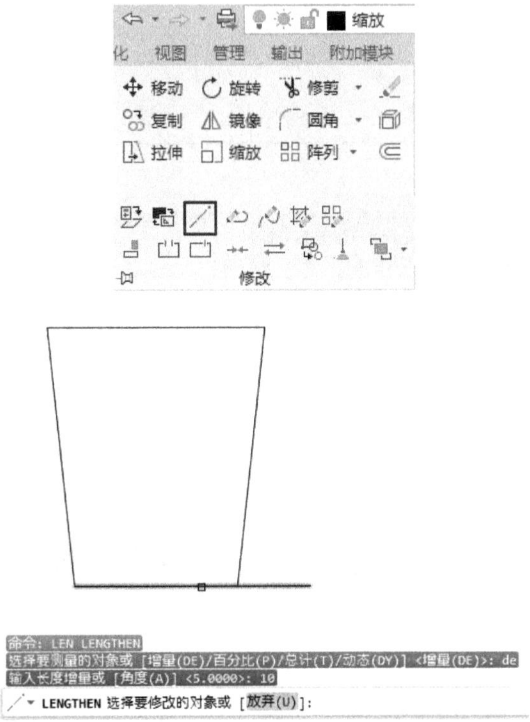 图4-23　增量拉长对象	拉长命令"LENGTHEN"的快捷命令为"LEN" 　用于拉长的对象包括：直线、弧线、样条曲线 　增量从距离选择点最近的端点处开始测量
2	执行拉长命令时，可输入"P"，通过百分比来拉长对象（图4-24）	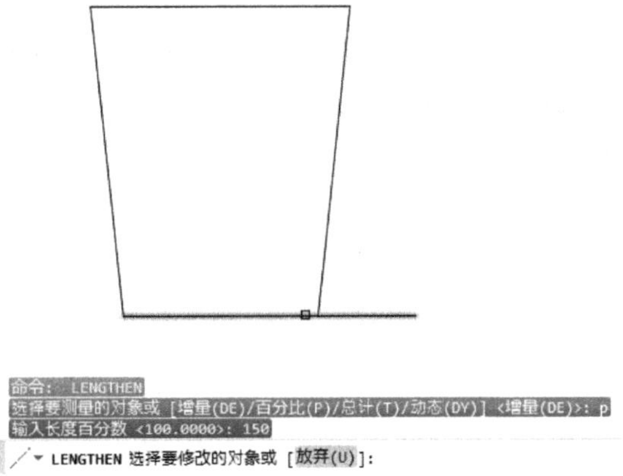 图4-24　百分比拉长对象	注意：输入的参数小于100则缩短对象，大于100则拉长对象

（续）

序号	操　作	结　果	备　注
3	执行拉长命令时，可输入"T"，通过总长度来拉长对象（图4-25）	命令：LENGTHEN 选择要测量的对象或 [增量(DE)/百分比(P)/总计(T)/动态(DY)] <百分比(P)>: t 指定总长度或 [角度(A)] <30.0000>: 50 LENGTHEN 选择要修改的对象或 [放弃(U)]: 图4-25　以输入的总长度来拉长对象	注意：选取的对象按照设置的总长度相应缩短或拉长
4	执行拉长命令时，可输入"DY"，通过拖动光标来改变对象的长度（图4-26）	正交: 11.5745 < 90° 命令：LENGTHEN 选择要测量的对象或 [增量(DE)/百分比(P)/总计(T)/动态(DY)] <动态(DY)>: dy 选择要修改的对象或 [放弃(U)]: LENGTHEN 指定新端点: 图4-26　动态拉长对象	

六、夹点编辑

在 AutoCAD 中，每个图形对象都有自身的特征点，而且特征点的位置和数量都不相同。对图形对象进行夹点编辑，其实质就是对图形对象的特征点进行操作。AutoCAD 对图形对象特征点的规定见表 4-1。

表 4-1　图形对象特征点

图形对象	特　征　点	图　例
直线	两端点和中点	■——■——■
射线	起始点和构造线上的一个点	■——■——■
构造线	控制点和构造线上邻近的两个点	■—■—■—■
多线	控制线上的两个端点	■＝＝＝＝■

（续）

图形对象	特　征　点	图　例
多段线	线段的两端点、圆弧段的中点和两端点	
圆	四个象限点和圆心	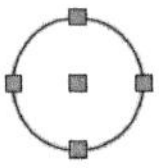
圆弧	两端点和圆心	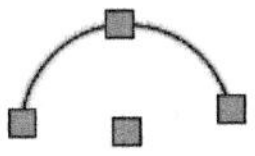
椭圆	四个顶点和中心点	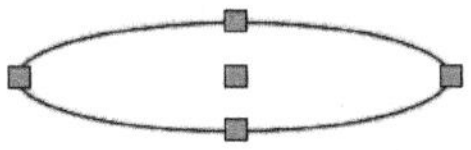
椭圆弧	端点、中点和中心点	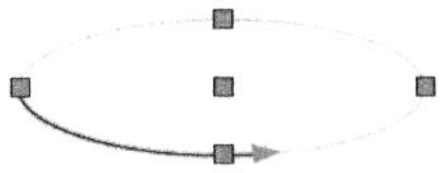
文字	插入点和第二个对齐点	 测绘CAD
半径标注	尺寸线端点、尺寸文字的中心点	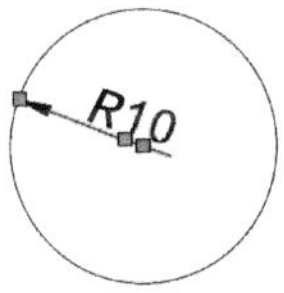 R10
坐标标注	被标注点、引出线端点和尺寸文字的中心点	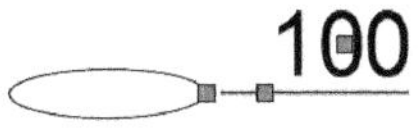 100

具体操作步骤如下：

序号	操　作	结　果	备　注
1	在夹点编辑模式下，指定基点后拖动光标至新位置（图 4-27）	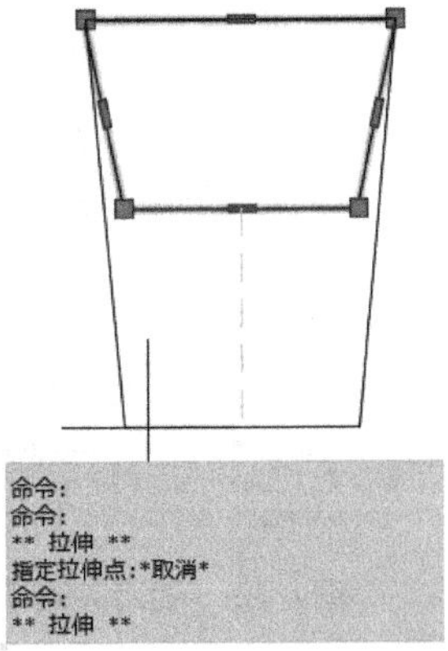 命令： 命令： ** 拉伸 ** 拖定拉伸点：*取消* 命令： ** 拉伸 ** 图 4-27　使用夹点编辑拉伸对象	

（续）

序号	操 作	结 果	备 注
2	在夹点编辑模式下，指定基点后按 <Space> 键→在命令行的提示下移动光标至移动目标点，单击完成移动操作（图 4-28）	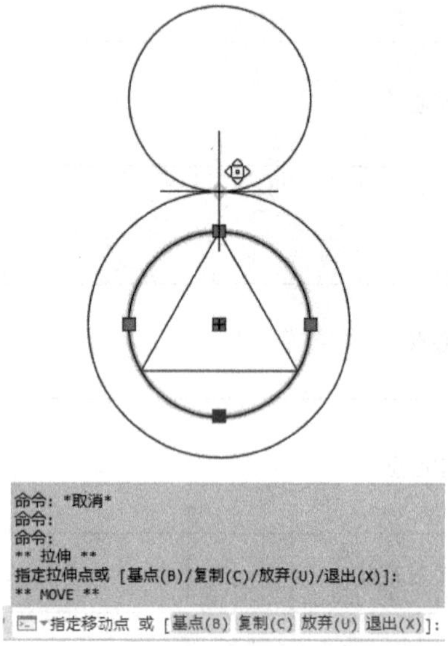 图 4-28　利用夹点编辑移动对象	移动时，输入 "C" 命令，或按住 <Ctrl> 键，单击目标点，可实现复制对象操作
3	在夹点编辑模式下，指定基点后，按两次 <Space> 键或输入 "RO" 进入旋转模式，输入旋转角度即可旋转所选图形（图 4-29）	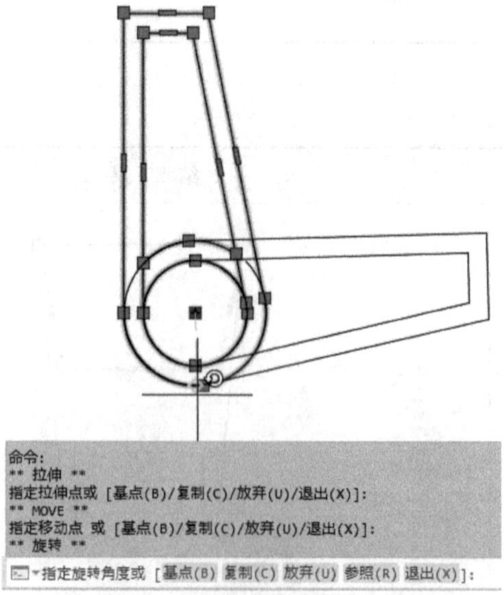 图 4-29　利用夹点编辑旋转对象	

（续）

序号	操　作	结　果	备　注
4	在夹点编辑模式下，指定基点后，按三次 \<Space\> 键或输入 "SC" 进入缩放模式，输入比例因子即可缩放所选图形（图 4-30）	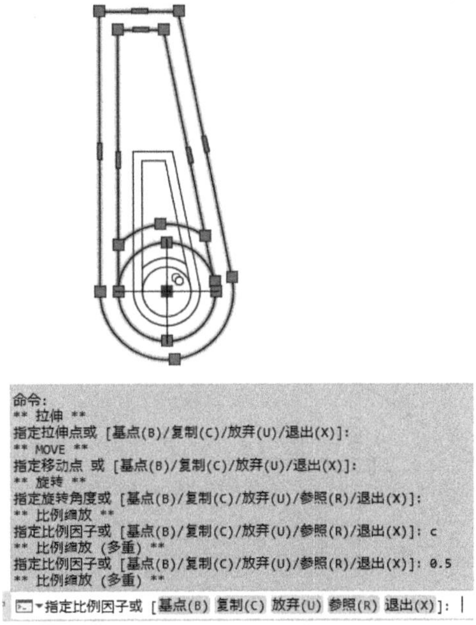 命令: ** 拉伸 ** 指定拉伸点或 [基点(B)/复制(C)/放弃(U)/退出(X)]: ** MOVE ** 指定移动点 或 [基点(B)/复制(C)/放弃(U)/退出(X)]: ** 旋转 ** 指定旋转角度或 [基点(B)/复制(C)/放弃(U)/参照(R)/退出(X)]: ** 比例缩放 ** 指定比例因子或 [基点(B)/复制(C)/放弃(U)/参照(R)/退出(X)]: c ** 比例缩放（多重）** 指定比例因子或 [基点(B)/复制(C)/放弃(U)/参照(R)/退出(X)]: 0.5 ** 比例缩放（多重）** □▼ 指定比例因子或 [基点(B) 复制(C) 放弃(U) 参照(R) 退出(X)]: | 图 4-30　利用夹点编辑缩放对象	
5	在夹点编辑模式下，指定基点后，按四次 \<Space\> 键或输入 "MI" 进入镜像模式，输入 "C"，按 \<Space\> 键→指定第二镜像点，按 \<Space\> 键完成镜像复制操作（图 4-31）	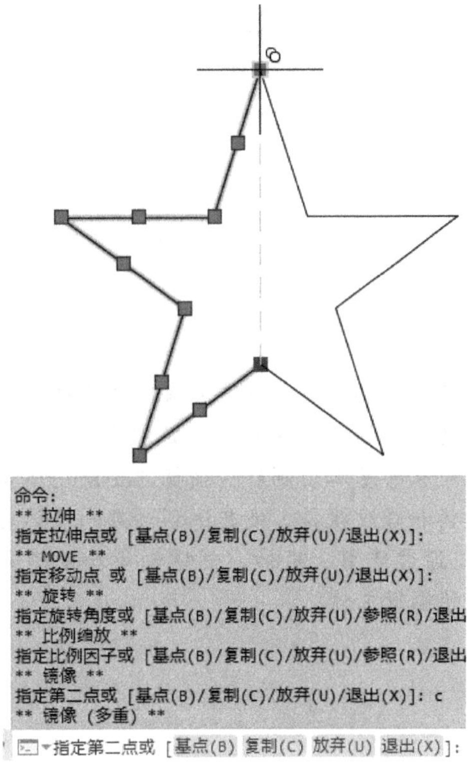 命令: ** 拉伸 ** 指定拉伸点或 [基点(B)/复制(C)/放弃(U)/退出(X)]: ** MOVE ** 指定移动点 或 [基点(B)/复制(C)/放弃(U)/退出(X)]: ** 旋转 ** 指定旋转角度或 [基点(B)/复制(C)/放弃(U)/参照(R)/退出 ** 比例缩放 ** 指定比例因子或 [基点(B)/复制(C)/放弃(U)/参照(R)/退出 ** 镜像 ** 指定第二点或 [基点(B)/复制(C)/放弃(U)/退出(X)]: c ** 镜像（多重）** □▼ 指定第二点或 [基点(B) 复制(C) 放弃(U) 退出(X)]: 图 4-31　利用夹点编辑镜像对象	进入夹点编辑模式后指定的基点，系统默认作为镜像线的第一个点

七、课后练习

完成下列图形的绘制。

1.

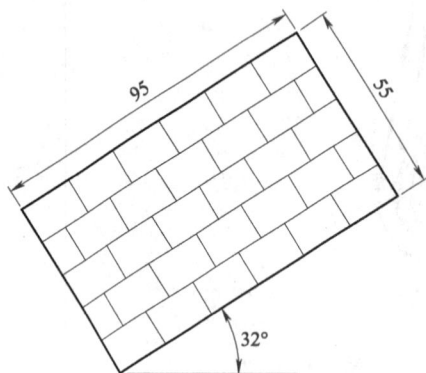

2.

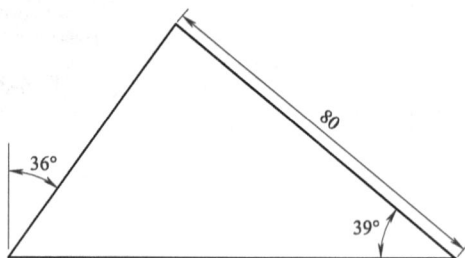

3.

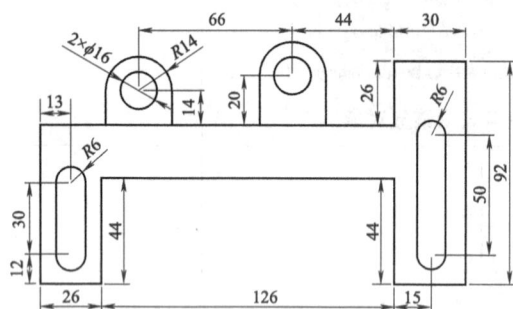

4.

任务四　编辑图形对象

【基本概念】

　　在绘图过程中，要善于甄别，对于那些没有使用价值或者绘制错误的图形对象，是可以将其删除的；也可以根据需要将误删除的图形对象进行恢复。在完成对象的基本绘制后，往往需要使用适当的编辑技术对相关对象进行编辑和修改操作，使其达到预期的设计要求。在AutoCAD 中，用户可以通过修剪、延伸、创建倒角和创建圆角等常规操作来完成绘制对象的编辑工作。

【技能操作】

一、删除对象

　　具体操作步骤如下：

序号	操　作	结　果	备　注
1	在命令行中输入删除命令"ERASE"→按 <Enter> 键→依提示选择对象→按 <Enter> 键，即可删除所选对象（图 4-32）	图 4-32　删除对象	删除命令"ERASE"的快捷命令为"E" 在选中对象条件下，按 <Delete> 键可直接删除该对象

二、恢复对象

具体操作步骤如下：

序号	操　作	结　果	备　注
1	在命令行中输入恢复命令"UNDO"，或输入"OOPS"或按 <Ctrl+Z> 键→按 <Enter> 键返回上一步操作（图 4-33）	图 4-33　恢复对象	恢复命令"UNDO"的快捷命令为"U" 按 <Ctrl+Z> 组合键也可进行恢复操作

三、修剪对象

具体操作步骤如下：

序号	操　作	结　果	备　注
1	在命令行中输入修剪命令"TRIM"，按<Space>键，或在【修改】面板中单击【修剪】按钮 → 选择对象（按<Space>键选择全部对象作为边界）→用鼠标单击需要修剪的部分，完成修剪操作（图4-34）　在执行修剪命令时，按住<Shift>键不放可执行延伸操作	 图4-34　修剪对象	修剪命令"TRIM"的快捷命令为"TR"　修剪命令主要用于修剪直线、圆、圆弧、多段线、椭圆、椭圆弧、构造线、样条曲线、块等图形对象，也可用于修剪图纸空间的布局视口

四、延伸对象

具体操作步骤如下：

序号	操　作	结　果	备　注
1	在命令行中输入延伸命令"EXTEND"，按<Space>键，或在【修改】面板中单击【延伸】按钮 → 选择对象（按<Space>键选择全部对象作为边界）→用鼠标单击需要延伸的部分，完成延伸操作（图4-35）　在执行延伸命令时，按住<Shift>键不放可执行修剪操作	 图4-35　延伸对象	延伸命令"EXTEND"的快捷命令为"EX"　延伸命令主要用于直线、圆弧、椭圆弧、开放的二维多段线、开放的三维多段线以及射线等图形对象的延伸

五、创建圆角

具体操作步骤如下：

序号	操 作	结 果	备 注
1	在命令行中输入创建圆角命令"FILLET"，按 <Space> 键，或在【修改】面板中单击【圆角】按钮 → 选择对象 → 在命令行输入"R"，按 <Space> 键 → 输入圆角半径，按 <Space> 键 → 选择第二个对象，完成圆角操作（图 4-36）	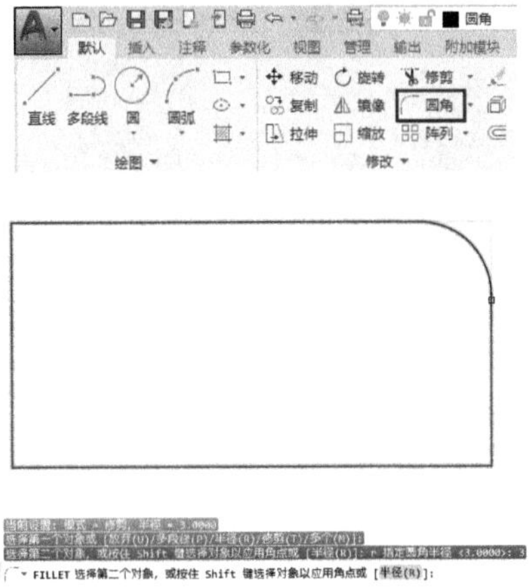 图 4-36　创建圆角	创建圆角命令"FILLET"的快捷命令为"F"
2	在执行圆角操作时，可输入"T"，按 <Space> 键 → 在命令行的提示下输入"N"，按 <Space> 键，创建不修剪的圆角（图 4-37）	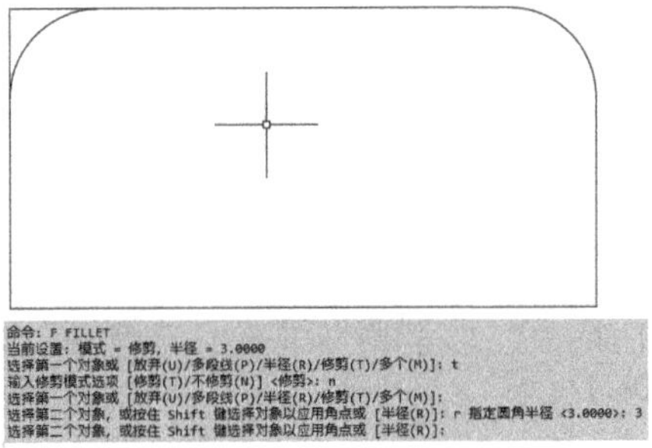 图 4-37　创建不修剪的圆角	

六、创建倒角

具体操作步骤如下：

序号	操 作	结 果	备 注
1	在命令行中输入创建倒角命令"CHAMFER"，按 <Space> 键，或在【修改】面板中单击【倒角】按钮 → 在命令行的提示下输入"D"，按 <Space> 键 → 输入第一个倒角距离，按 <Space> 键 → 输入第二个倒角距离，按 <Space> 键 → 选择第一条直线 → 选择第二条直线，即形成倒角（图 4-38）	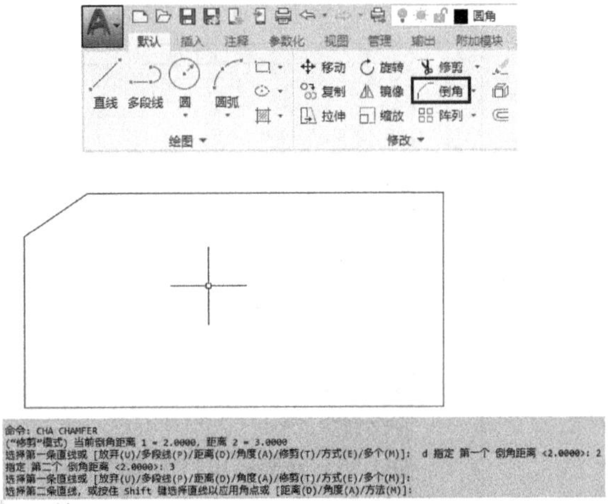 图 4-38　创建倒角	创建倒角命令"CHAMFER"的快捷命令为"CHA"

（续）

序号	操 作	结 果	备 注
2	在执行倒角操作时，可输入"A"，按<Space>键→输入第一个倒角距离，按<Space>键→输入第一条直线的倒角度，按<Space>键→选择第二条直线，即形成倒角（图4-39）	图 4-39 通过角度倒角	

七、打断对象

具体操作步骤如下：

序号	操 作	结 果	备 注
1	在命令行中输入打断命令"BREAK"，按<Space>键，或在【修改】面板中单击【打断】按钮 → 用光标选择对象的同时指定第一个打断点→用光标指定第二个打断点，即完成打断对象操作，并将指定对象删除（图4-40）	图 4-40 打断对象	打断命令"BREAK"的快捷命令为"BR"
2	在执行打断操作时，可输入"F"，按<Space>键，重新指定打断第一点（图4-41）	图 4-41 重新指定打断点打断对象（1）	

106

（续）

序号	操 作	结 果	备 注
3	在【修改】面板中单击【打断】按钮 □→ 用光标选择直线对象→用光标指定打断点，完成打断于点的打断对象操作（图4-42）	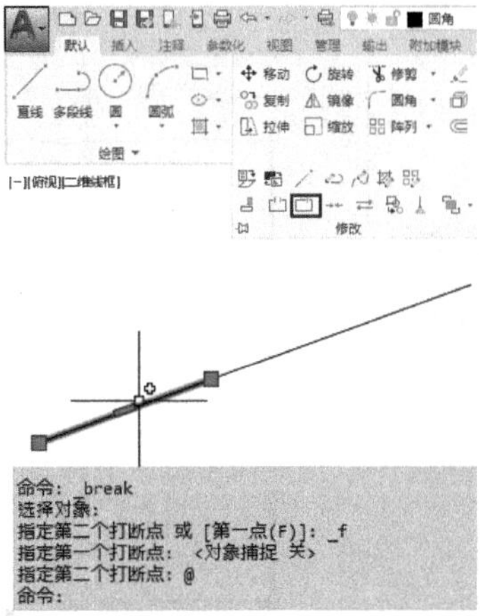 图 4-42 重新指定打断点打断对象（2）	

八、合并对象

具体操作步骤如下：

序号	操 作	结 果	备 注
1	在命令行中输入合并命令"JOIN"，按 <Space> 键，或在【修改】面板中单击【合并】按钮 →←→用光标选择圆弧对象，按 <Space> 键→输入"L"，创建完整的圆对象（图4-43）	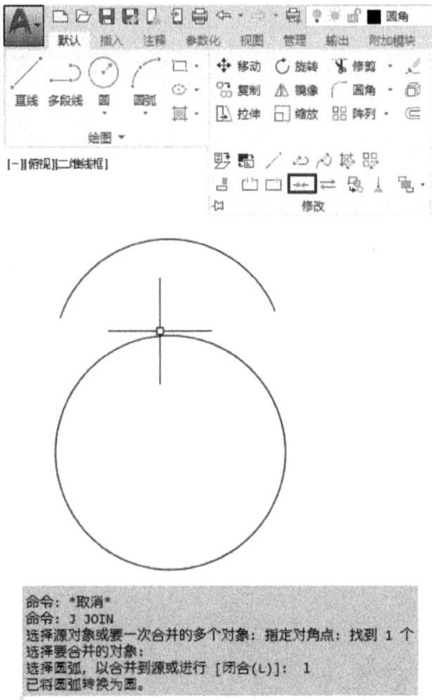 图 4-43 合并对象	合并命令"JOIN"的快捷命令为"J" 多条直线进行合并时，必须为共线直线

九、分解对象

具体操作步骤如下：

序号	操　作	结　果	备　注
1	在命令行中输入分解命令"EXPLODE"，按 \<Space\> 键，或在【修改】面板中单击【分解】按钮 🗍 →用光标选择对象，按 \<Space\> 键，完成分解（图 4-44）	图 4-44　分解对象	分解命令"EXPLODE"的快捷命令为"X" 多段线进行分解时，转换为直线

十、课后练习

完成下列图形的绘制。

1.

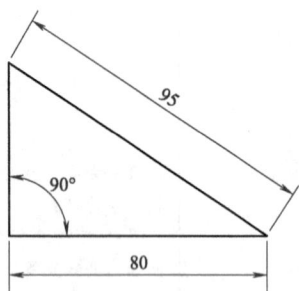

2.

3.

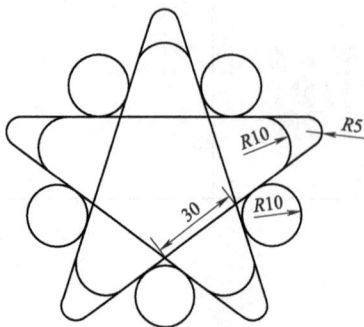

4.

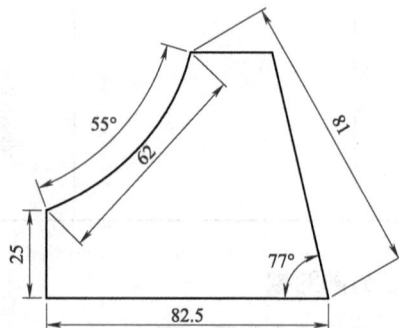

任务五　图案填充与图形信息

【基本概念】

在绘制和编辑图形时，执行图案填充命令是为了表达当前图形部分或全部的结构特征。创建图案填充是在封闭区域内通过图案填充样式，标识某一区域的具体意义和组成材料。查询图形信息是间接表达图形组成的一种方式，用户可以对图形中各点、各线段之间的距离和交角等特性进行详细的查询。

图案填充与图形信息

【技能操作】

一、图案填充

具体操作步骤如下：

序号	操　　作	结　　果	备　　注
1	在命令行中输入图案填充命令"HATCH"，按 <Space> 键，或在【绘图】面板中单击【填充】按钮 ▨ →在命令行的提示下输入"T"，弹出【图案填充和渐变色】对话框，可设置填充图案的类型、填充比例、角度和填充边界，按 <Space> 键完成图案填充（图 4-45） 在命令行输入"HATCHEDIT"命令，可对图案进行编辑 在命令行输入"EXPLODE"命令，可将图案分解为线条	 图 4-45　图案填充	图案填充命令"HATCH"的快捷命令为"H"

二、查询距离信息

具体操作步骤如下：

序号	操　作	结　果	备　注
1	在命令行中输入查询距离命令"DIST"，按 <Space> 键，或在【绘图】面板中单击【距离】按钮 ⊢——⊣ →指定第一个点→指定第二个点，在命令行显示两点的距离信息（图4-46）	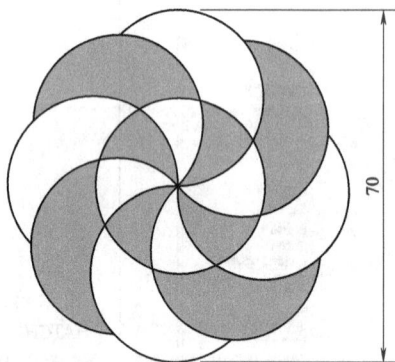 图 4-46　指定两点查询距离	查询距离命令"DIST"的快捷命令为"DI"

三、课后练习

完成下列图形的绘制。

1.

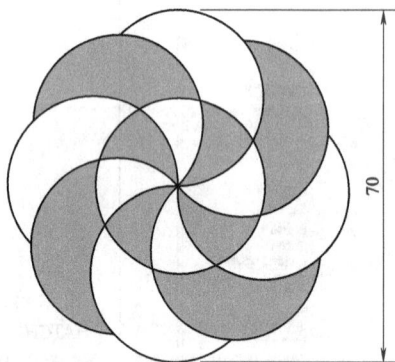

2.

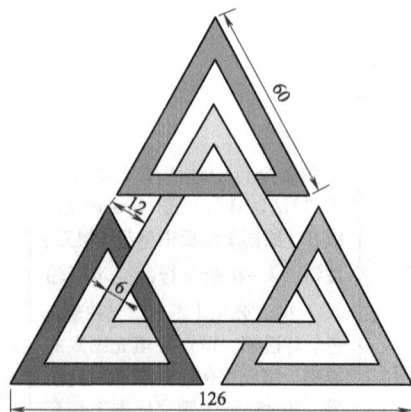

项目评价

一、自我评价

1. 此次操作是否顺利？

2. 若不顺利，请列出遇到的问题。

3. 分析出现问题的原因，并提出修正方案。

4. 你认为还需要加强哪些方面的指导？

二、学习任务评价表

考核项目	分数			学生自评	组长评价	教师评价	小 计
	差	中	好				
团队合作精神	3	6	10				
活动参与是否积极	3	6	10				
选择对象	3	6	10				
复制二维图形对象	6	13	20				
调整图形对象的位置与形状	6	13	20				
编辑图形对象	6	13	20				
图案填充	3	6	10				
总分	100						
教师签字：				年　月　日		得分	

项 目 小 结

　　本项目详细介绍了 AutoCAD 2021 中有关选择对象、调整图形对象的位置与形状、编辑图形对象、图形填充与图形信息的基本功能、相关命令及基本操作方法。通过本项目的学习，能够快速、准确地利用相关命令对基本二维图形进行编辑修改，并绘制复杂图形。

复习思考题

1. 如图 4-47 所示，请通过图形编辑操作，绘制出如图 4-48 所示图形。

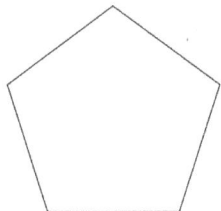

图 4-47　思考题 1（1）

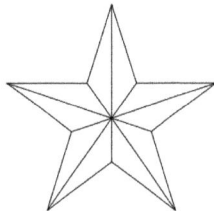

图 4-48　思考题 1（2）

2. 如图 4-49 所示，请通过图形编辑操作，绘制出如图 4-50 所示图形。

3. 如图 4-51 所示，请通过图形编辑操作，绘制出如图 4-52 所示图形。

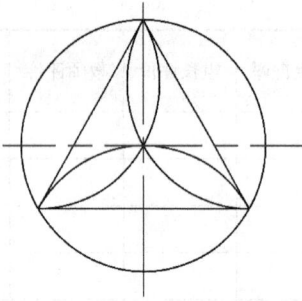

图 4-49　思考题 2（1）

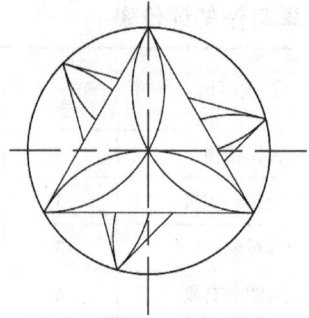

图 4-50　思考题 2（2）

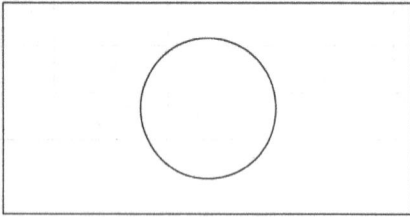

图 4-51　思考题 3（1）

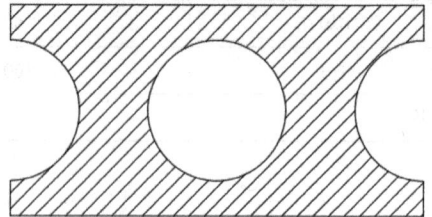

图 4-52　思考题 3（2）

4. 如图 4-53 所示，请通过图形编辑操作，绘制出如图 4-54 所示图形。

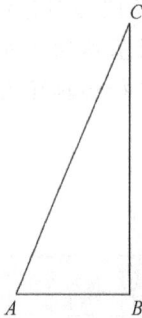

图 4-53　思考题 4（1）

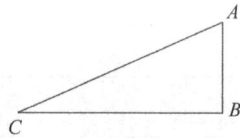

图 4-54　思考题 4（2）

5. 如图 4-55 所示，请通过图形编辑操作，绘制出如图 4-56 所示图形。

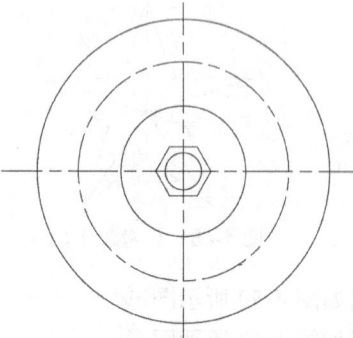

图 4-55　思考题 5（1）

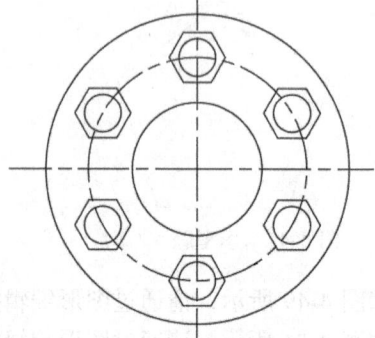

图 4-56　思考题 5（2）

6. 如图 4-57 所示，请通过图形编辑操作，绘制出如图 4-58 所示图形。

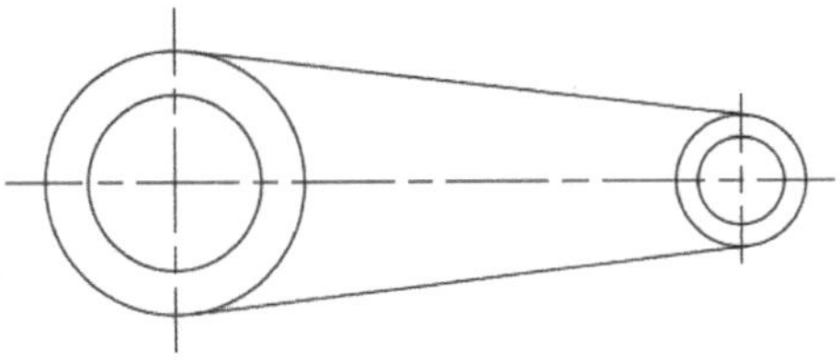

图 4-57　思考题 6（1）

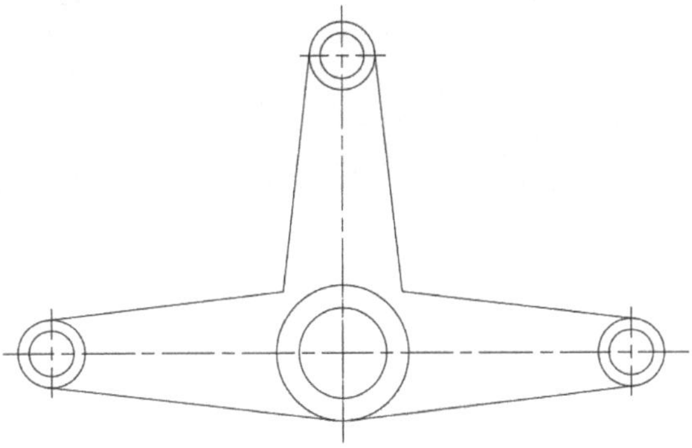

图 4-58　思考题 6（2）

7. 绘制如图 4-59~ 图 4-62 所示图形。

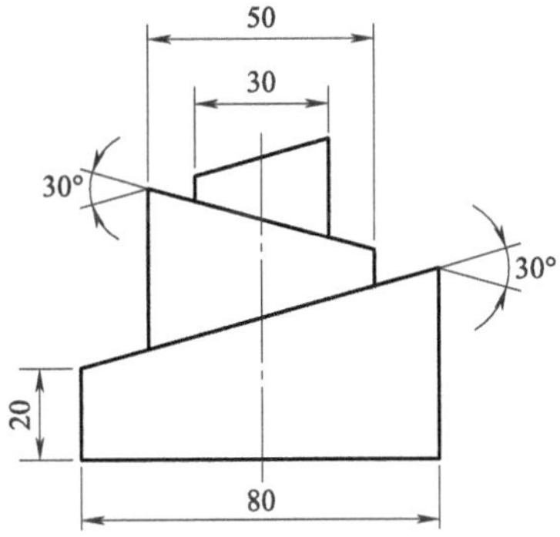

图 4-59　思考题 7（1）

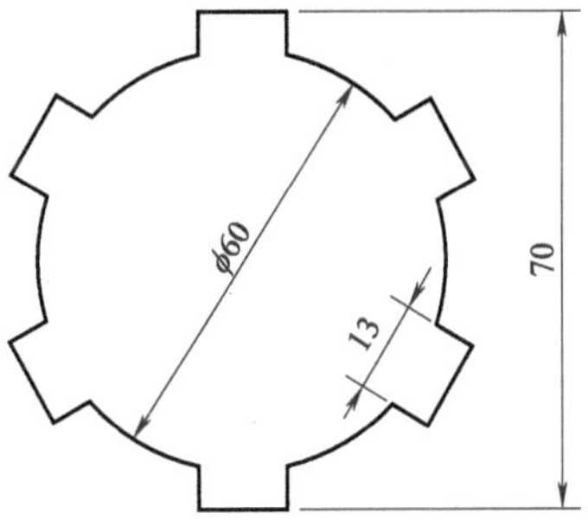

图 4-60　思考题 7（2）

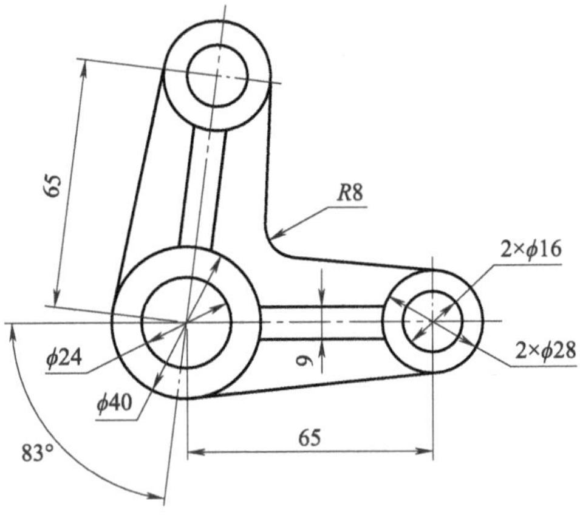

图 4-61　思考题 7（3）

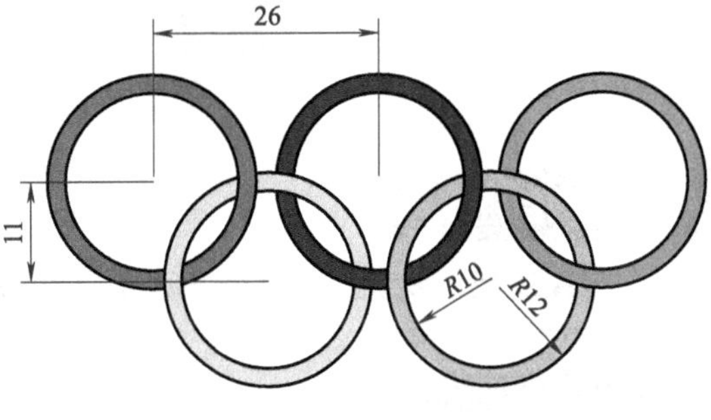

图 4-62　思考题 7（4）

项目五

图层设置

【项目概述】

为了便于分辨和管理，图形中的各图元（实体）都有层、颜色、线型、线宽、打印样式等特性，由用户根据需要设置。AutoCAD 提供了图层特性管理器，利用图层设置工具，可以方便、迅速、有效地对图形进行编辑和管理。这样不仅提高了工作效率，而且使图形的信息管理更加清晰。

【知识与能力图谱】

```
                    线型设置
                   (linetype)
        创建图层                   线宽设置
        (layer)                   (lweight)

                    图层设置

        特性                       颜色设置
     (properties)                  (color)

        特性匹配
      (matchprop)
```

【知识目标】

掌握线型、线宽、颜色、图层的基本概念和设置方法。

【能力目标】

能够根据图形正确设置线型、线宽、颜色、图层等参数。

114

【素质目标】

1. 培养空间意识和实践动手能力；
2. 培养制图全局意识。

【课前引领】

孙家栋是我国人造卫星技术和深空探测技术的开拓者之一，从事航天工作数十年来，主持研制了数十颗卫星。担任中国北斗卫星导航系统第一代和第二代工程总设计师，实现了中国北斗卫星导航系统的组网和应用。中国北斗卫星导航系统是继美国GPS、俄罗斯GLONASS之后的第三个成熟的卫星导航系统。该系统由空间段、地面段和用户段三部分组成，可在全球范围内全天候、全天时为各类用户提供高精度、高可靠定位、导航、授时服务，并且具备短报文通信能力。20世纪后期，中国开始探索适合国情的卫星导航系统发展道路，逐步形成了三步走发展战略：2000年年底，建成北斗一号系统，向中国提供服务；2012年年底，建成北斗二号系统，向亚太地区提供服务；2020年，建成北斗三号系统，向全球提供服务。

中国北斗卫星导航系统秉承"中国的北斗、世界的北斗、一流的北斗"发展理念，愿与世界各国共享建设发展成果，促进全球卫星导航事业蓬勃发展，为服务全球、造福人类贡献中国智慧和力量。

任务一　图层概念及相关操作

【基本概念】

AutoCAD引入了一个非常重要的概念——图层。可以把图层看作是没有厚度的透明薄片，在每张薄片上绘制图形的不同部分，再把它们叠合在一起就形成了一幅完美的图形，且各层之间可以完全对齐，每层上的某一个基准点准确地对准其他各层上的同一基准点。引入图层后，用户就可以为每一图层指定绘图所用的线型、颜色等，并将具有相同线型和颜色的对象或将尺寸、文字等不同要素置于各自的图层中，从而节省绘图工作量和图形的存储空间。不难看出，图层可使我们更方便、更有效地对图形进行编辑和管理。概括起来，图层具有以下几个特点：

（1）可以在一幅图中指定任意数量的图层。系统对图层数和每一图层上的对象数均无限制。

（2）每一层有一个图层名称，以示区别。当开始绘制一幅新图时，AutoCAD自动创建名为"0"的图层作为默认图层，其余图层名称由用户自定义。

（3）一般情况下，位于一个图层上的对象应该采用相同的绘图线型和绘图颜色。用户可以改变各图层的线型、颜色等特性。

（4）AutoCAD允许用户建立多个图层，但只能在当前图层上绘图。

（5）各图层具有相同的坐标系和相同的显示缩放倍数，可以对不同图层上的对象同时进行编辑操作。

（6）可以对各图层进行打开、关闭、冻结、解冻、锁定与解锁等操作，从而设置各图层的可见性与可操作性。

【技能操作】

图层设置

图层的创建和管理

具体操作步骤如下：

序号	操 作	结 果	备 注
1	在命令行输入图层命令"LAYER"，或在【格式】菜单中选择【图层】或【工具】→【选项板】→【图层】，或在【图层】工具栏中选择【图层特性管理器】按钮，打开【图层特性管理器】对话框进行图层设置（图 5-1）	 图 5-1 【图层特性管理器】对话框	图层命令"LAYER"的快捷命令为"LA"
2	单击【新建图层】按钮或利用快捷键 <Alt+N>，将自动创建名为"图层 n"的图层（n 为起始于 1 且按已定义图层的数量顺序排序的数字）（图 5-2）	 图 5-2 新建图层	用户可以修改新建图层的名称，修改方法：在图层列表框中选中对应的图层，单击其名称，名称变为编辑模式，然后在对应的文本框中输入新名称即可

（续）

序号	操 作	结 果	备 注
3	在图层列表框中选中要删除的图层→单击【删除图层】按钮 或者利用快捷键 <Alt+D>，即可删除选中的图层（图 5-3）	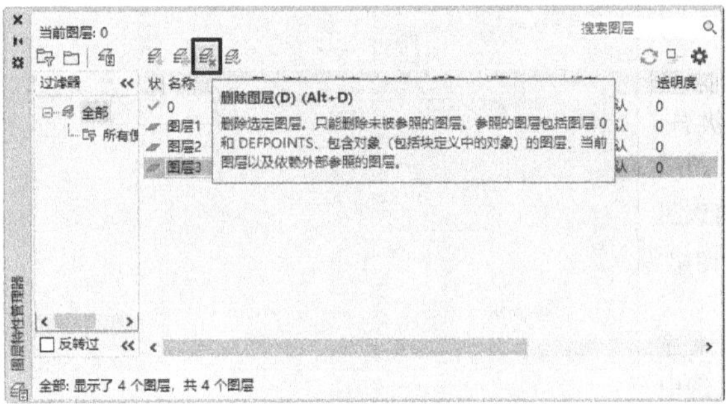 图 5-3 删除图层	要删除的图层必须是空图层，即图层上不包含图形对象，否则 AutoCAD 将拒绝执行删除操作 系统创建的"0"层和当前层均不能删除
4	在图层列表框中选中"图层 2"→单击【置为当前】按钮 ，AutoCAD 将在"当前图层"行显示当前图层的名称，并在选中图层行的"状态"列显示图标 （图 5-4）	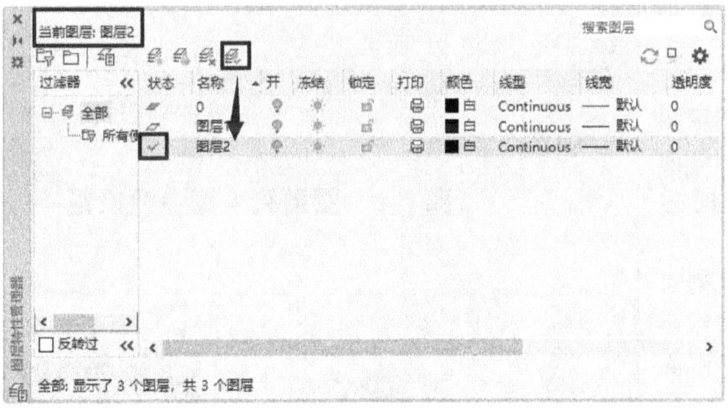 图 5-4 置为当前图层	该方法用于将某一图层置为当前绘图图层。一次只能设定一个图层为当前图层
5	单击图 5-5 左边的树状窗格中的【全部】按钮，可显示出图形中的所有图层	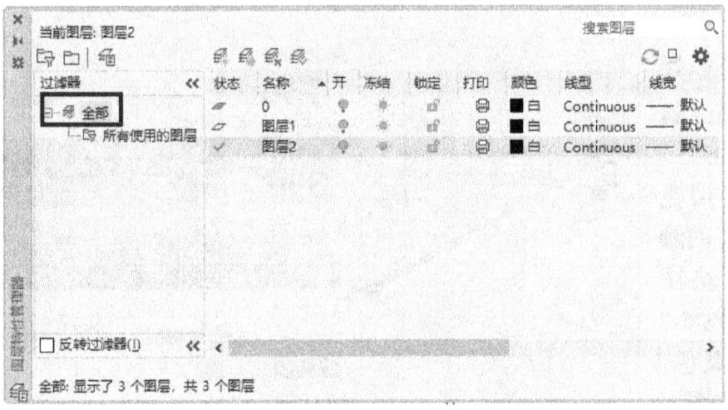 图 5-5 树状窗格	

（续）

序号	操　作	结　果	备　注
6	【状态】列用来显示图层的当前状态。双击【状态】列图层的按钮 可将该图层设置为"当前图层"（图 5-6） 【名称】列用来显示图层的名称。选中某一图层，按 <F2> 键可输入新名称。单击"名称"标题，可让图层按照名称的顺序或逆序的方式列表显示（图 5-6） 单击【开】列对应的小灯泡按钮 ，可打开或关闭选定图层（图层打开时灯泡为黄色，关闭时为灰色） 单击【冻结】列对应的图标可设置图层为冻结状态还是解冻状态（太阳 为解冻状态，雪花 为冻结状态）（图 5-6） 单击【锁定】列对应的图标（锁定 或解锁 ）可以设置图层的"锁定/解锁"状态（图 5-6） 【颜色】列：用色块图标显示图层的颜色，单击该色块图标，将弹出如图 5-7 所示的【选择颜色】对话框，可修改图层颜色	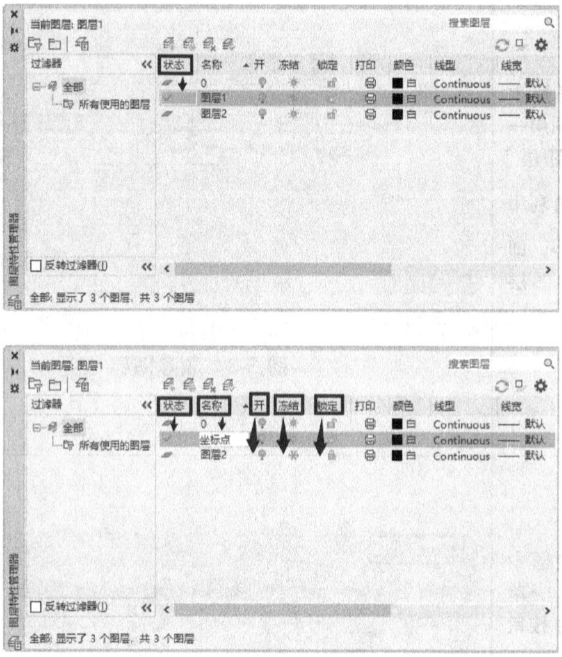 图 5-6　图层列表框参数设置 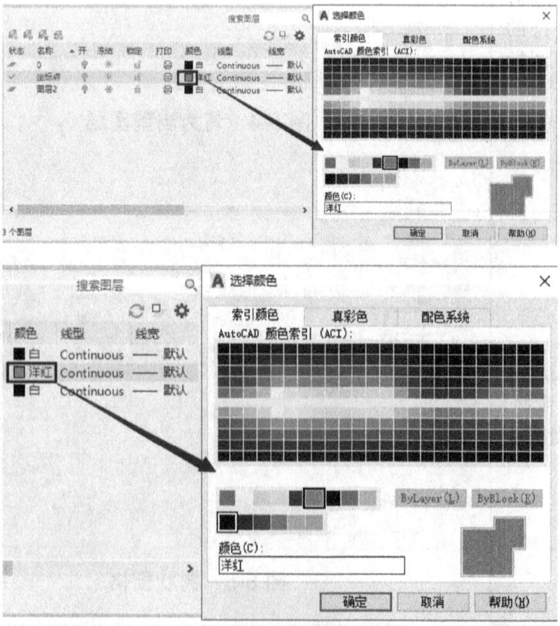 图 5-7　图层颜色设置	当图层打开时，该图层上的对象可见并且可以打印。当图层关闭时，其对象不可见并且不能打印，且与【打印】设置无关。如果要关闭当前层，AutoCAD 会显示对应的提示信息，警告用户正在关闭当前图层，但用户单击【确定】按钮可以关闭当前图层。单击图层列表框的【开】标题，可以调整各图层的排列顺序

（续）

序号	操　作	结　果	备　注
6	【线型】列：设置图层的线型，单击线型名，将弹出如图5-8所示的【选择线型】对话框，用户可以从已加载的线型中选择一种代替该图层的线型，如果对话框中所列出的线型不够，则单击【加载】按钮，弹出如图5-9所示的【加载或重载线型】对话框，用户可以从acadiso.lin线型文件中加载所需的线型 【线宽】列：设置与选定图层关联的线宽。单击线宽名可以显示【线宽】对话框（图5-10），可以在其下拉列表中选择线宽 【打印】列：单击打印按钮控制是否打印选定图层（打印图标 🖶，不可被打印图标 🖶⊘）	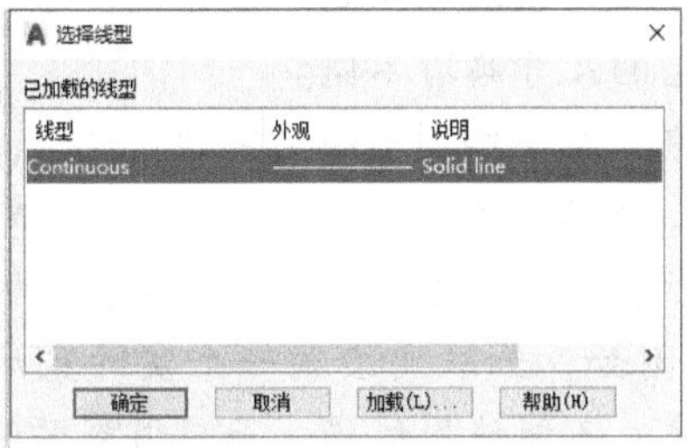 图 5-8　【选择线型】对话框 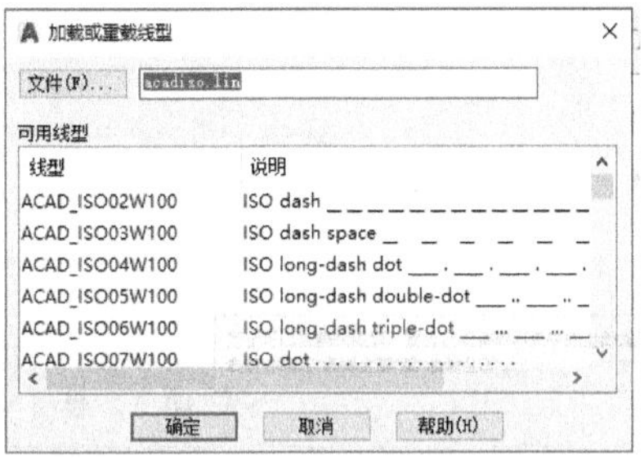 图 5-9　【加载或重载线型】对话框 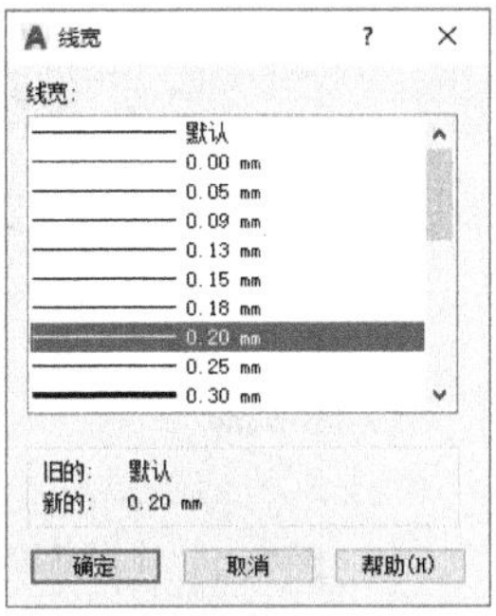 图 5-10　【线宽】对话框	冻结图层上的实体对象不可见，也不能打印输出，且不能参与处理过程中的运算（关闭图层上的对象可以参与运算）。因此在复杂图形中，冻结不需要的图层可以提高ZOOM、PAN命令和其他若干操作的运行速度，提高对象选择的性能并减少复杂图形的重生成时间。当前层不能被冻结 【锁定】命令并不影响图层上图形对象的显示和打印输出，但用户不能对锁定层上的对象进行编辑操作，如果锁定图层为当前图层，用户仍然可以在该图层上绘图 【打印】列只对可见图层起作用

任务二　设置线型和线宽

【基本概念】

　　线型是指定给几何图形对象的视觉特性。线型可以是虚线、点线、文字和符号形式，也可以是打断和连续形式。线型是 AutoCAD 图形对象的一个重要特性，一幅图样往往由不同的线型构成，在绘图时根据需要可以从系统提供的线型库中加载符合标准的线型，也可以自定义线型来满足使用要求。不同图层上的线型可设置为相同或不同，同一图层上的实体对象也可用不同的线型绘制，这就要用到线型设置。线型设置后所绘制的实体对象为该线型，即使改变当前层也不会改变所画实体的线型。AutoCAD 中的线型是以线型文件（也称为线型库）

的形式保存的，其类型是以".lin"为扩展名的 ASCII 文件。AutoCAD 提供了两个线型文件，即 AutoCAD 主文件夹的"SUPPORT"子文件夹中的"acad.lin"和"acadiso.lin"，分别在使用样板文件"acad.dwt"和"acadiso.dwt"创建文件时被调用。这两个文件中定义的线型种类相同，区别仅在于线型的尺寸略有不同。

　　线宽是指定给图形对象以及某些类型的文字的宽度值，使用线宽可以用粗线和细线清楚地表现出截面的剖切方式、标高的深度、尺寸线和刻度线以及细节上的不同。在模型空间中，线宽以像素为单位显示，并且在缩放时不发生变化，因此在模型空间中精确表示对象的宽度时不应该使用线宽。例如，如果要绘制一个实际宽度为 0.5 英寸（1 英寸 =2.54 厘米）的对象，不能使用线宽，而应用宽度为 0.5 英寸的多段线表示对象。

设置颜色、线型、线宽

【技能操作】

一、线型设置

具体操作步骤如下：

序号	操　作	结　果	备　注
1	在命令行中输入线型设置命令"LINETYPE"→按 <Enter> 键，或者在【格式】菜单中选择【线型】，打开如图 5-11 所示的【线型管理器】对话框→单击【加载】按钮，打开【加载或重载线型】对话框（图 5-12），可以将"acadiso.lin"文件中选定的线型加载到图形并将它们添加到线型列表	 图 5-11 【线型管理器】对话框 图 5-12 【加载或重载线型】对话框	线型设置命令"LINETYPE"的快捷命令为"LT" 　如果用户打开的对话框与图 5-11 不完全相同，可以单击该对话框中的【显示细节】按钮，该按钮和"隐藏细节"按钮是同一个按钮

二、线宽设置

具体操作步骤如下：

序号	操 作	结 果	备 注
1	在命令行中输入线宽设置命令"LWEIGHT"→按<Enter>键，或在【格式】菜单中选择【线宽】，打开如图5-13所示的【线宽设置】对话框→选择线宽中的"0.05mm"→勾选【显示线宽】复选框，系统就可按设置的线宽显示所绘图形	图 5-13 【线宽设置】对话框	线宽设置命令"LWEIGHT"的快捷命令为"LW" 线宽列表中提供了20多种线宽，用户可以在ByLayer（随层，表示绘图线宽始终与图形对象所在图层设置的线宽一致，这是最常用的设置）、ByBlock（随块）或某一个具体线宽之间进行选择

任务三 设置颜色

【基本概念】

用户可以使用颜色直观地标识对象，可以随图层指定对象的颜色，也可以不依赖图层明确指定对象的颜色。AutoCAD 2021提供了丰富的颜色方案，最常用的颜色方案是采用索引颜色，即用自然数表示颜色，共有255种颜色，其中1~7号为标准颜色，分别为：1号表示红色，2号表示黄色，3号表示绿色，4号表示青色，5号表示蓝色，6号表示洋红，7号表示白色（如果绘图背景的颜色为白色，7号颜色则显示为黑色）。

【技能操作】

设置颜色操作步骤如下：

序号	操 作	结 果	备 注
1	在命令行中输入颜色设置命令"COLOR"→按<Enter>键，或在【格式】菜单中选择【颜色】，打开如图5-14所示的【选择颜色】对话框进行颜色的设置	图 5-14 【选择颜色】对话框	颜色设置命令"COLOR"的快捷命令为"COL" 该对话框中包括"索引颜色""真彩色""配色系统"3个选项卡，分别用于以不同的方式确定绘图颜色

任务四　特性工具面板

【基本概念】

　　AutoCAD 提供了【特性】工具面板（图 5-15）和【特性】工具条（图 5-16）。利用工具栏，可以快速、方便地设置绘图颜色、线型以及线宽等属性。

　　下面介绍【特性】工具面板中主要选项的功能，【特性】工具条的功能与【特性】工具面板相似。

图 5-15　【特性】工具面板

图 5-16　【特性】工具条

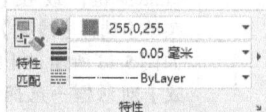

【技能操作】

一、颜色控制

　　具体操作步骤如下：

序号	操　作	结　果	备　注
1	选中已绘制的矩形→单击【对象颜色】列表框（图 5-17）→在弹出的颜色列表中选择"红色"（光标移到"红色"色块时，矩形会自动显示红色效果，如图 5-18 所示）→单击鼠标左键，完成图形颜色的设置	图 5-17　【对象颜色】列表框 图 5-18　设置对象颜色为"红色" 图 5-19　【颜色控制】列表框	ByLayer：随层，表示对象的颜色与其所在图层的颜色一致 ByBlock：随块，表示对象颜色与它所在的图块的颜色一致 也可以用【特性】工具条中的【颜色控制】列表框来修改图形的颜色（图 5-19）

二、线宽控制

具体操作步骤如下：

序号	操　作	结　　果	备　注
1	选中已绘制的矩形→单击【线宽】列表框（图 5-20）→在弹出的列表中选择"0.30 毫米"（光标移到"0.30 毫米"范围时，矩形会自动显示 0.30 毫米线宽效果，如图 5-21 所示）→单击鼠标左键，完成图形线宽的设置	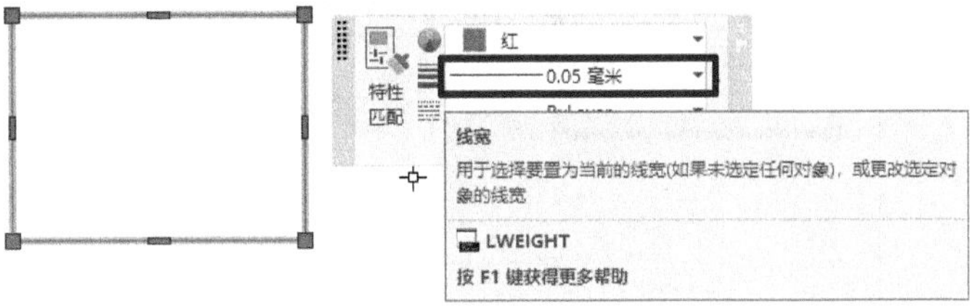 图 5-20　【线宽】列表框 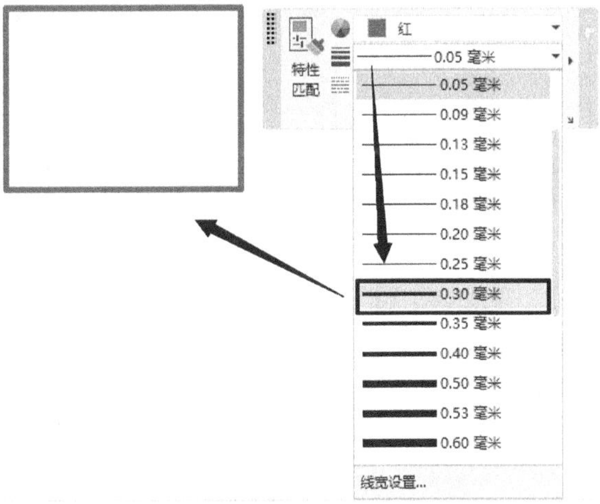 图 5-21　设置对象线宽为"0.30 毫米" 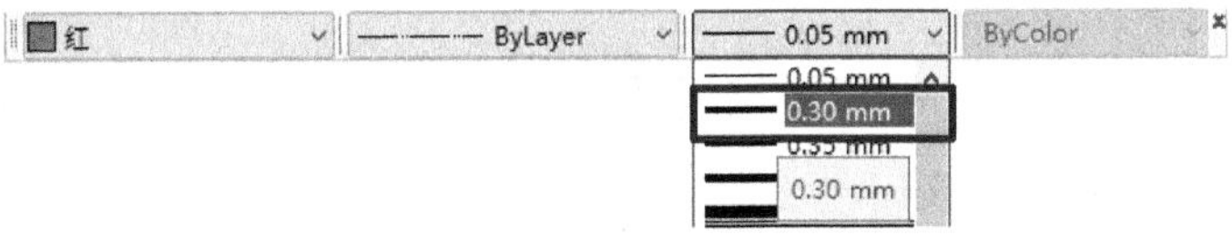 图 5-22　【线宽控制】列表框	ByLayer（随层）、ByBlock（随块）参考颜色设置中的说明 也可以用【特性】工具条中的【线宽控制】列表框来修改图形的线宽（图 5-22）

三、线型控制

具体操作步骤如下：

序号	操　作	结　果	备　注
1	选中已绘制的矩形→单击【线型】列表框（图 5-23）→在弹出的列表中选择对应的线型，如图 5-24 所示	图 5-23 【线型】列表框 图 5-24 设置对应线型 图 5-25 【线型控制】列表框	ByLayer（随层）、ByBlock（随块）参考颜色设置中的说明 也可以用【特性】工具条中的【线型控制】列表框来修改图形的线型（图 5-25）

项目评价

一、自我评价

1. 此次操作是否顺利？

2. 若不顺利，请列出遇到的问题。

3. 分析出现问题的原因，并提出修正方案。

4. 你认为还需要加强哪些方面的指导？

二、学习任务评价表

考核项目	分 数			学生自评	组长评价	教师评价	小 计
	差	中	好				
团队合作精神	6	13	20				
活动参与是否积极	6	13	20				
图层设置操作	6	13	20				
线型和线宽设置	6	13	20				
颜色设置	6	13	20				
总分	100						
教师签字:				年 月 日		得分	

项 目 小 结

本项目主要介绍了设置图层、线型、线宽和颜色的基本操作，使用户可以建立和选用不同的图层来绘图，以便更加清楚、方便、准确地管理图形。

复习思考题

1. 什么是图层，图层有哪些特性?

2. 冻结和关闭图层的区别是什么?

3. 怎样为同一图层上的实体设置不同的颜色、线宽和线型?

4. 如何才能显示线宽?

5. 打开【图层特性管理器】，创建粗实线图层，设置颜色为红色、线型为 Continuous、线宽为 0.35mm，并将该图层锁定。

6. 绘制下列图 5-26 ~ 图 5-28 所示图形，不用标注尺寸。

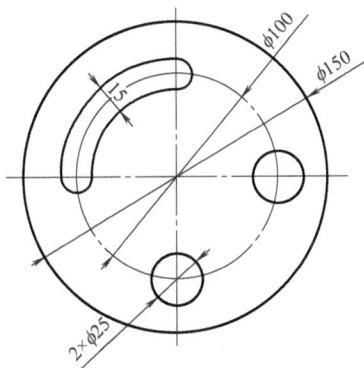

图 5-26 思考题 6（1）

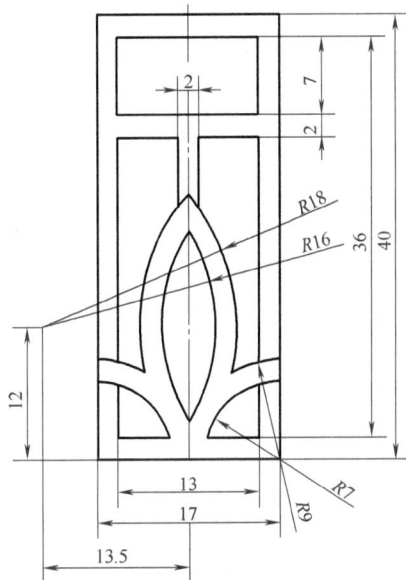

图 5-27 思考题 6（2）

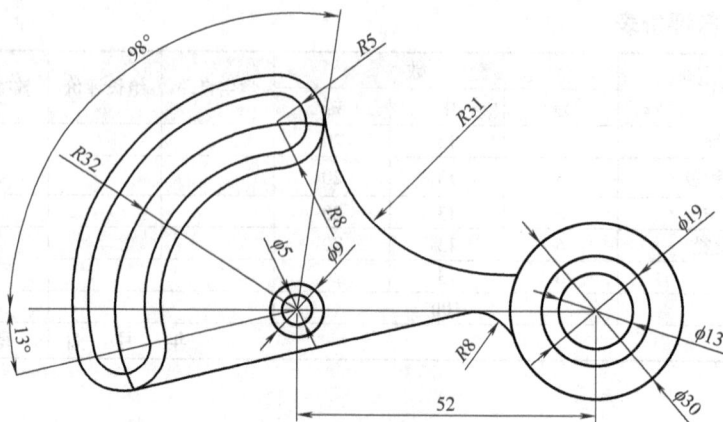

图 5-28　思考题 6（3）

7. 试按图 5-29 宗地图样例设置图层。

宗 地 图 样 例

单位：m.m²

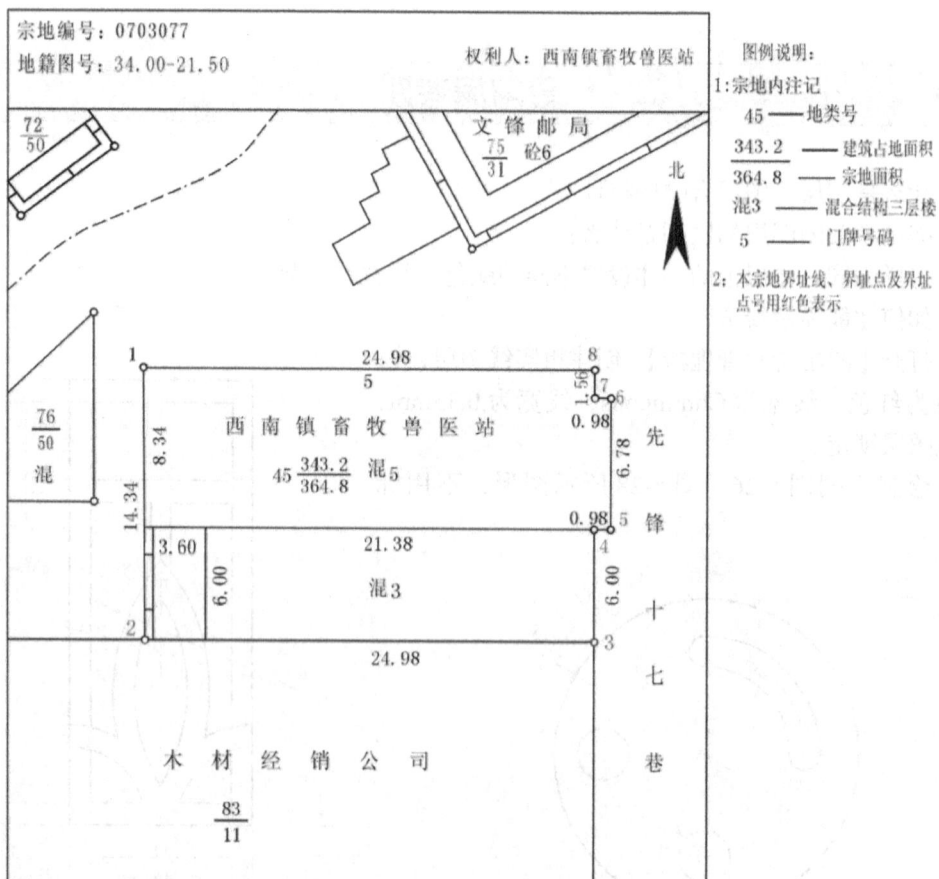

图 5-29　思考题 7

8. 按下表要求建立新图层:

图层名	线型	颜色
粗实线	Continuous	白色
中心线	Center	红色
虚线	Dashed	黄色
细实线	Continuous	红色

9. 根据下列要求绘制图 5-30。

(1)建立图层"BIA0ZHU",颜色为青色,线型为 Continuous。

(2)建立图层"WINDOW",颜色为洋红;图层"WALL",颜色为绿色;图层"WALL1",颜色为黄色,线型为 Continuous。

(3)图形中间基准点坐标为(800,400),严格按照该基准点和尺寸绘图。

(4)在"WALL"层用双线绘制外围墙体,墙宽 240mm,设定线宽 0.30mm。

(5)在"WALL1"层用双线绘制中间墙体,墙宽 240mm,设定线宽 0.30mm,编辑成图示结果。

(6)在"WINDOW"层绘制窗户,四条单线,上下均布。

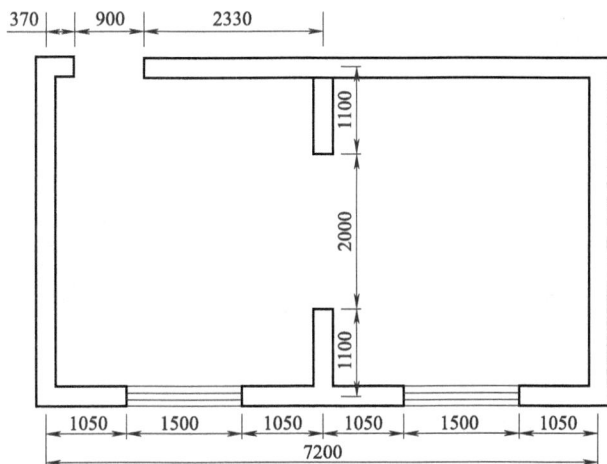

图 5-30 思考题 9

项目六

文字与表格

【项目概述】

　　文字对象是 AutoCAD 图形中很重要的图形元素，是测绘工程绘图中不可缺少的组成部分。用 AutoCAD 绘制地形图、地籍图、道路工程图时，图形的文字、说明注记及图外注记均需用到 AutoCAD 的文字标注功能。使用 AutoCAD 2021 绘制表格的功能，用户可以创建不同类型的表格，还可以在其他软件中复制表格，简化制图操作，使图形绘制工作方便简单，并且可以比较清楚地表达绘图者的思想和意图。

【知识与能力图谱】

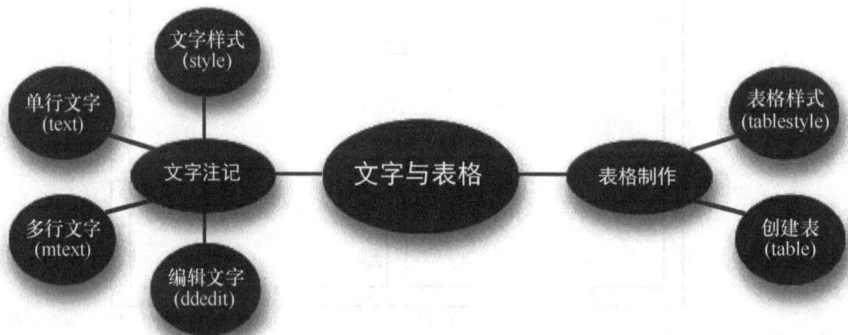

【知识目标】

1. 掌握文字样式的设置，以及文字的标注与编辑方法；
2. 掌握表格样式的设置，以及表格的制作和编辑方法。

【能力目标】

1. 能够正确地设置文字的标注；
2. 能够正确地绘制表格。

【素质目标】

1.培养制图空间语言表达能力，制图审美能力；
2.培养认真细致的工作作风与精益求精的工匠精神。

【课前引领】

2021年9月25日孟晚舟归国演讲（节选）

经过1000多天的煎熬，我终于回到了祖国的怀抱。异国他乡的漫长等待充满了挣扎和煎熬，但当我走下舷梯，双脚落地的那一刻，家乡的温度让我心潮澎湃，难以言表。

祖国，我回来了！

感谢伟大的祖国和人民，感谢党和政府的关怀，感谢所有关注和关心我的人。

作为一名普通的中国公民，遭遇这样的困境，滞留异国他乡三年，我无时无刻不感受到党、祖国还有人民的关爱与温暖。习主席关心我们每一位中国公民的安危，同样也把我的事情挂在心上，让我深受感动。我也感谢在这个过程中所有相关部门对我的鼎力支持和帮助，他们坚定地维护了中国企业和中国公民的正当权益。

回首三年，我更加明白个人命运、企业命运和国家的命运是十指相连。祖国是我们最坚强的后盾，只有祖国的繁荣昌盛，企业才能稳健发展，人民才能幸福安康。作为一名普通的中国人，我以祖国为傲；作为一名奋斗的华为人，我以华为为傲！艰难方显勇毅，磨砺始得玉成。所有的挫折与困难、感激与感动、坚守与担当，都将化作我们前进的动力和拼搏的勇气。我们坚决拥护以习近平同志为核心的党中央，忠于自己的国家，热爱自己的事业，在政府的管理规则下，努力发展好企业，为国家为社会多做贡献。

国庆即将来临，提前祝祖国母亲生日快乐！我想说，有五星红旗的地方就有信念的灯塔。如果信念有颜色，那一定是中国红。

任务一　文字样式

【基本概念】

用 AutoCAD 绘制图形可以比较清楚地表达绘图者的思想和意图。但是，图形中会有很多相同的地物符号，其更进一步的详细信息，需要通过标注的文字来说明。用户可以使用言简意赅的文字来标明图形各个部分的具体信息，或是为图形加上必要的注释。文字样式主要包括"字体""字形""高度""宽度系数""倾斜角""反向""倒置"以及"垂直"等参数。调用和设置文字样式主要有以下三种方法，具体操作步骤如下：

序 号	操 作	结 果	备 注
1	选择【格式】菜单中的【文字样式】命令（图6-1），即可弹出【文字样式】对话框（图6-4）	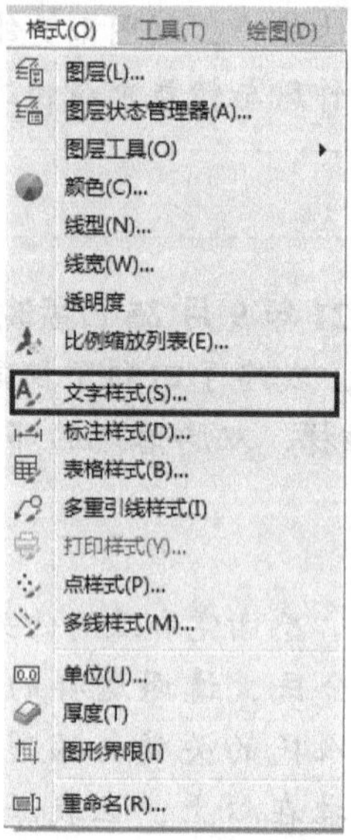 图 6-1 【文字样式】菜单	
2	单击【样式】工具栏中的【文字样式】按钮（图6-2），即可弹出【文字样式】对话框（图6-4）	 图 6-2 【文字样式】按钮	
3	在命令栏输入文字样式命令 "DDSTYLE" 或 "STYLE"（图6-3）→按<Enter>键确认，即可弹出【文字样式】对话框（图6-4）	 图 6-3 命令行调用【文字样式】 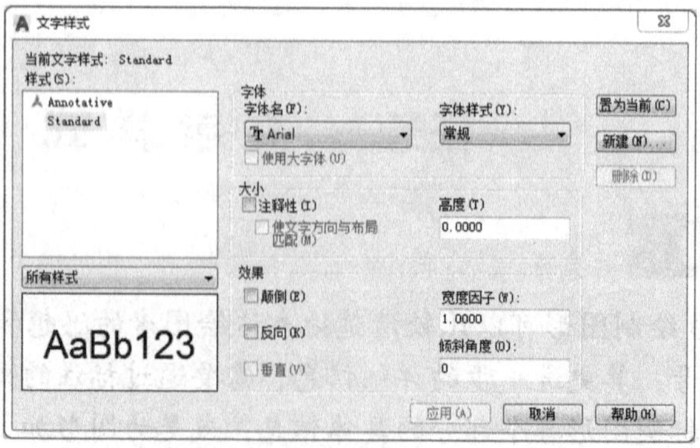 图 6-4 【文字样式】对话框	文字样式命令 "DDSTYLE" 或 "STYLE" 的快捷命令为 "ST"

文字样式

【技能操作】

一、设置样式名

具体操作步骤如下:

序号	操　作	结　果	备　注
1	在【文字样式】对话框中,单击【新建】按钮→弹出【新建文字样式】对话框,在【样式名】中输入名称→单击【确定】按钮(图6-5)	图 6-5　新建文字样式	
2	从列表中选择一个样式→单击鼠标右键,在弹出的菜单中,选择重命名,即可重新输入样式名(如图6-6)	图 6-6　重命名文字样式	
3	从列表中选择保留的样式,将其置为当前→选择需要删除的样式,单击【删除】按钮(图6-7)	图 6-7　删除文字样式	注意:置为当前的文字样式不能删除

二、设置字体

具体操作步骤如下：

序号	操 作	结 果	备 注
1	在【字体名】下拉列表框中列出了操作系统自带的 TTP 字体与 AutoCAD 本身的字体（图6-8）	 图 6-8 【字体名】列表	
2	【字体样式】列表用于设置字体的格式（图6-9）	 图 6-9 【字体样式】列表	使用大字体时，勾选【使用大字体】复选框后可以使用".shx"文件字体。标注正体字母与数字使用"gbenor.shx"。标注斜体字母和数字使用"gbeitc.shx"。标注中文使用"gbcbig.shx"
3	【高度】用于设置文字的高度，如果设置为零，在每次使用这个样式标注图形时，AutoCAD 都会要求输入文字高度（图6-10）	 图 6-10 设置字体高度	

三、设置文字效果

具体操作步骤如下：

序号	操 作	结 果	备 注
1	【效果】组框用于设置字体的特征，如颠倒、反向、垂直、宽度因子、倾斜角度等（图6-11）	图 6-11　字体【效果】设置	默认的宽度因子为1，若输入大于1的数值，则文字变宽；若输入小于1的数值，则文字将变窄

四、课后练习

按要求设置文字样式：请新建文字样式，样式名为"宋体"，字高 3.5，宽度因子 0.85，其余参数取默认值。

任务二　文 字 标 注

【基本概念】

AutoCAD 绘图中可以根据需要使用多种方法创建文字，常见的方法是创建单行文字和多行文字。单行文字和多行文字两种命令各有特点，对于简短的输入项使用单行文字，单行文字标注可以创建一行或多行文字，其中创建的多行文字中的每行都是一个独立的实体；与单行文字不同的是，一个多行文字命令创建的所有文字都被当作同一个对象，是由任意数目的文字行或段落组成的，布满指定的宽度，是一种更易于管理的文字对象，可以由两行以上的文字组成，而且各行文字都作为一个整体处理。

【技能操作】

一、标注单行文字

具体操作步骤如下：

文字标注

序号	操 作	结 果	备 注
1	选择菜单栏的【绘图】→【文字】→【单行文字】（图 6-12）	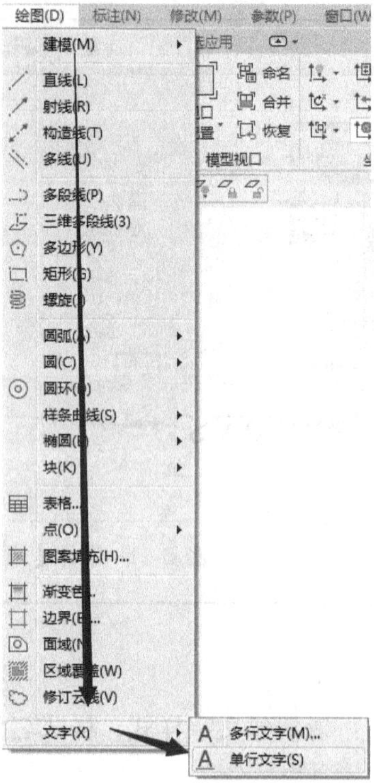 图 6-12 【单行文字】菜单创建	
	选择【文字】工具栏中的【单行文字】按钮 A（图 6-13）	 图 6-13 【单行文字】按钮	
	在命令栏输入单行文字标注命令"DTEXT"或"TEXT"→按 <Enter>键确认（图 6-14）	 图 6-14 【单行文字】命令	单行文字标注命令"DTEXT"或"TEXT"的快捷命令为"DT"
2	在命令行输入"J"，用于设置文字的排列方式，按 <Enter>键确认（图 6-15），该提示中部分选项的含义见表 6-1	 图 6-15 【对正】设置	

（续）

序号	操　作	结　果	备　注
3	在命令行输入"S"，用于设置当前使用的文字样式→输入当前的文字样式的名称，或者输入"?"→输入"*"→按<Enter>键确认，命令行中列出当前图形中已有文字样式，可选择需要的文字样式（图6-16）	图 6-16　【文字样式】选择	
4	文字的起点用来确定文本行基线的起点。AutoCAD定义了顶线（Top line）、中线（Middle line）、基线（Base line）、底线（Bottom line）四条线（图6-17）→按<Space>键，指定文字高度→按<Space>键，指定文字的旋转角度→按<Space>键，绘图区指定的起点处闪烁着文本输入光标，输入"测绘CAD"→连续按两次<Enter>键，退出输入状态（图6-18）	图 6-17　文字标注参考线定义 图 6-18　单行文字的输入	

表 6-1　【对正】选项确定的部分选项含义

名　称	命　令	选项含义
左	L	指定文字行第一个字符左下角的基线位置为对齐点
居中	C	指定基线的水平中点为文本对齐点
右	R	指定文字行最后一个字符右下角的基线位置为对齐点
对齐	A	通过指定基线的两个端点来标注文字。文字的方向与两点连线方向一致，文字的高度将自动调整，使得文字布满两点之间的部分，但文字的宽度比例保持不变
中间	M	指定底线与顶线之间距离的两个方向的中间点为对齐点
布满	F	通过指定基线的两个端点来标注文字。文字的方向与两点连线方向一致。文字的高度由用户指定，系统将自动调整文字的宽度比例，使得文字布满两点之间的部分，但文字的高度保持不变

(续)

名　称	命　令	选项含义
中上	TC	指定文本行顶线的中点为对齐点
右上	TR	指定文本行顶线的右端点为对齐点
左中	ML	指定文本行中线的左端点为对齐点
正中	MC	指定文本行中线的中点为对齐点
右中	MR	指定文本行中线的右端点为对齐点
左下	BL	指定文本行底线的左端点为对齐点
中下	BC	指定文本行底线的中点为对齐点
右下	BR	指定文本行底线的右端点为对齐点

二、标注多行文字

具体操作步骤如下：

序号	操　作	结　果	备　注
1	选择菜单栏的【绘图】→【文字】→【多行文字】（图 6-19）	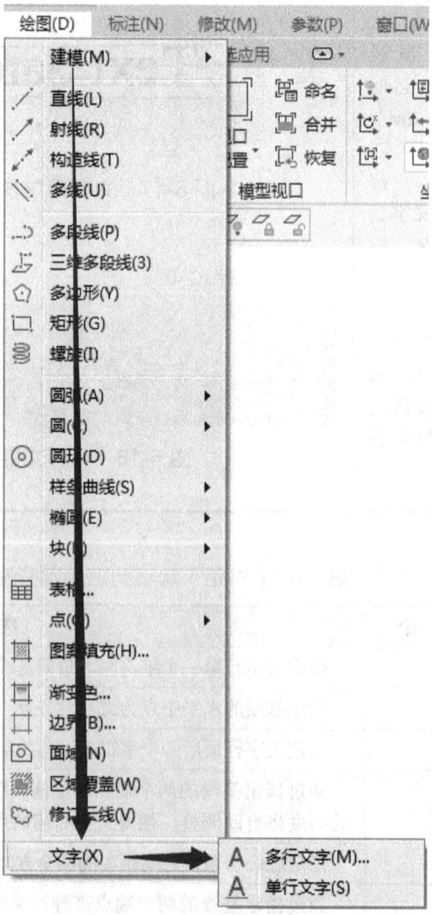 图 6-19 【多行文字】菜单创建	

（续）

序号	操 作	结 果	备 注
1	选择工具栏中的【文字】→【多行文字】按钮 A（图6-20）	 图 6-20　【多行文字】按钮	多行文字命令"MTEXT"的快捷命令为"MT"
	在命令栏输入多行文字命令"MTEXT"→按<Enter>键确认（图6-21）	 图 6-21　【多行文字】命令	
2	输入坐标，或用鼠标单击某一点→提示项下可以直接指定多行文字对角点，也可以输入各选项执行相应的功能（图6-22，部分选项的含义见表6-2）→直接指定对角点，系统会弹出【多行文字编辑器】（图6-23）	 图 6-22　【多行文字】的创建 图 6-23　【多行文字编辑器】	

表 6-2　多行文字命令部分选项的含义

名　称	命　令	选项的含义
对角点	默认	直接指定一点后，AutoCAD 以指定的两点形成的矩形区域的宽度作为文字行的宽度，以左上角作为文字行顶点的起始点
高度	H	设置文字的高度。如果使用默认高度 0.000，则使用存储在 Textsize 系统变量中的高度值
对正	J	设置多行文字的排列形式，其含义与创建单行文字命令相应的提示相同
行距	L	设置多行文字的行间距
旋转	R	设置文字行的旋转角度
样式	S	设置多行文字的文字样式
宽度	W	设置文字行的宽度

三、课后练习

用"宋体"样式名，将以下内容分别创建自定义的单行和多行文字，对正方式为"中心"对正。

"未知边的方位角等于已知边的方位角加上已知与未知边的夹角，再加（或减）180°，当前两项之和大于 180° 时，就减 180°；当前两项之和小于 180° 时，就加 180°。"

任务三　编辑文字

【技能操作】

一、编辑单行文字内容

具体操作步骤如下：

编辑文字

序号	操　作	结　果	备　注
1	在菜单栏中选择【修改】→【对象】→【文字】→【编辑】(图6-24)	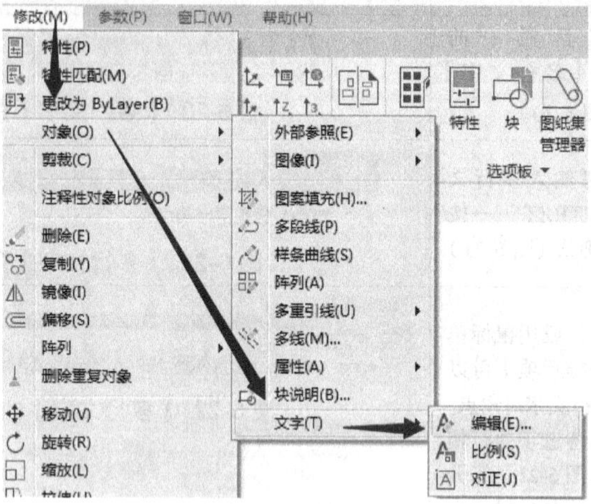 图 6-24 【编辑】菜单	
2	选择【文字】工具栏→【编辑】按钮 （图6-25）	 图 6-25 【编辑】按钮	
3	在命令栏输入编辑文字命令"DDEDIT"或"TEXTEDIT"→按<Enter>键确认→选择需要编辑的文字→连续按两次<Enter>键，退出编辑状态(图6-26)	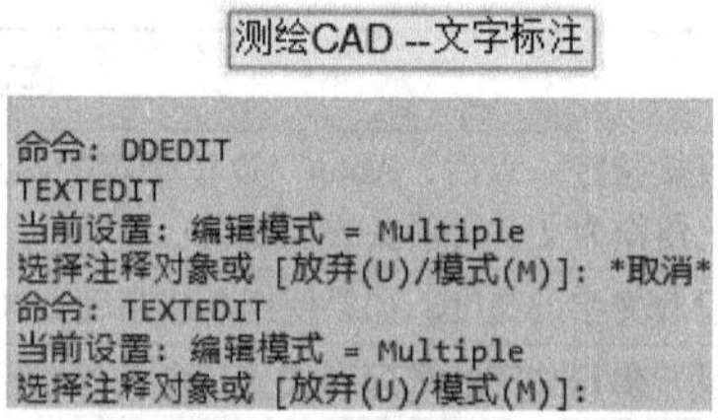 测绘CAD --文字标注 命令: DDEDIT TEXTEDIT 当前设置：编辑模式 = Multiple 选择注释对象或 [放弃(U)/模式(M)]: *取消* 命令: TEXTEDIT 当前设置：编辑模式 = Multiple 选择注释对象或 [放弃(U)/模式(M)]: 图 6-26 【编辑】命令	编辑文字命令"DDEDIT"或"TEXTEDIT"的快捷命令为"ED"
4	按照上述操作可编辑文本比例 与文本对正方式 (图6-27)，也可在命令栏输入文本比例命令"SCALETEXT"或文本对正方式命令"JUSTIFYTEXT"	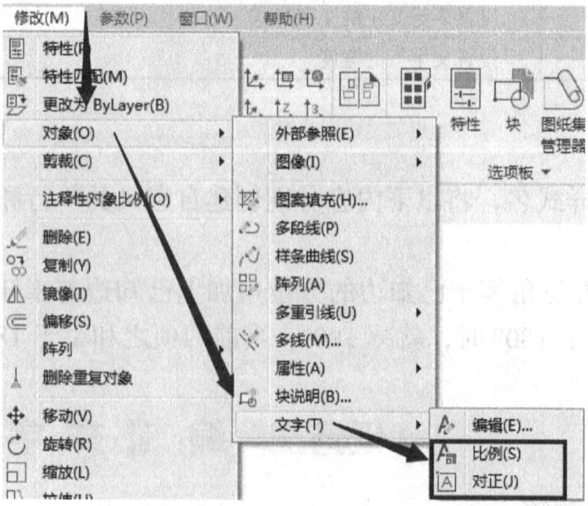 图 6-27 【比例】与【对正】菜单	

二、编辑多行文字内容

具体操作步骤如下：

序号	操　　作	结　　果	备　　注
1	双击【多行文字】按钮，弹出【文字格式】工具栏→可设置字体、字高、样式等内容（图6-28）；若需标注特殊字符，可选择【符号】→从下拉菜单中选择需要输入的特殊字符（图6-29）	图6-28　【文字格式】工具栏 　图6-29　添加特殊字符	

任务四　创建表样式和表

【基本概念】

为更加详尽细致地表达图形信息，在 AutoCAD 2021 中文版中，用户可以使用创建表命令来创建数据表或标题块。还可以从 Microsoft Excel 中直接复制表格，并将其作为 AutoCAD 表格对象粘贴到图形中。此外，用户还可以输出来自 AutoCAD 的表格数据，以供在 Microsoft Excel 或其他应用程序中使用。

【技能操作】

一、新建表样式

具体操作步骤如下：

序号	操 作	结 果	备 注
1	在【格式】菜单中选择【表格样式】（图6-30），弹出【表格样式】对话框（图6-33）	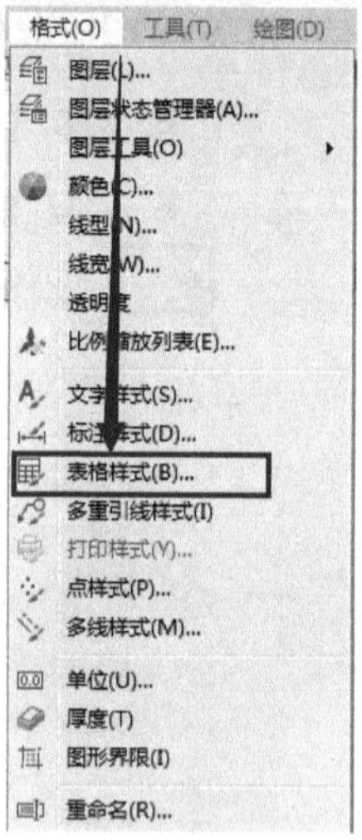 图 6-30 【表格样式】菜单	
	选择【样式】工具栏→单击【表格样式】按钮（图6-31），弹出【表格样式】对话框（图6-33）	 图 6-31 【表格样式】按钮	
	在命令栏输入表格样式命令 "TABLESTYLE"（图6-32）→按 <Enter> 键确认，弹出【表格样式】对话框（图6-33）	 图 6-32 【表格样式】命令	表格样式命令 "TABLESTYLE" 的快捷命令为 "TS"
		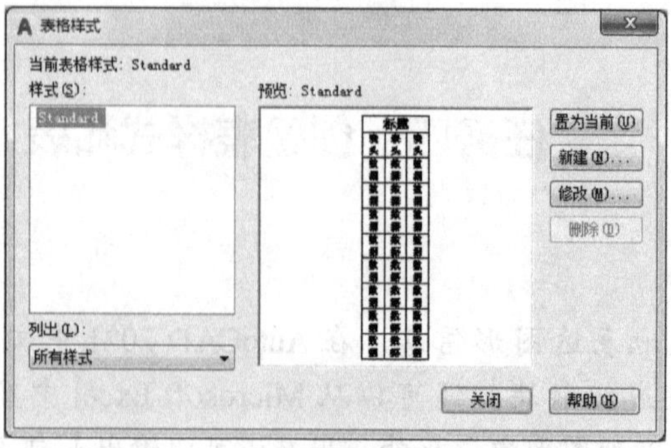 图 6-33 【表格样式】对话框	

（续）

序号	操　作	结　果	备　注
2	在【表格样式】对话框中单击【新建】按钮，弹出【创建新的表格样式】对话框（图6-34），在【新样式名】文本框中输入新的表样式名→在【基础样式】下拉列表中选择一种基础样式，新样式将在该样式的基础上进行修改→单击【继续】按钮，将打开【新建表格样式】对话框（图6-35）	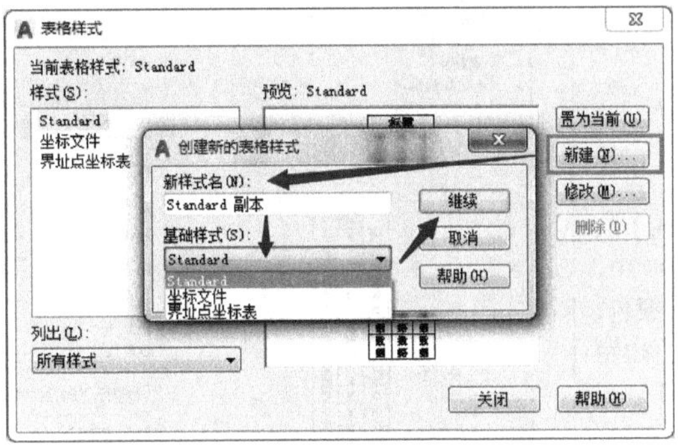 图 6-34　【创建新的表格样式】对话框 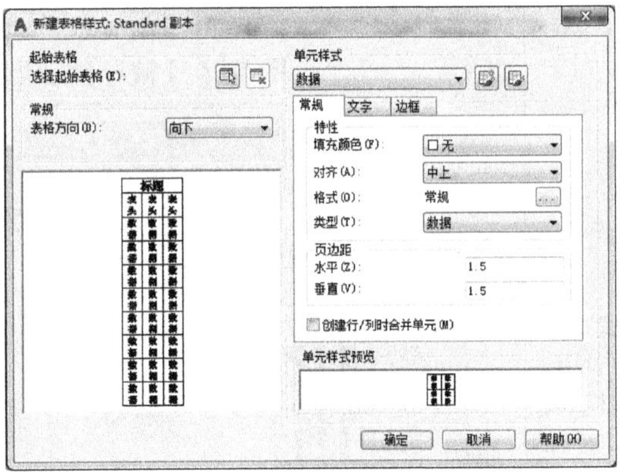 图 6-35　【新建表格样式】对话框	

二、设置表的数据、列标题和标题样式

具体操作步骤如下：

序号	操　作	结　果	备　注
1	在【新建表格样式】对话框中的【单元样式】里可以使用【标题】、【表头】和【数据】选项，分别设置标题、表头、数据的样式（图6-36）	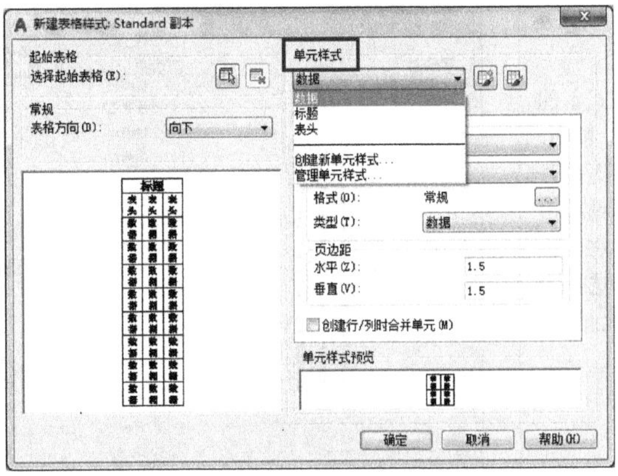 图 6-36　【单元样式】选项卡	

（续）

序号	操　作	结　果	备　注
2	在【单元样式】的【常规】选项卡中，可以设置填充颜色、对齐、格式、页边距等特性（图 6-37）	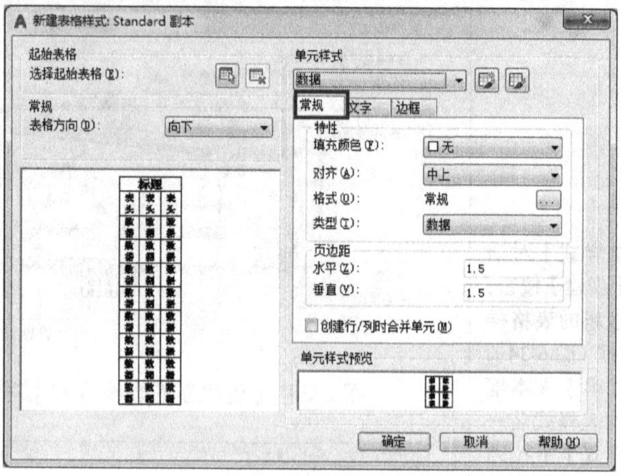 图 6-37　【常规】选项卡	
3	在【单元样式】的【文字】选项卡中，可以设置文字样式、高度、颜色等特性（图 6-38）	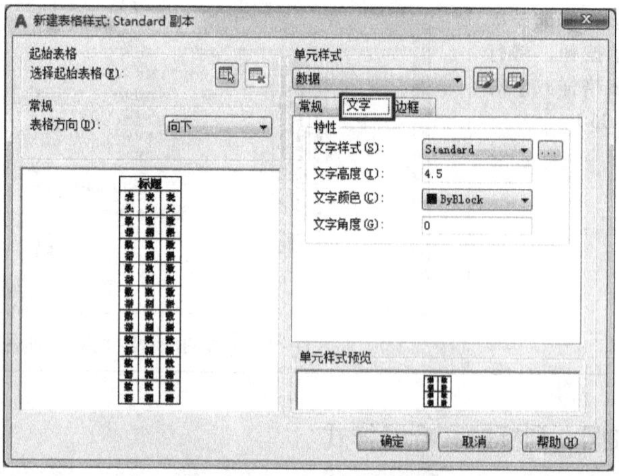 图 6-38　【文字】选项卡	
4	在【单元样式】的【边框】选项卡中，可设置表的边框是否存在。当表格具有边框时，还可以在【特性】选项卡中选择表的线宽、线型、颜色等（图 6-39）	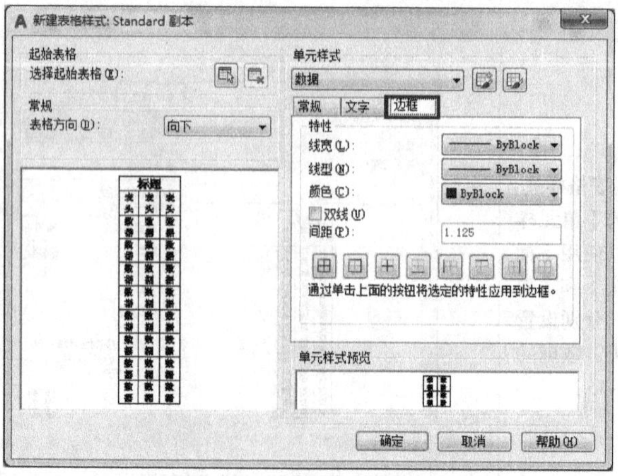 图 6-39　【边框】选项卡	

三、创建表

具体操作步骤如下：

序 号	操 作	结 果	备 注
1	在【绘图】菜单栏中单击【表格】（图6-40），弹出【插入表格】对话框（图6-43）	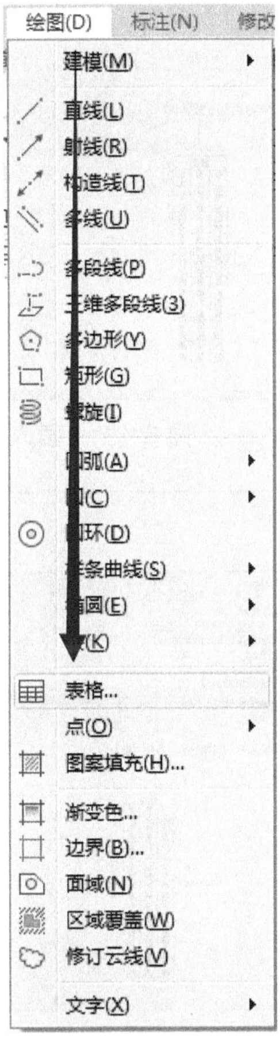 图6-40 【表格】菜单	
	在【绘图】工具栏中单击【表格】按钮（图6-41），弹出【插入表格】对话框（图6-43）	 图6-41 【表格】按钮	
	在命令栏输入创建表格命令"TABLE"（图6-42）→按<Enter>键确认，弹出【插入表格】对话框（图6-43）	 图6-42 【表格】命令	创建表格命令"TABLE"的快捷命令为"TB"

（续）

序号	操　作	结　果	备　注
1		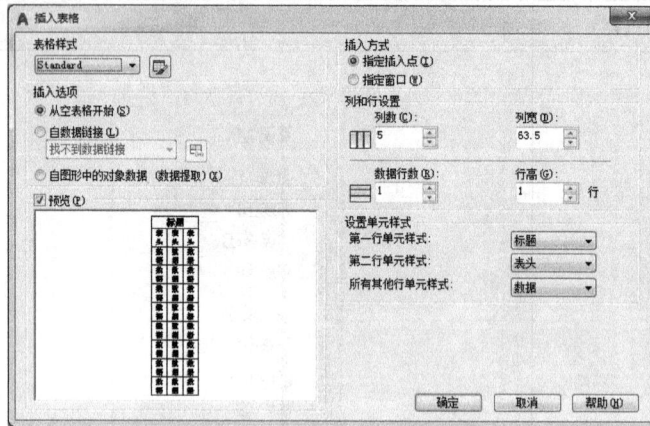图 6-43 【插入表格】对话框	
2	在【表格样式】选项组中单击下拉列表框选择表样式，或单击【表格样式】按钮，打开【表格样式】对话框，创建新的表格样式（图 6-44）	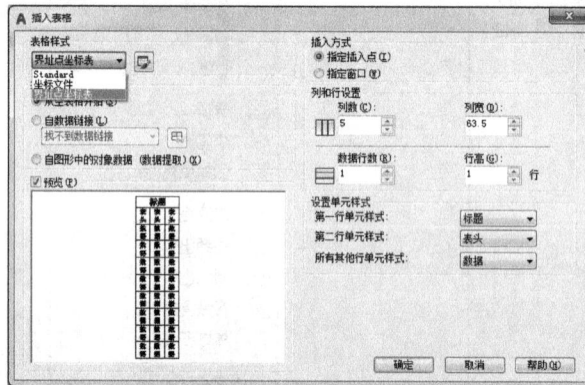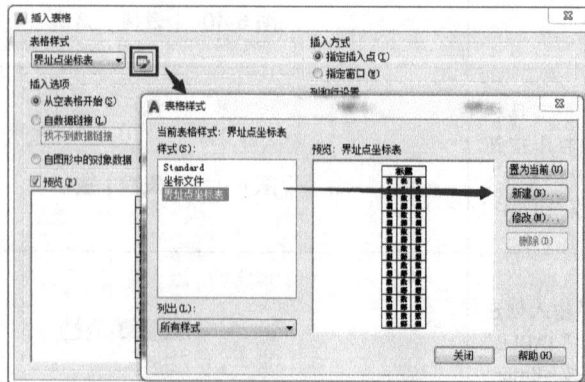图 6-44 【表格样式】对话框	

（续）

序号	操　　作	结　　果	备　　注
3	在【插入方式】选项组中，选择表格插入模式→在【列和行设置】选项组中，设置表格的外观→在【设置单元样式】选项组中，确定各单元是标题、表头还是数据（图6-45）	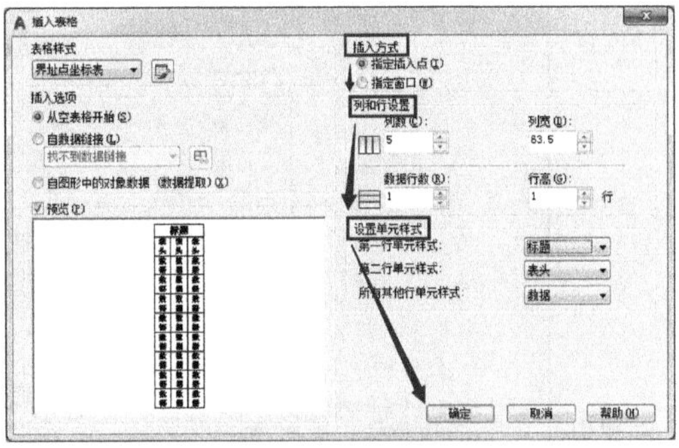 图 6-45　表格设置	

四、编辑表和表单元

以表 6-3 相关数据为例，具体操作步骤如下：

序号	操　　作	结　　果	备　　注
1	在命令栏输入创建表格命令"TABLE"→按<Enter>键确认→打开【插入表格】对话框→单击【表格样式】选项组中 [图] 按钮→打开【表格样式】对话框，选择样式"Standard"→单击【修改】按钮→选择【修改表格样式】对话框中的【数据】选项卡→文字样式设置为"Standard"，文字高度为2.5，文字颜色为【黑】→在【常规】选项卡中设置对齐方式为【正中】，填充颜色为【无】，格式为【常规】→选中【文字】选项卡→单击【文字样式】下拉列表框后面的【...】按钮，打开【文字样式】对话框，创建一个"宋体"的文字样式→单击【关闭】按钮→在【文字样式】下拉列表中，选中"宋体"文字样式→单击【确定】和【关闭】按钮，返回到【插入表格】对话框（图6-46）	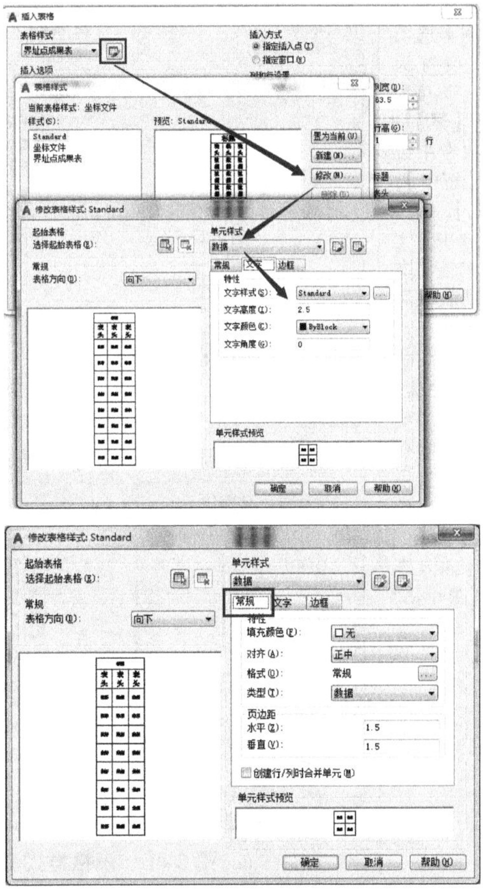 图 6-46　表格样式设置	

（续）

序号	操　作	结　果	备　注
1	在命令栏输入创建表格命令"TABLE"→按\<Enter\>键确认→打开【插入表格】对话框→单击【表格样式】选项组中 按钮→打开【表格样式】对话框，选择样式"Standard"→单击【修改】按钮→选择【修改表格样式】对话框中的【数据】选项卡→文字样式设置为"Standard"，文字高度为2.5，文字颜色为【黑】→在【常规】选项卡中设置对齐方式为【正中】，填充颜色为【无】，格式为【常规】→选中【文字】选项卡→单击【文字样式】下拉列表框后面的【…】按钮，打开【文字样式】对话框，创建一个"宋体"的文字样式→单击【关闭】按钮→在【文字样式】下拉列表中，选中"宋体"文字样式→单击【确定】和【关闭】按钮，返回到【插入表格】对话框（图6-46）	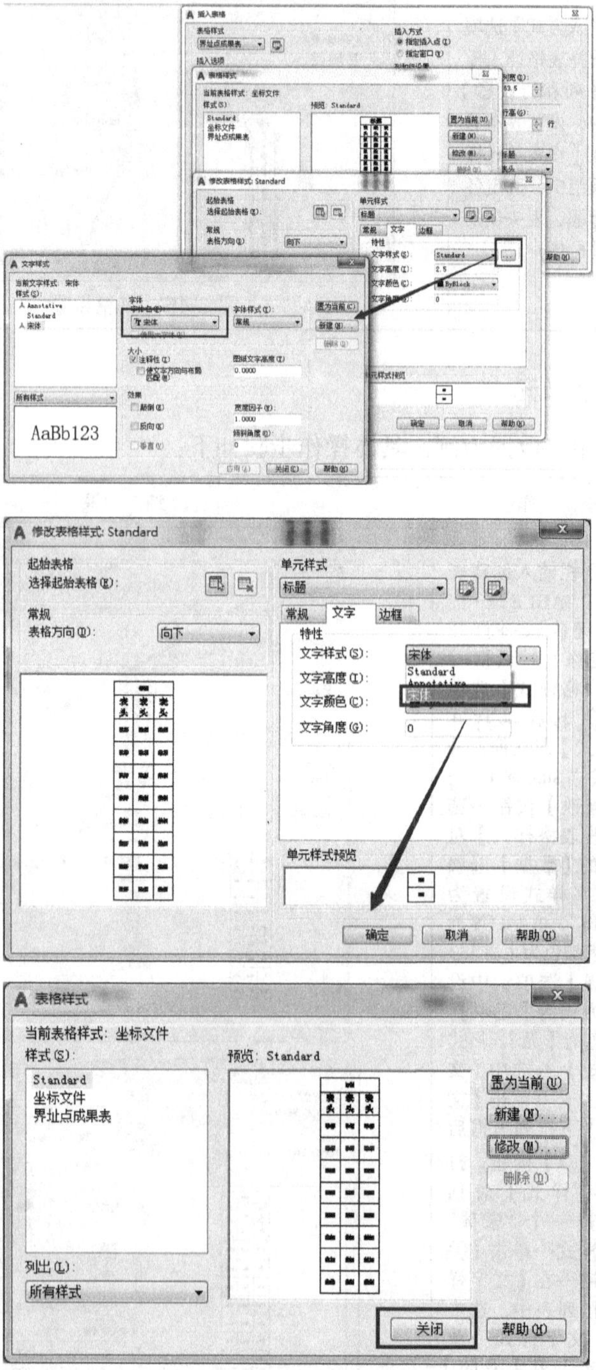 图6-46　表格样式设置（续）	

（续）

序号	操　作	结　果	备　注
2	在【插入方式】选项组中选择【指定插入点】→在【列和行设置】选项组中，分别设置数据行数、列数、行高、列宽→单击【确定】按钮→用鼠标单击要插入表格的位置（图6-47）	 图6-47　创建表格	
3	选择列标题的第二和第三个单元格→单击鼠标右键，在弹出的快捷菜单中，选择【合并单元】→【按列】→按照相同的方法依次处理单元格（图6-48）	 图6-48　编辑后的表格	
4	双击表格的第一行，即标题行→输入文字"平曲线几何要素"→按照同样的方法完成表格的输入（图6-49）	 图6-49　完成文字编辑的表格	

表6-3　平曲线几何要素

N0	α		R	L_s	T	L	E
	Z	Y					
JD1	37°42′		1200	200	510	989	69
JD2		26°21′	700	160	244	482	20

五、课后练习

绘制下列表格：

桩号	各桩至 ZY 或 YZ 的曲线长度（l_i）	圆心角（ϕ_i）	X_i	y_i
ZYK3+114.05	0	0°00′00″	0	0
+120	5.95	1°08′11″	5.95	0.06
+140	25.95	4°57′22″	25.92	1.12
+160	45.95	8°46′33″	45.77	3.51
+180	65.94	12°35′44″	65.42	7.22

项目评价

一、自我评价

1. 此次操作是否顺利？

2. 若不顺利，请列出遇到的问题。

3. 分析出现问题的原因，并提出修正方案。

4. 你认为还需要加强哪些方面的指导？

二、学习任务评价表

考 核 项 目	分 数			学生自评	组长评价	教师评价	小 计
	差	中	好				
团队合作精神	6	13	20				
活动参与是否积极	6	13	20				
文字样式与标注文字	6	13	20				
编辑文字	6	13	20				
创建表样式和表	6	13	20				
总分	100						
教师签字：				年　月　日		得分	

项目小结

　　本项目讲述了在 AutoCAD 2021 中创建文字样式、单行文字标注、多行文字标注以及文字编辑的操作方法；又介绍了设置表格样式、创建表格、编辑表格、在表单元中编辑文字的操作方法。创建单行文字和多行文字及文字编辑，创建表格及编辑表格是本项目的重点。

复习思考题

1. 在 AutoCAD 2021 中，创建文字样式"图廓"，要求其字体为仿宋，倾角为 0，宽高比为 1；创建多行文字，输入以下内容：

图廓是地形图的边界，矩形图幅只有内、外图廓之分。内图廓既是坐标网格线，也是图幅的边界线。在内图廓外四角处注有坐标值，并在内图廓线的内侧，每隔 10cm 绘有 5mm 线，表示坐标网格线的位置。在图幅内每隔 10cm 标有网格交叉点，外图廓是最外边的粗线。在城市规划以及给水排水线路等设计工作中，有时需用 1∶10000 或 1∶25000 的地形图。这种图的图廓有内图廓、分图廓和外图廓之分。

2. 绘制表 6-4 所示的表格。

表 6-4　逐桩坐标表

桩　　号	坐　　标	
	N（X）	E（Y）
K0+000	119514.9507	89350.38255
K0+013.831	119528.1046	89346.10845
K0+020	119533.975	89344.21195
K0+038.831	119552.0789	89339.04827
K0+040	119553.2181	89338.78522

编制：

3. 绘制表 6-5 所示的表格。

表 6-5　水准仪记录表

测点编号	后尺		上丝（m）		方向及尺号	中丝读数		K+黑－红（mm）	高差中数	备注
			下丝（m）			黑面	红面			
	后距（m）		前距（m）							
	视距差（m）		视距累计差（m）							
					后					
					前					
					后－前					

项目七

尺 寸 标 注

【项目概述】

标注是一种通用的图形注释，通过尺寸标注能够清晰、准确地反映设计元素的形状、大小和相互关系。本项目将详细介绍尺寸标注样式的设置方法、一些常用标注命令的功能及使用方法、尺寸标注的编辑。

【知识与能力图谱】

【知识目标】

1. 掌握常用尺寸标注样式的编辑与修改；
2. 掌握常用尺寸标注方法。

【能力目标】

1. 能够对常用的尺寸标注样式进行编辑与修改；
2. 能够正确使用常用的尺寸标注命令。

【素质目标】

1. 培养严谨务实、认真负责的学习态度；
2. 培养潜心钻研、精益求精的工匠精神。

【课前引领】

司马迁（公元前 145 年或公元前 135 年—？），字子长，司马谈之子，西汉时期史学家、文学家、思想家，被后世尊称为"太史公"。为了《史记》奉献一生的司马迁都经历了什么？司马迁十岁能诵古文，二十岁便已游遍天下。公元前 108 年，司马迁接替父亲成为太史令；公元前 104 年，司马迁开始编写《史记》。司马迁最大的贡献是创作了中国第一部纪传体通史——《史记》。《史记》不仅具有杰出的艺术成就，更被鲁迅誉为"史家之绝唱，无韵之离骚"。公元前 99 年，身为太史令的司马迁因替战败投降的李陵辩护而被汉武帝判以死刑。为了完成父亲生前编撰史书的遗愿，司马迁不愿赴死，而是选择了宫刑。《史记》全书包括本纪、表、书、世家和列传，其秉笔直书的现实主义风格，对后世文学的创作影响深远，被称为"实录""信史"，与《资治通鉴》并称为"史学双璧"。

任务一 相关介绍

【基本概念】

尺寸标注是工程制图的主要内容之一。通常，一个设计过程可分为四个阶段：绘图、注释、查看和打印。在注释阶段，设计者要添加一些文字、数字和设计符号，以表达有关设计元素的尺寸和设计信息。在设计过程中，绘制图形的根本目的是反映对象的形状，而图形中各个对象的真实大小和相互位置只有经过尺寸标注后才能确定。利用 AutoCAD 2021 提供的尺寸标注和编辑功能，可以方便、准确地标注图样上的各种尺寸。

【理论学习】

一、尺寸的组成

工程图样中一个完整的尺寸标注包括四个部分：尺寸界线、尺寸线、尺寸起止符号和尺寸数字，如图 7-1 所示。这四部分在 AutoCAD 2021 系统中，一般是以块的形式作为一个实体存储在图形文件中的。

在建筑制图标准中，对尺寸的各组成部分的具体要求有以下严格的规定：

（1）尺寸线应用细实线绘制，应与被注长度平行。图样本身的任何图线均不得用作尺寸线。

（2）尺寸界线应用细实线绘制，一般应与被注长度垂直，其一端应离开图样轮廓线不小于 2mm，另一端宜超出尺寸线 2~3mm。图样轮廓线可用作尺寸界线。

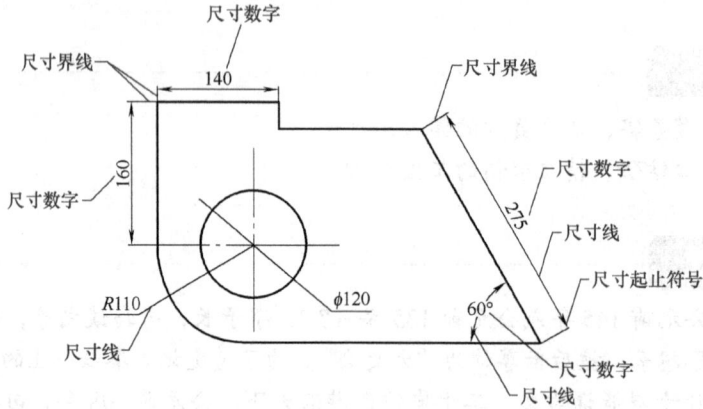

图 7-1 尺寸的组成

（3）尺寸起止符号一般用中粗斜短线绘制，其倾斜方向应该与尺寸界线成顺时针 45°角，长度宜为 2~3mm，半径、直径、角度与弧长的尺寸起止符号宜用箭头表示。

（4）尺寸数字是实物的实际尺寸，建筑图形中，除标高单位为米以外，其余的尺寸单位均为毫米，标注尺寸时不注明单位，只标注数字。尺寸数字不得与任何图线交叉重叠，必要时应打断图线，以保证数字清晰。

二、尺寸标注的类型

（1）线性尺寸标注：用于标注长度尺寸，又分为水平标注、垂直标注、旋转标注、对齐标注、基线标注、连续标注。

（2）角度尺寸标注：用于标注角度尺寸，在角度尺寸标注中也可采用基线标注和连续标注两种形式。

（3）直径尺寸标注：用于标注圆或圆弧的直径尺寸，分为直径标注和折弯标注。

（4）半径尺寸标注：用于标注圆或圆弧的半径尺寸，分为半径标注和折弯标注。

（5）弧长尺寸标注：用于标注弧线段或多段线弧线段的弧长尺寸。

（6）引线标注：用于标注多行文字或块等。

（7）坐标尺寸标注：用于标注相对于坐标原点的坐标。

（8）圆心标注：用于标注圆或圆弧的中心标记或中心线。

（9）快速标注尺寸：用于成批快速标注尺寸，如图 7-2 所示。

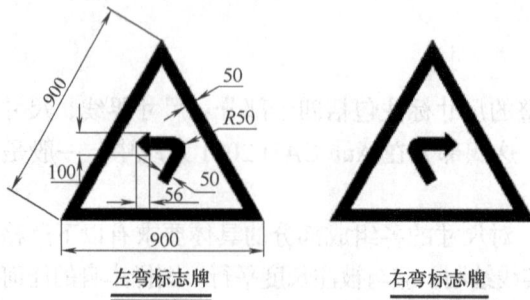

图 7-2 快速标注尺寸样例

三、打开尺寸标注

具体操作步骤如下：

序号	操 作	结 果	备 注
1	在菜单栏中选择【工具】下的【工具栏】，在【AutoCAD】下拉菜单中选择【标注】，打开【标注】工具条（图7-3）	 图7-3 打开【标注】工具条	

任务二 标注样式

【基本概念】

对于不同领域的图样，其尺寸标注的要求也有所不同。因此在进行尺寸标注之前，先要结合规范对标注样式进行设置，其中包括文字字体、文字位置、文字高度、箭头样式和大小、延伸线的起点偏移距离、尺寸公差等，以控制标注的格式和外观，建立强制执行的绘图标准，有利于对标注格式及用途进行修改。

【技能操作】

一、创建标注样式

具体操作步骤如下：

标注样式

序号	操　作	结　果	备　注
1	在命令行输入创建标注样式命令"DIMSTYLE"，打开【标注样式管理器】对话框（图7-4），或在【标注】工具条中单击 ![按钮] 按钮	 图7-4　【标注样式管理器】对话框	创建标注样式命令"DIMSTYLE"的快捷命令为"D"
2	在【标注样式管理器】对话框中，单击【新建】按钮，弹出【创建新标注样式】对话框，在【新样式名】一栏，用户可以输入新建样式的名称（图7-5）。在【基础样式】下拉列表中选择一种基础样式，新样式就以该样式为基础进行修改。在【用于】下拉列表中，设置选好的标注样式的使用范围。单击【继续】按钮，将弹出【新建标注样式：测绘】对话框（图7-6）	 图7-5　【创建新标注样式】对话框 图7-6　【新建标注样式：测绘】对话框	

二、设置标注样式选项卡

具体操作步骤如下：

序号	操　作	结　果	备　注
1	在【新建标注样式：测绘】对话框中，【线】选项卡包括尺寸线、尺寸界线两个区域，用于设置尺寸线、尺寸界线的形式和特性等 在【尺寸线】选项卡中，可以设置尺寸线的颜色、线型、线宽、超出标记（一般为0~3）以及基线间距（一般为7~10）等属性 在【尺寸界线】选项卡中，可以设置延伸线的颜色、线宽、超出尺寸线的尺寸（一般为1~25）和起点的偏移量等。如果需要隐藏尺寸线和延伸线，可以在相应选项前打勾（图7-7）	 图7-7　【线】选项卡	

（续）

序号	操 作	结 果	备 注
2	在【新建标注样式：测绘】对话框中，【符号和箭头】选项卡可以设置箭头、圆心标记、弧长符号和半径折弯标注等的样式。对于工程测量图纸，箭头形式通常选择【实心闭合】，箭头大小一般为 2.5，其他选项可根据需要进行相应参数设置（图 7-8）	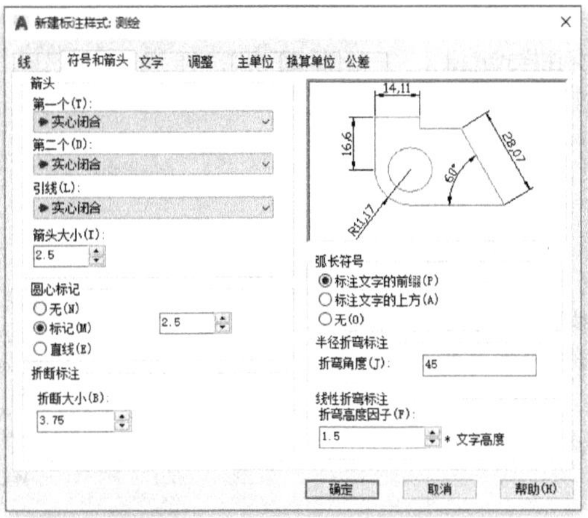 图 7-8 【符号和箭头】选项卡	
3	在【新建标注样式：测绘】对话框中，【文字】选项卡可以设置标注文字的文字样式、文字颜色、文字高度、文字位置和文字对齐等（图 7-9）。对工程测量图纸，文字高度一般为 5，从尺寸线偏移量一般设置成 2，文字位置和对齐方式取默认值即可（图 7-9）	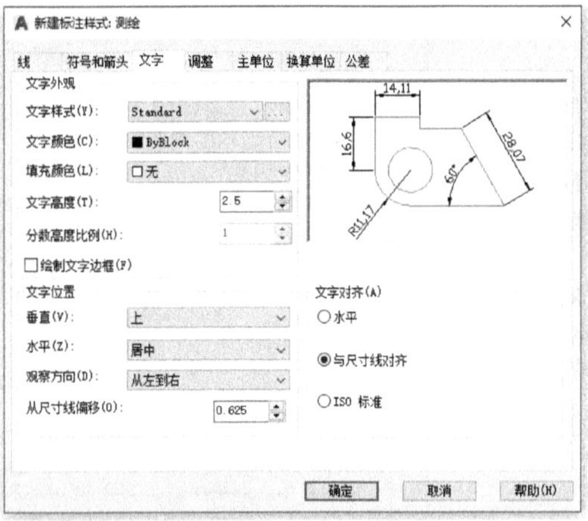 图 7-9 【文字】选项卡	
4	在【新建标注样式：测绘】对话框中，【调整】选项卡可以设置调整选项、文字位置、标注特征比例、优化等（图 7-10）	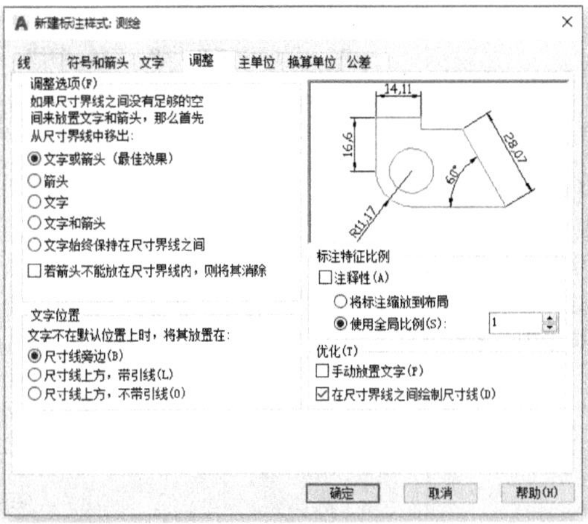 图 7-10 【调整】选项卡	

（续）

序号	操　作	结　　果	备　注
5	在【新建标注样式：测绘】对话框中，【主单位】选项卡可以设置主单位的格式与精度，并设置标注文字的前（后）缀，如图 7-11 所示。在【比例因子】框中，根据图形绘制比例设置线性尺寸标注比例，例如在绘制地形图时，若取 1∶1000 比例，表示实际距离 1m 在绘图时为 1mm	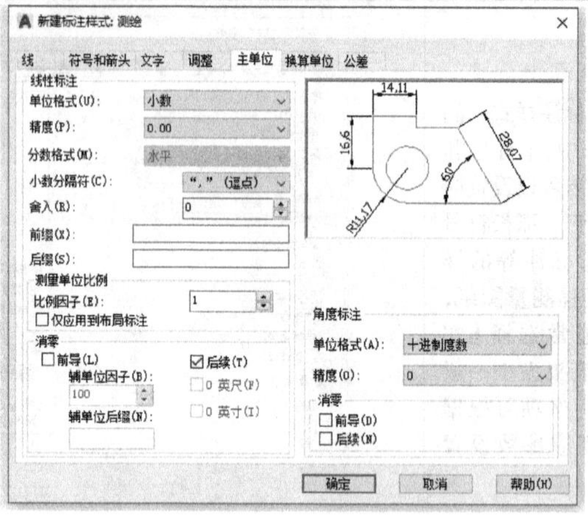 图 7-11 【主单位】选项卡	
6	【换算单位】选项卡（图 7-12）可以转换使用不同测量单位制的标注，一般是显示英制标注的等效公制标注，或是显示公制标注的等效英制标注。在标注文字时，换算的标注单位显示在主单位旁边的方括号中	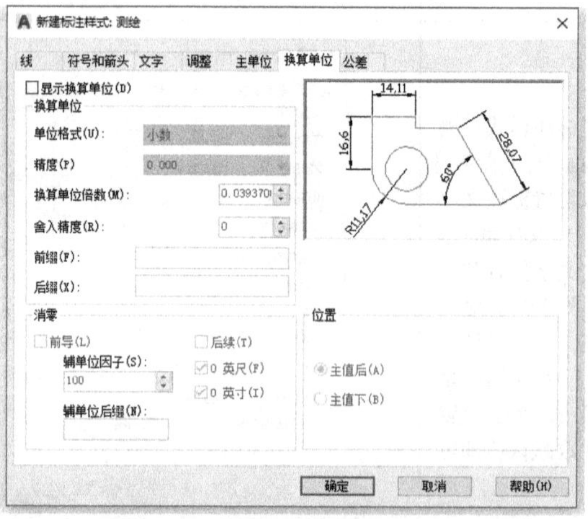 图 7-12 【换算单位】选项卡	
7	【调整】、【换算单位】、【公差】选项卡（图 7-13）控制标注文字时公差的格式及显示。这三种选项卡在工程测量图纸中一般不用设置	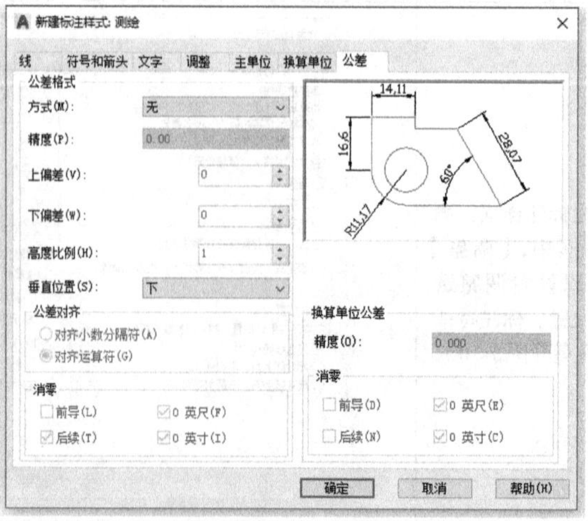 图 7-13 【公差】选项卡	

三、课后练习

新建标注样式，命名为"尺寸标注"，设置基线间距为 5，箭头为实心闭合，文字为宋体，字高 3.5，其余参数取默认值。

任务三　各类尺寸标注

【基本概念】

用户创建和设置好尺寸标注样式后便可开始进行尺寸标注。AutoCAD 2021 为我们提供了各类尺寸标注命令，如线性、对齐、直径、半径、角度、坐标等。

各类尺寸标注

【技能操作】

具体操作步骤如下：

序号	操 作	结 果	备 注
1	在命令行输入线性标注命令"DIMLINEAR"，或单击【标注】工具条中的 ⊢⊣ 按钮，用于创建水平或垂直方向的线性尺寸（图 7-14）	 43.91　25.22 图 7-14　线性标注	线性标注命令"DIMLINEAR"的快捷命令为"DLI"
2	在命令行输入对齐标注命令"DIMALIGNED"，或单击【标注】工具条中的 ↖ 按钮，可创建与线段平行的尺寸标注（图 7-15）	 50.84 图 7-15　对齐标注	对齐标注命令"DIMALIGNED"的快捷命令为"DAL"

（续）

序号	操　作	结　果	备　注
3	在命令行输入半径标注命令"DIMRADIUS"，或单击【标注】工具条中的 按钮，可标注圆和圆弧的半径（图7-16）	图 7-16　半径标注	半径标注命令"DIMRADIUS"的快捷命令为"DRA"
4	在命令行输入直径标注命令"DIMDIAMETER"，或单击【标注】工具条中的 按钮，可标注圆和圆弧的直径（图7-17）	图 7-17　直径标注	直径标注命令"DIMDIAMETER"的快捷命令为"DDI"
5	在命令行输入角度标注命令"DIMANGULAR"，或单击【标注】工具条中的 按钮，可标注两条直线之间的角度及圆或圆弧的圆心角（图7-18）	图 7-18　角度标注	角度标注命令"DIMANGULAR"的快捷命令为"DAN"
6	在命令行输入坐标标注命令"DIMORDINAT"，或单击【标注】工具条中的 按钮，可标注某一点的坐标，向右为X坐标，向上为Y坐标（图7-19）	图 7-19　坐标标注	坐标标注命令"DIMORDINAT"的快捷命令为"DOR"

任务四　编辑尺寸

【基本概念】

AutoCAD 为用户提供了尺寸编辑的功能，可以对已标注对象的文字、位置及样式等内容进行修改，无须删除所标注的尺寸对象再进行标注。

编辑尺寸

【技能操作】

一、编辑标注

编辑标注有以下几种常用的方法，具体操作步骤如下：

序号	操　　作	结　　果	备　　注
1	选定标注的对象，在标注对象上将显示夹点，用户可以通过拖动这些夹点来重新定位标注对象的原点和尺寸线位置（图 7-20）	 图 7-20　通过拖动夹点来重新定位标注位置	
2	单击【标注】工具条中的 按钮，可以进入文字编辑模式，对标注文字的内容和格式进行修改（图 7-21）	 图 7-21　文字编辑模式	
3	选中需要修改的标注，单击鼠标右键选择【特性】，然后在【特性】选项板中对标注对象的内容和格式进行全面修改（图 7-22）	 图 7-22　【特性】选项板	

159

二、编辑特殊标注

AutoCAD 系统还提供了一系列标注编辑命令，用于设置标注的一些特殊格式，如尺寸界线倾斜、标注文字旋转、折弯标注等，具体操作步骤如下：

序号	操　　作	结　　果	备　　注
1	单击【标注】工具条中的 按钮，然后选择【倾斜】，并选择需要修改的标注对象，输入尺寸界线的倾斜角度，即可修改尺寸界线的倾角，图 7-23 是输入倾角 120° 的结果	 图 7-23　尺寸界线倾斜	
2	单击【标注】工具条中的 按钮，然后选择【旋转】，指定标注文字的旋转角度，并选择需要修改的标注对象，即可修改标注文字的旋转角度，图 7-24 是输入旋转角为 90° 的结果	 图 7-24　标注文字旋转	
3	单击【标注】工具条中的 按钮，然后选择需要折弯的标注对象，即可实现折弯标注（图 7-25）	 图 7-25　折弯标注	

三、课后练习

利用项目七任务二"三、课后练习"创建的"尺寸标注"，对下列图形进行标注（提供 DWG 文件）：

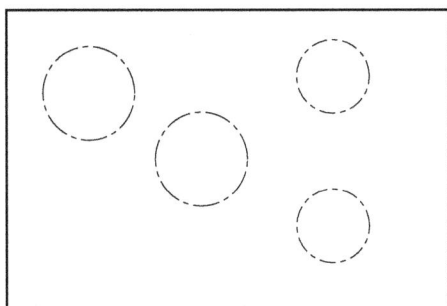

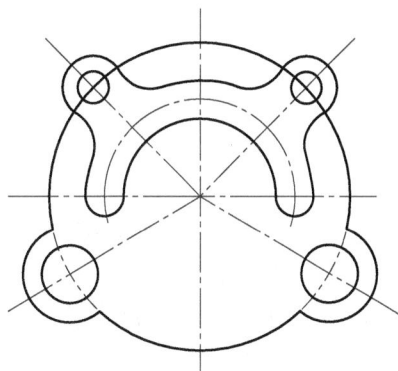

项 目 评 价

一、自我评价

1. 此次操作是否顺利?

2. 若不顺利,请列出遇到的问题。

3. 分析出现问题的原因,并提出修正方案。

4. 你认为还需要加强哪些方面的指导?

二、学习任务评价表

考核项目	分 数			学生自评	组长评价	教师评价	小 计
	差	中	好				
团队合作精神	6	13	20				
活动参与是否积极	6	13	20				
标注样式	6	13	20				
尺寸标注	6	13	20				
编辑尺寸	6	13	20				
总分	100						
教师签字:					年 月 日	得分	

项 目 小 结

本项目主要介绍了 AutoCAD 中尺寸标注的概念、标注样式的设置方法和类型,以及各类尺寸标注和编辑尺寸。

复习思考题

1. 一个完整的尺寸标注由哪几部分组成?
2. 如何设置尺寸标注样式?
3. 如何修改当前图形中已标注的尺寸?
4. 绘制如图 7-26 和图 7-27 所示图形,并合理设置尺寸标注样式,完成尺寸标注。

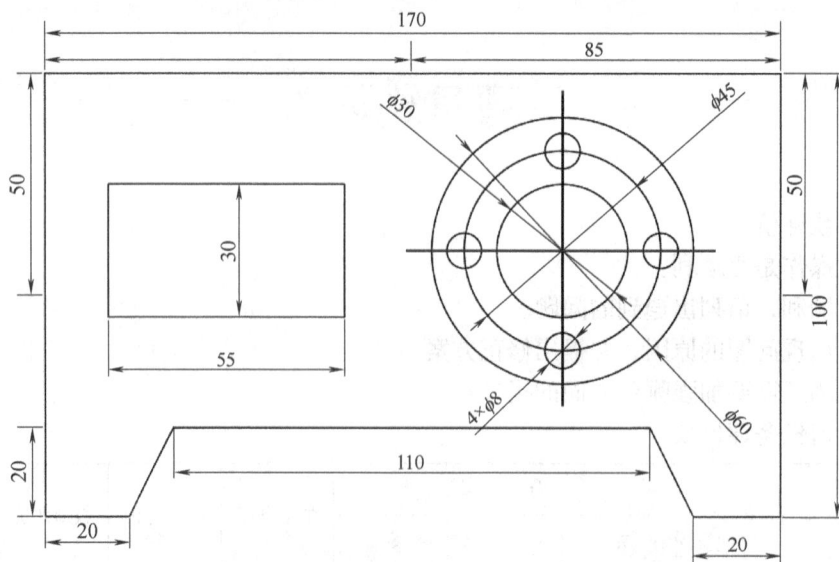

图 7-26　思考题 4（1）

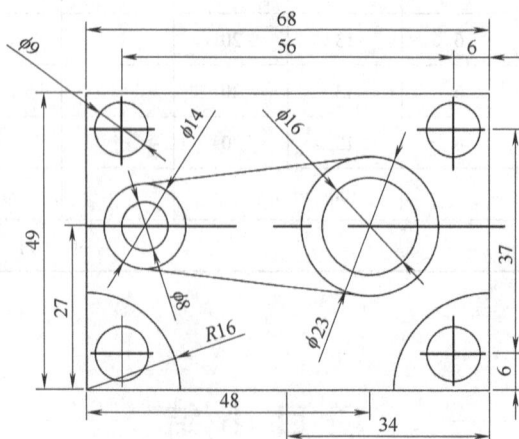

图 7-27　思考题 4（2）

【项目概述】

在绘图中，经常会遇到许多相似的图形，如控制点、亭等，为了提高绘图效率，AutoCAD 引入了图块。在 AutoCAD 2021 中只绘制一次图形，将其制作成图块或图块文件，建立图形库进行保存；在保存时，仅保存该图块的参数特征，而不用保存每个图块实体，这样就可以节省存储空间；在修改图形时，若使用了图块的方法绘制，则可以通过对图块的再定义，进行一次性的修改。许多图块要求有文字信息，以进一步解释其用途。AutoCAD 允许用户为图块创建文字属性，对图块进行进一步解释，并可设置插入的图块是否显示属性。

图块是由一个或多个图形对象组成的对象集合，常用于绘制复杂、重复的图形，并作为一个单独的图形对象被反复调用。组成图块的图形元素可以分别处于不同的图层，具有不同的颜色、线性、线宽。

【知识与能力图谱】

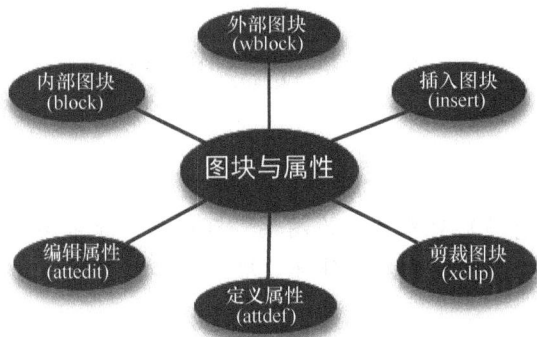

外部图块 (wblock)

内部图块 (block)

插入图块 (insert)

图块与属性

编辑属性 (attedit)

剪裁图块 (xclip)

定义属性 (attdef)

【知识目标】

掌握图块的定义和属性，以及图块插入、编辑与分解的方法。

【能力目标】

1. 能够对图块进行定义；
2. 能够正确进行图块的插入、编辑与分解，正确添加图块的属性。

【素质目标】

1. 培养团结协作能力，以及制图效率意识；
2. 培养勤奋、坚韧、勇于尝试、敢于创新的精神。

【课前引领】

2025 年 1 月 7 日 9 时 5 分，西藏日喀则市定日县发生 6.8 级地震，震源深度 10km，造成重大人员伤亡。地震发生后，中共中央总书记、国家主席、中央军委主席习近平高度重视并作出重要指示，要全力开展人员搜救，全力救治受伤人员，最大限度减少人员伤亡，防止发生次生灾害，妥善安置受灾群众，做好善后等工作。要加强震情监测预警，及时调拨抢险救援物资，抓紧抢修损毁基础设施，安排好群众基本生活，确保安全温暖过冬。

全国各路救援力量驰援灾区，全力开展人员救治和群众安置工作；各方各界纷纷支援，爱心涌向这片海拔 4000 多米的大地。成千上万的志愿者从各个方向进入抗震第一线，社会各界捐款、捐物支援灾区，共同谱写了一曲一方有难八方支援的光辉乐谱，唱响了一首万众一心、不屈不挠、自强不息的雄伟赞歌。

任务一　图块的定义

【基本概念】

定义图块就是将已有图形对象定义为图块，可以将一个或多个图形对象定义为一个图块。定义图块分为定义内部图块和定义外部图块。

【技能操作】

一、定义内部图块

具体操作步骤如下：

图块的定义

序号	操　作	结　果	备　注
1	单击【绘图】菜单下的【块】命令下的【创建】命令（图 8-1），或在命令行中输入图块命令"BLOCK"，按\<Enter\>键确认	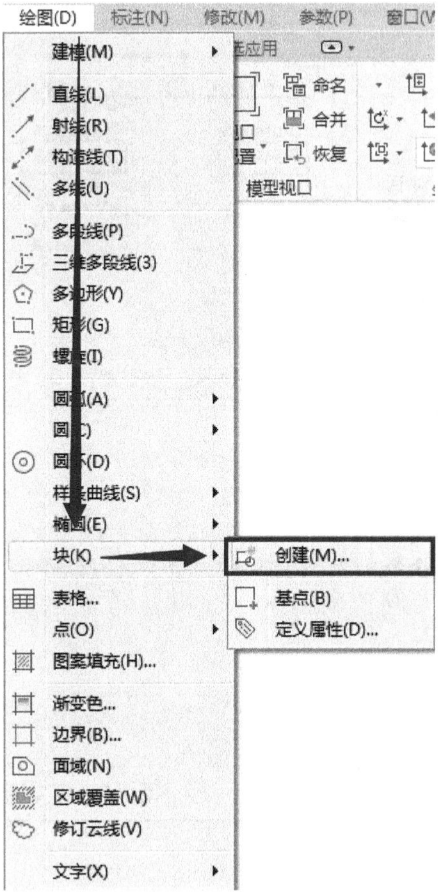 图 8-1　【创建】子菜单	图块命令"BLOCK"的快捷命令是"B"
2	弹出【块定义】对话框（图 8-2）	 图 8-2　【块定义】对话框	

（续）

序号	操 作	结 果	备 注
3	在【块定义】对话框中的【名称】区域输入内部图块的名称"daoxiandian"→单击【基点】区域的【拾取点】→单击导线点的圆心为基点→单击【对象】区域的【选择对象】→用光标框选全部图形对象→按<Space>键确认→单击【确定】按钮，即在当前图形文件中创建了一个名为"daoxiandian"的内部图块（图8-3）	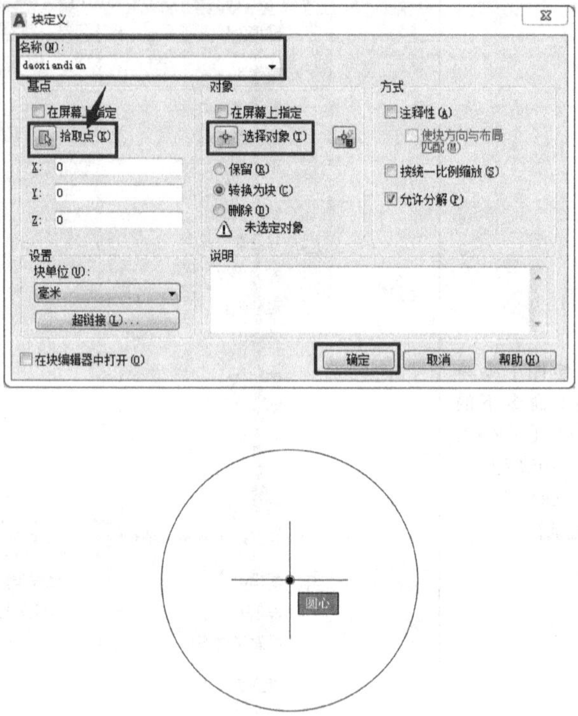 图 8-3　定义图块操作	

二、定义外部图块

具体操作步骤如下：

序号	操 作	结 果	备 注
1	在命令行中输入写块命令"WBLOCK"，按<Enter>键确认，弹出【写块】对话框（图8-4）	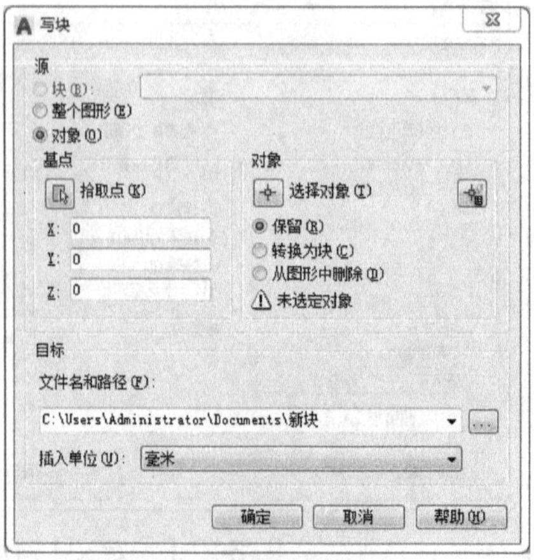 图 8-4　【写块】对话框	写块命令"WBLOCK"的快捷命令为"WB"

（续）

序号	操　作	结　果	备　注
2	在【写块】对话框中的【源】区域选择【对象】→单击【基点】区域的【拾取点】→单击导线点的圆心为基点→单击【写块】对话框中【对象】区域的【选择对象】→框选全部图形对象→按 <Space> 键确认→在【写块】对话框中的【目标】区域中选择目标存储路径并输入文件名为"导线点"→单击【确定】按钮，即创建了一个名为"导线点 .dwg"的外部图块（图 8-5）	 图 8-5　写块操作	

三、课后练习

绘制如下表头，并用图块命令创建名为"表头 1"的内部图块；用写块命令创建名为"表头 2"的外部图块（外框用多段线绘制，线宽为 0.5）。

任务二　图块的插入与编辑

【基本概念】

插入图块是指将已定义好的图块插入当前的图形文件中。

【技能操作】

一、内部图块的插入

具体操作步骤如下：

图块的插入
与编辑

序号	操　作	结　果	备　注
1	在命令行中输入插入图块命令"INSERT"，按<Enter>键确认；或单击【插入】菜单下的【块选项板】，弹出【块选项板】对话框（图8-6）	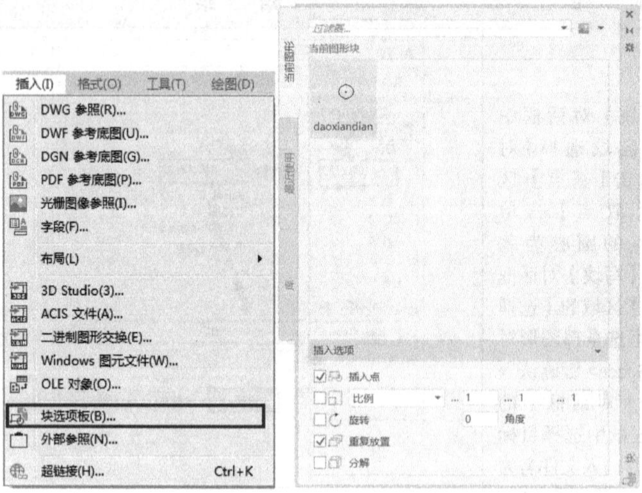 图 8-6　【块选项板】对话框	插入图块命令"INSERT"的快捷命令为"I"
2	在【当前图形】选项中选择已定义好的内部图块"daoxiandian"→勾选【插入选项】中的【插入点】前的复选框→移动光标到绘图窗口的插入点位置→单击鼠标左键；或直接输入插入点坐标，插入图块（图8-7）	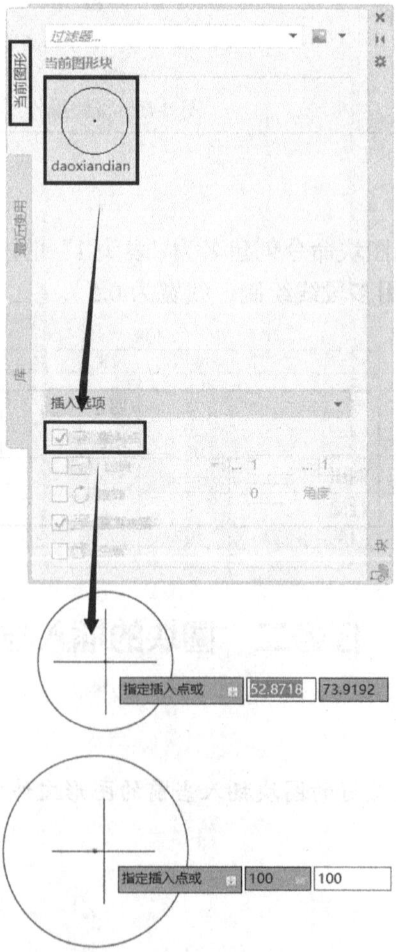 图 8-7　插入内部图块操作	

二、外部图块的插入

具体操作步骤如下：

序号	操 作	结 果	备 注
1	在命令行中输入插入图块命令"INSERT"，按<Enter>键确认；或单击【插入】菜单下的【块选项板】，弹出【块选项板】对话框（图8-8）	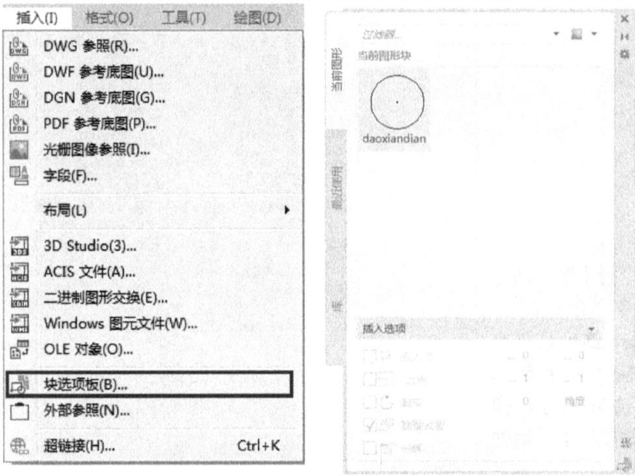 图 8-8 【块选项板】对话框	
2	选择【库】选项卡中下拉列表的【浏览块库】→在弹出的【为块库选择文件夹或文件】对话框中，选择【导线点.dwg】→单击【打开】按钮，在【库】选项下，加载了"导线点.dwg"图块，此时可按照插入内部图块的方式插入"导线点.dwg"图块（图8-9）	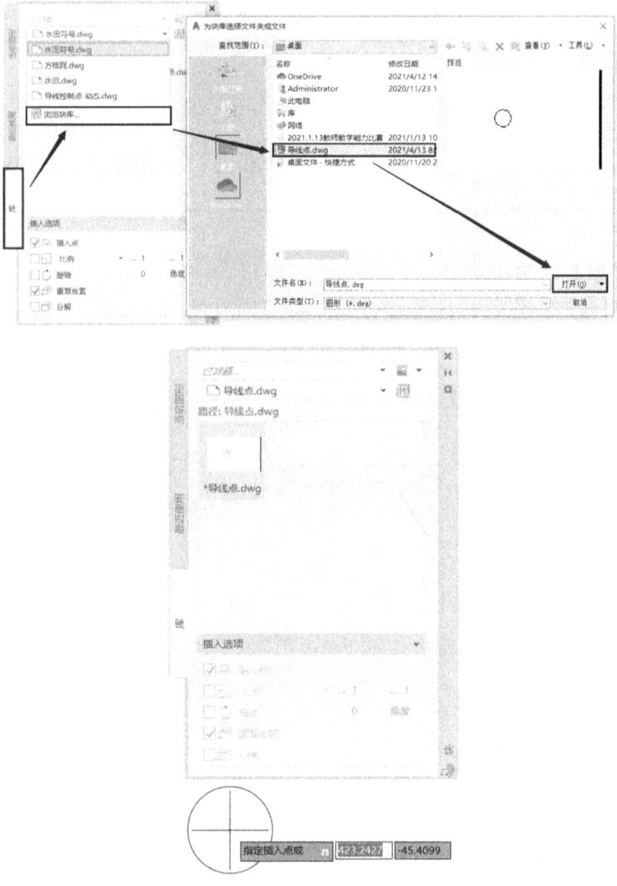 图 8-9 插入外部图块操作	

三、图块的分解

具体操作步骤如下:

序号	操 作	结 果	备 注
1	在命令行中输入插入图块命令"INSERT",按 \<Enter\> 键确认;或单击【插入】菜单下的【块选项板】,弹出【块选项板】对话框(图 8-10)	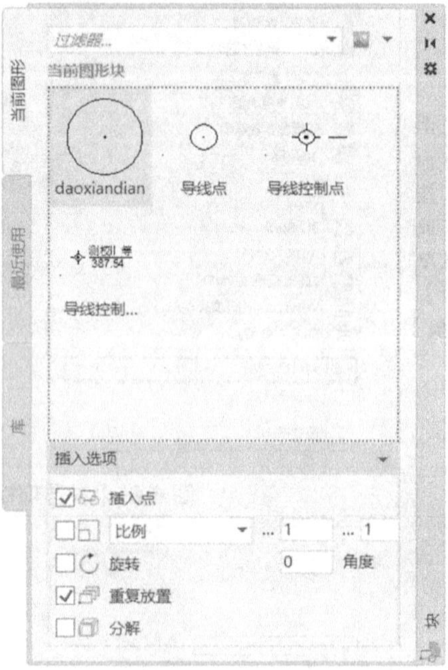 图 8-10 【块选项板】对话框	
2	选择【库】选项卡中下拉列表的【浏览块库】→在弹出的【为块库选择文件夹或文件】对话框中,选择【导线点 .dwg】→单击【打开】按钮,在【库】选项下,加载了"导线点 .dwg"图块,此时可按照插入内部图块的方式插入"导线点 .dwg"图块;插入时,勾选【分解】前的复选框或单击鼠标右键选择【插入并分解】选项,即可在插入图块的同时将图块分解成单个的图形对象(图 8-11)	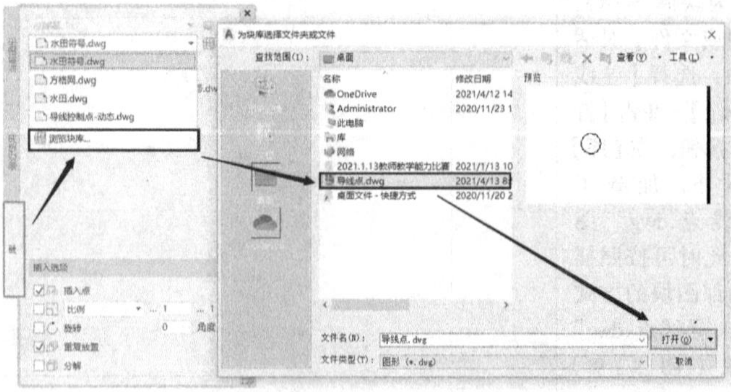 图 8-11 图块分解操作	

（续）

序号	操　作	结　果	备　注
2	或在命令行输入分解命令"EXPLODE"→选择要分解的图块→按<Enter>键分解	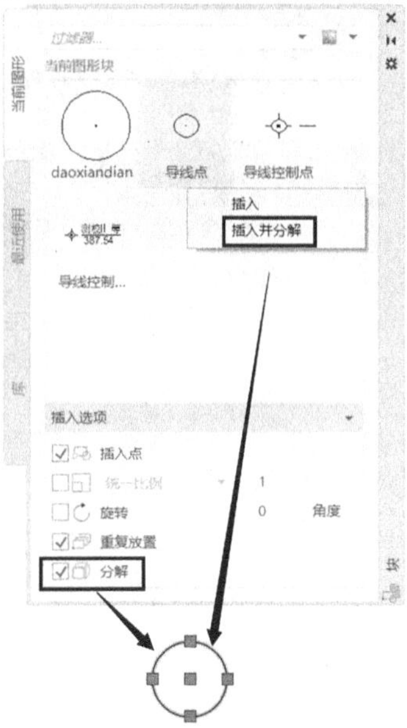 图 8-11　图块分解操作（续）	

四、图块的剪裁

具体操作步骤如下：

序号	操　作	结　果	备　注
1	在菜单栏中单击【修改】→【剪裁】→【外部参照】命令（图 8-12）；或在命令行输入裁剪图块命令"XCLIP"	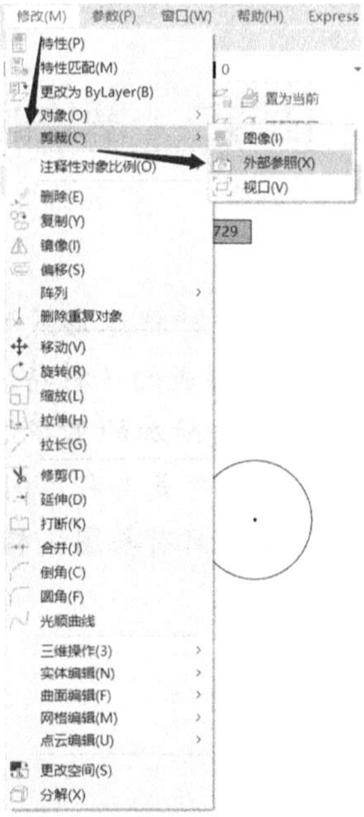 图 8-12　【外部参照】子菜单	裁剪图块命令"XCLIP"的快捷命令为"XC"

（续）

序号	操　作	结　果	备　注
2	在命令行的提示下，选择需要修剪的外部参照→按<Enter>键→根据提示选择【新建边界】，即输入"N"→按<Enter>键→根据提示选择【矩形】，即输入"R"→按<Enter>键确认新建矩形边界→在命令行的提示下用光标指定第一个角点与矩形的第二角点，即完成对图块的剪裁，也就是把图块在矩形框以外的部分进行剪裁（图8-13）	　　图 8-13　剪裁图块操作	

五、课后练习

　　用插入图块命令将项目八任务一"三、课后练习"创建的"表头 1"图块，插入本任务文件中。

任务三　图块的属性

【基本概念】

　　图块的属性是 AutoCAD 提供的一种特殊形式的图块。图块属性的实质就是由构成图块的图形和图块的属性两种元素共同形成的一种特殊形式的图块。

　　图块的属性简单来讲，就是为图块附加的文字信息，图块属性从表现形式上看是文字，但它与前面所讲述的单行文字和多行文字是两种不同的图形元素。图块属性是包含文字信息的特殊实体，它不能独立存在和使用，只有与图块相结合才具有实用价值。

【技能操作】

一、定义图块的属性

　　具体操作步骤如下：

图块的属性

序号	操　作	结　果	备　注
1	在菜单栏中单击【绘图】→【块】→【定义属性】命令，弹出【属性定义】对话框；或在命令行输入属性定义命令"ATTDEF"→按<Enter>键，弹出【属性定义】对话框（图8-14）	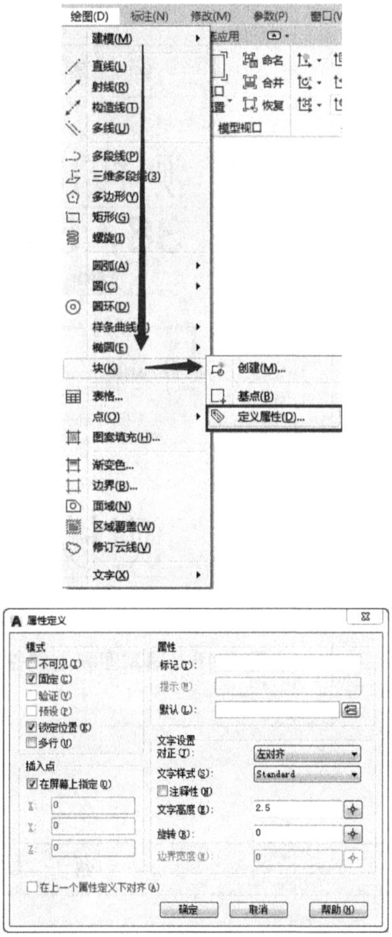 图 8-14　【属性定义】对话框	属性定义命令"ATTDEF"的快捷命令为"ATT"
2	在【模式】区域勾选【固定】与【锁定位置】选项，在【属性】区域的【标记】栏中输入"测校Ⅱ等"，在【默认】栏中输入"测校Ⅱ等"，单击【确定】按钮，在导线点右侧横线上方指定起点 　按同样的操作，添加属性"387.54"，在导线点右侧横线下方指定起点（图8-15） 　然后将绘好的图形创建成导线点外部图块，基点为圆心，对象为所有图形对象，这样就创建了一个图形结合文字的图块	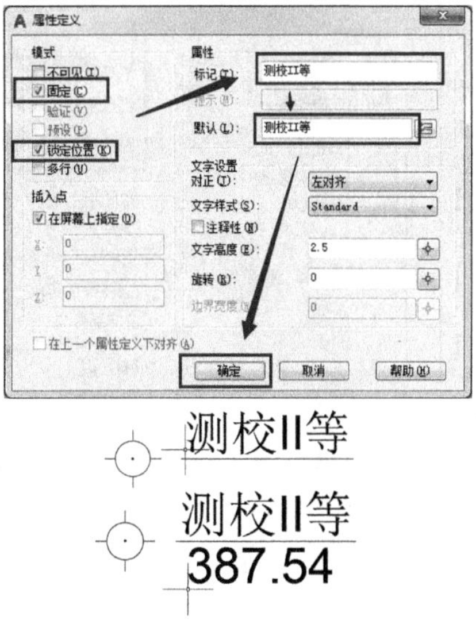 测校Ⅱ等 测校Ⅱ等 387.54 图 8-15　定义图块的属性操作	

二、编辑图块的属性

具体操作步骤如下：

序号	操 作	结 果	备 注
1	在命令行输入编辑属性命令"ATTEDIT"→按\<Enter\>键，选择需要编辑的对象，按\<Enter\>键，弹出【编辑属性定义】对话框，在【标记】与【默认】栏里修改属性值，单击【确定】按钮（图8-16）	图 8-16 编辑图块的属性操作	编辑属性命令"ATTEDIT"的快捷命令为"ATE"

三、创建动态属性图块

具体操作步骤如下：

序号	操 作	结 果	备 注
1	首先按照图8-15所示的方法定义图块的属性，但在定义的过程中不勾选【模式】区域中【固定】前面的复选框，在【提示】栏中输入"请输入点名："，单击【确定】按钮；按照相同的方法定义导线点右侧横线上的属性（图8-17）	图 8-17 "编辑属性定义"操作	

（续）

序号	操 作	结 果	备 注
2	按照图 8-5 所示的操作，将其创建成导线点外部图块，基点为圆心，对象为所有图形对象（图 8-18）	测校Ⅱ等 387.54 图 8-18 创建动态属性图块操作	
3	当插入导线点图块时，会弹出【编辑属性】对话框，用户可根据实际高程和点名进行输入（图 8-19）	图 8-19 【编辑属性】对话框	

四、课后练习

使用图块属性功能，对下表中带括号的内容定义动态属性，参数自定，创建名为"表头 - 动态"带属性的外部图块。下表方框可调用项目八任务一"三、课后练习"的文件。

		图号	（图号）	成绩
（图名）		比例	（比例）	
制图	（制图者）	（所在学校、班级）		
批阅	（批阅者）			

项目评价

一、自我评价

1. 此次操作是否顺利？

2. 若不顺利，请列出遇到的问题。

3. 分析出现问题的原因，并提出修正方案。

4. 你认为还需要加强哪些方面的指导？

二、学习任务评价表

考核项目	分数			学生自评	组长评价	教师评价	小计
	差	中	好				
团队合作精神	6	13	20				
活动参与是否积极	6	13	20				
图块的定义	6	13	20				
图块的插入与编辑	6	13	20				
块属性	6	13	20				
总分	100						

教师签字： 　　　　　　　　　　　　　　　　年　月　日　得分

项目小结

　　本项目详细介绍了 AutoCAD 2021 中有关图块的操作，包括图块的定义、插入，图块属性的编辑以及创建动态属性图块。

复习思考题

1. 创建有固定属性值的图块，如图 8-20 所示。

2. 修改上题的属性值，点名改为"测校控制 1"，高程改为"271.36"，如图 8-21 所示。

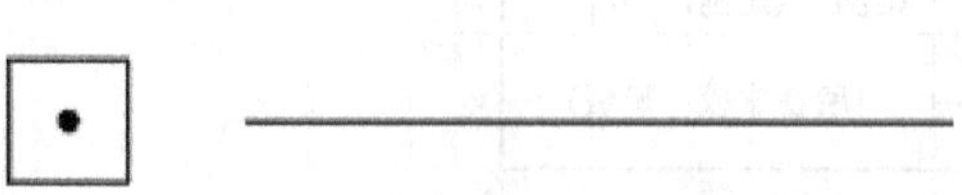

图 8-20　固定属性值的图块

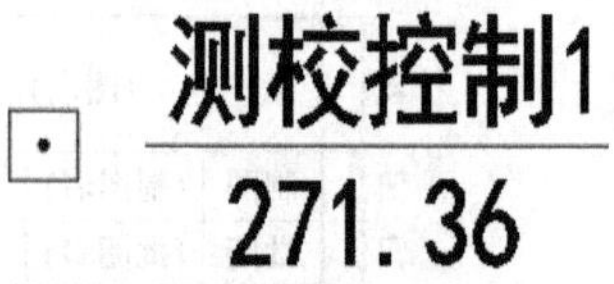

测校控制1
271.36

图 8-21　修改属性值

三维绘图基础

　　AutoCAD 2021 在工程制图的应用中有一项重要的功能，即绘制零件的三维实体模型。AutoCAD 2021 提供直接绘制三维实体的功能，并支持多种三维绘制方法。本项目主要介绍三维绘图的基础知识，讲解基本的三维图形绘制和编辑命令，使用户对 AutoCAD 2021 三维造型的特点、使用方法及使用技巧有基本的了解，掌握一定的三维图形的识图和绘图能力。

【知识与能力图谱】

```
                              视图设置                           创建平铺
                                                                视口
        设置三维绘图                              视口设置
           模式                                                 创建动态
                          三维绘图基础                             视口

   绘制三维                                                      调整视口
     直线
                   绘制简单的                    三维坐标系
  绘制三维          三维对象
   多段线                     控制三维
                            视图显示
  绘制三维                              定制                  设置
   弹簧                                 UCS                  UCS
```

【知识目标】

　　1. 熟悉三维绘图工作界面；
　　2. 掌握用户坐标系的建立方法、三维视图显示方法；
　　3. 掌握绘制简单三维图形的方法。

【能力目标】

1. 能够正确建立用户坐标系并控制三维视图显示；
2. 能够绘制简单的三维对象。

【素质目标】

1. 培养立体空间制图思维，树立大局观和全局观意识；
2. 培养制图交流与沟通能力。

【课前引领】

2025 年 2 月 21 日上午，"两院院士"、国家最高科学技术奖获得者、武汉大学教授李德仁应邀到访武汉大学附属中学，并以《爱我中华，科技报国》为主题主讲"珞珈成才讲堂"。

"爱我中华，科技报国。今天我和同学们分享我走过和在走的三条路：留学之路、创新之路和未来之路。"李德仁和蔼地说。

20 世纪 80 年代，李德仁留学德国，提出了粗差定位验后方差选权迭代法，被称为"李德仁方法"。德国、美国的高校争相邀请他去任教。他的夫人朱宜萱对他说，国家和人民培养你多年，你得像头牛回来，为国家和人民多挤奶。

归国后的李德仁与团队一道，携手同行，在有关部门的大力支持下，不断推出创新成果。从国产地理信息软件 GeoStar、GeoGlobe，到高分辨率对地观测系统，再到开展我国自主高精度全球测图；从 3S 集成与智能驾驶，到数字文化遗产，再到建设"东方慧眼"星座……李德仁步履不停。

眼下，年过耄耋的李德仁，正在思考并提出时空智能学。他说，世界是物质的，物质是运动的，运动着的物质世界正是用时空信息这一载体来描述的。在当今万物互联和人工智能时代，时空数据的获取、处理、信息提取与知识挖掘需要走向智能化，时空智能学应运而生。

禹寸陶分，思想不停。他写下这样一句话以自勉：活到老，学到老，干到老，为党和人民奉献到老。

任务一　认识三维模型

【基本概念】

AutoCAD 2021 提供了用于三维绘图的工作界面，即三维建模工作空间，可以在三维模型空间直接创建立体模型。

【技能操作】

一、设置三维绘图模式

具体操作步骤如下：

认识三维模型

序号	操　作	结　果	备　注
1	在切换工作空间界面菜单中选择【三维建模】（图9-1）	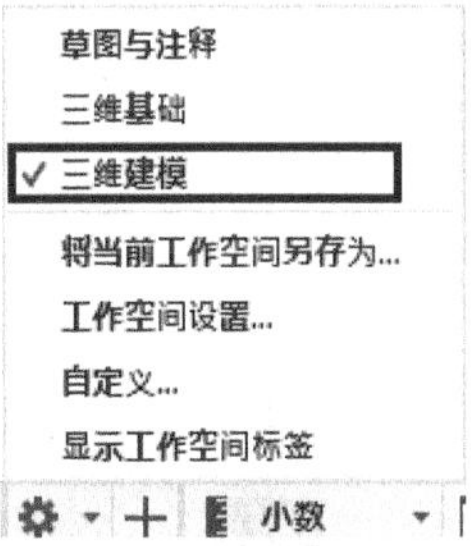 图9-1　【三维建模】菜单	
2	在【视图】菜单中，选择【三维视图】中的【东南等轴测】（图9-2）	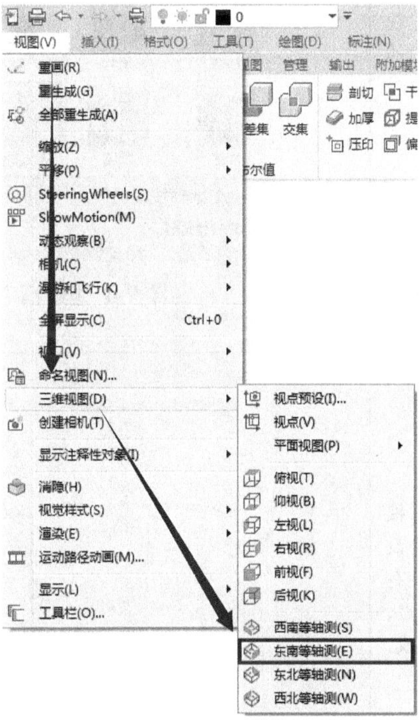 图9-2　【三维视图】设置	
3	此时，三维绘图的界面设置完成（图9-3）	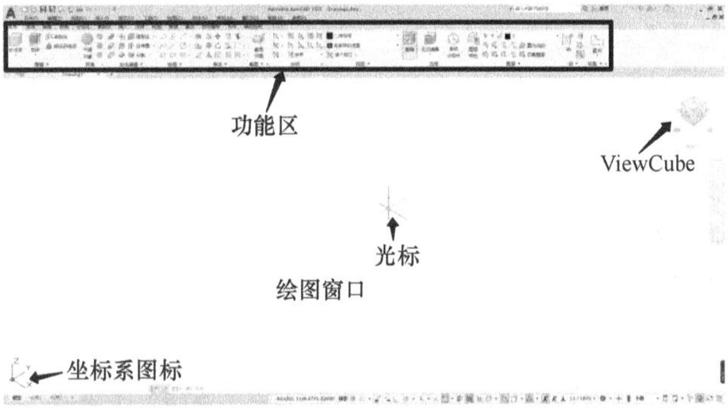 图9-3　三维绘图界面	

二、三维模型的分类

具体操作步骤如下：

序号	操 作	结 果	备 注
1	在【常用】选项卡中单击【视图】中的【视觉样式】下拉列表中的【线框】按钮（图9-4）	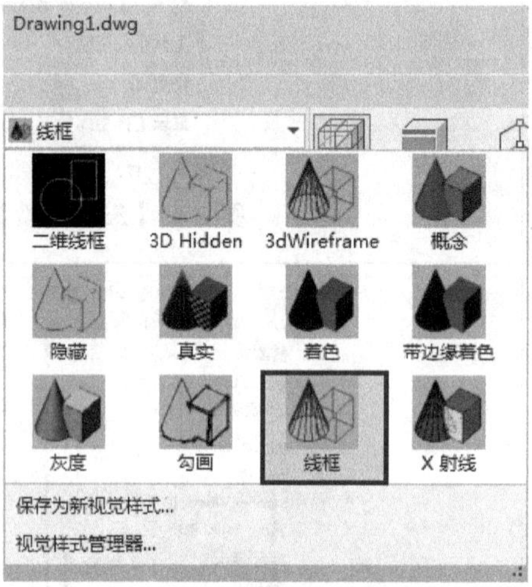 图9-4 【线框】按钮	
2	绘图区域显示线框模型（图9-5），此模型没有面和体的特征，仅有三维对象的轮廓，由点、线、曲线等对象组成，不能进行消隐和渲染	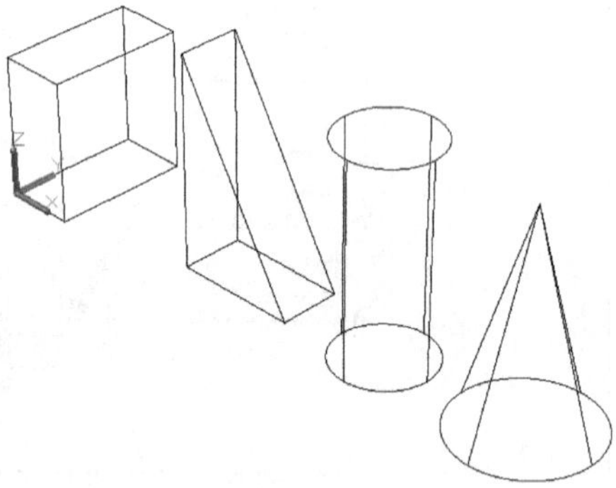 图9-5 线框模型	
3	在【曲面】选项卡中单击【创建】中的【平面】按钮（图9-6），可创建曲面模型	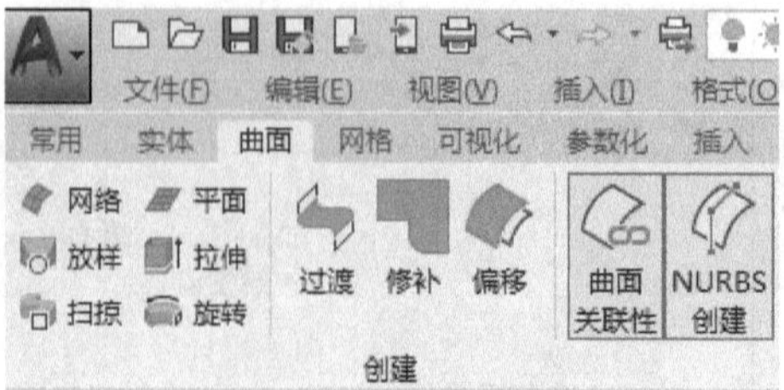 图9-6 【曲面】选项卡	

（续）

序号	操　作	结　果	备　注
4	创建的曲面模型既定义了三维对象的边界，又定义了其表面，可以进行消隐和渲染，但不具有体积和质心等特征（图9-7）	图 9-7　曲面模型	
5	在【实体】选项卡中单击【图元】中的【长方体】按钮（图9-8），可创建实体模型	图 9-8　【实体】选项卡	
6	创建的实体模型具有线、面和体积等特征，可进行消隐和渲染等操作，包含体积、质心和转动惯性等质量特性（图9-9）	图 9-9　实体模型	

任务二　视图与视口

【基本概念】

创建三维模型时，需要从不同的方向观察模型。当设定查看方向后，AutoCAD 2021 将显示对应的 3D 视图。在创建复杂的二维图形和三维模型时，为便于同时观察图形的不同部分或三维模型的不同侧面，可将绘图区域划分为多个视口。

【技能操作】

一、视图

具体操作步骤如下：

视图与视口

序号	操 作	结 果	备 注
1	在【常用】选项卡中单击【视图】选项板中的【三维导航】下拉列表中的指定选项，可切换至相应的视图模式（图9-10）	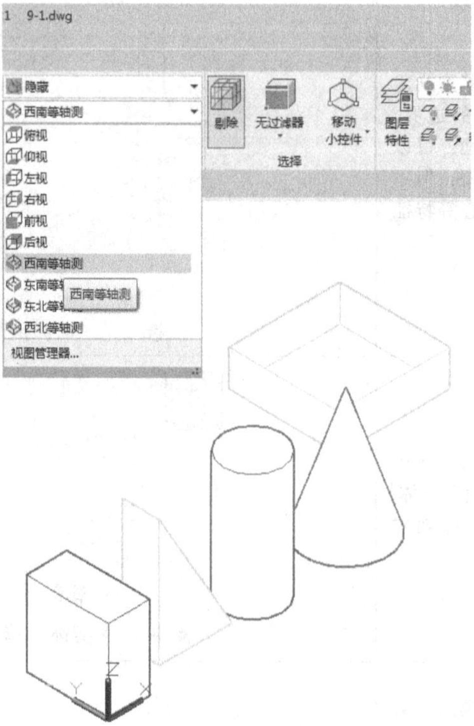 图 9-10 利用选项板工具设置视图	
2	在【视图】菜单中选择【三维视图】子菜单下的指定选项，可切换至相应的视图模式（图9-11）	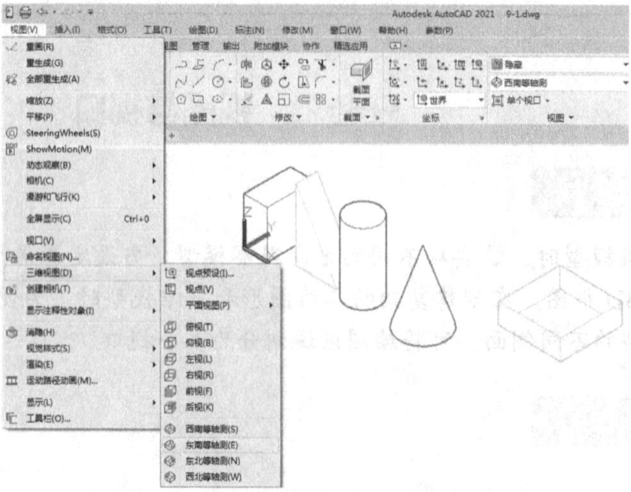 图 9-11 利用菜单栏设置视图	

（续）

序号	操作	结果	备注
3	在【三维建模】空间中，单击【三维导航器】工具可以自由切换6种正交视图、8种等轴测视图和8种斜等轴测视图（图9-12）	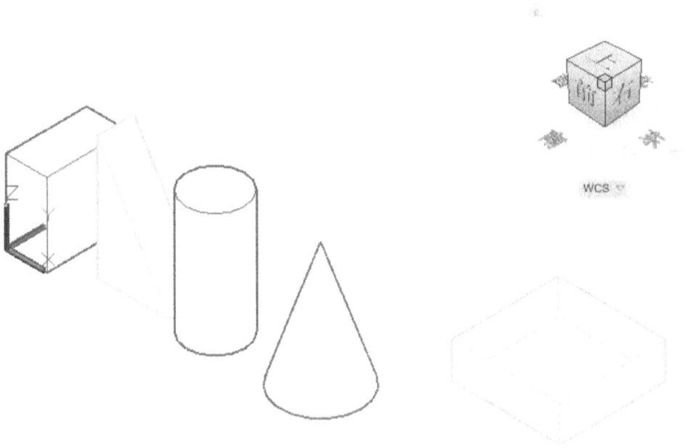 图9-12 利用三维导航器设置视图	

二、视口

1. 创建平铺视口

具体操作步骤如下：

序号	操作	结果	备注
1	在【视图】菜单下单击【视口】菜单中的【新建视口】子菜单（图9-13）	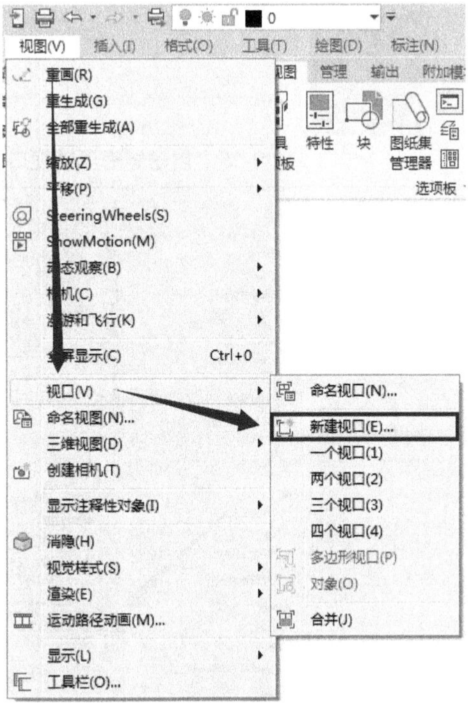 图9-13 创建视口菜单	在模型空间创建的视口是平铺视口，各视口间必须相邻，视口只能是标准的矩形，无法调整视口的边界

（续）

序号	操 作	结 果	备 注
2	在弹出的【视口】对话框中输入视口名称→选择视口布局→单击【确定】按钮，完成视口的创建（图 9-14）	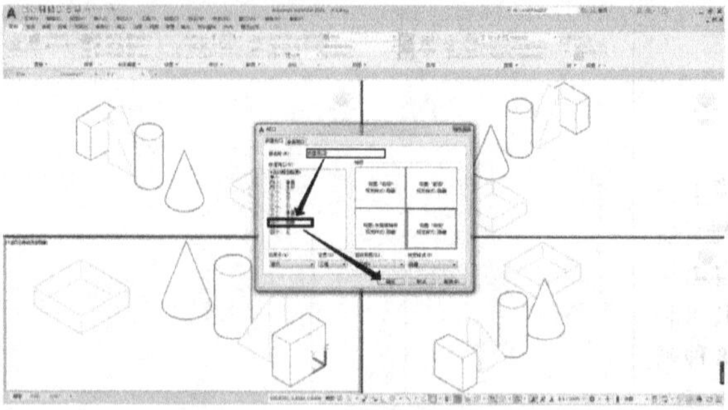 图 9-14　创建平铺视口	

2. 创建动态视口

具体操作步骤如下：

序号	操 作	结 果	备 注
1	切换到布局空间，在【视图】菜单下单击【视口】菜单中的【新建视口】了菜单→选中要创建的视口数量→在布局中指定两个对角点，即可完成矩形浮动视口的创建（图 9-15）	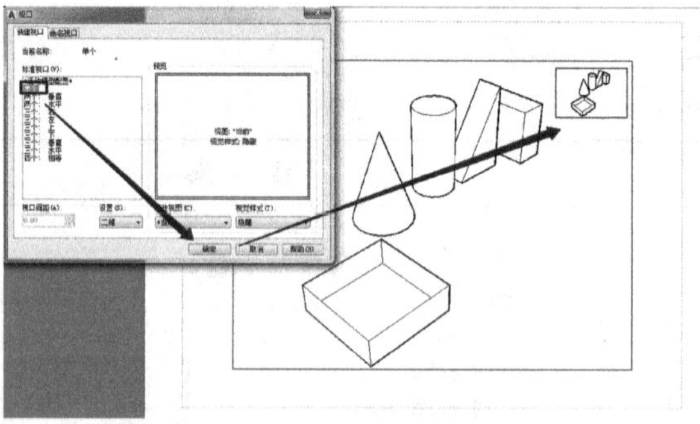 图 9-15　创建矩形浮动视口	在布局空间创建的视口是浮动视口，形状可以是任意的，互相之间可以重叠并能同时打印
2	在【视图】菜单下单击【视口】菜单中的【多边形视口】子菜单（图 9-16）	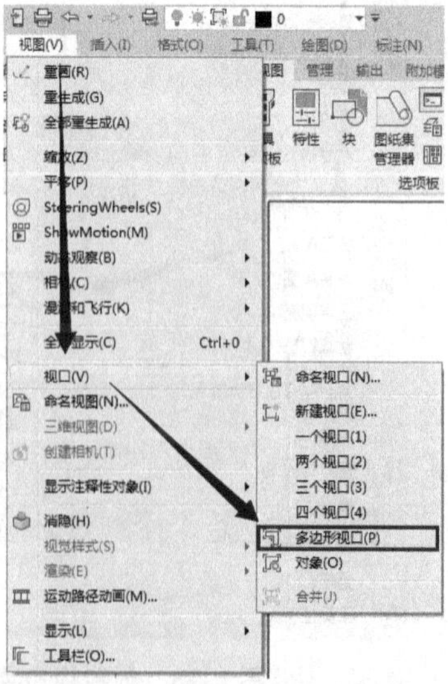 图 9-16　【多边形视口】菜单	

（续）

序号	操　作	结　果	备　注
3	依次指定多个点绘制一个闭合的多边形→按<Space>键，完成多边形浮动视口的创建（图9-17）	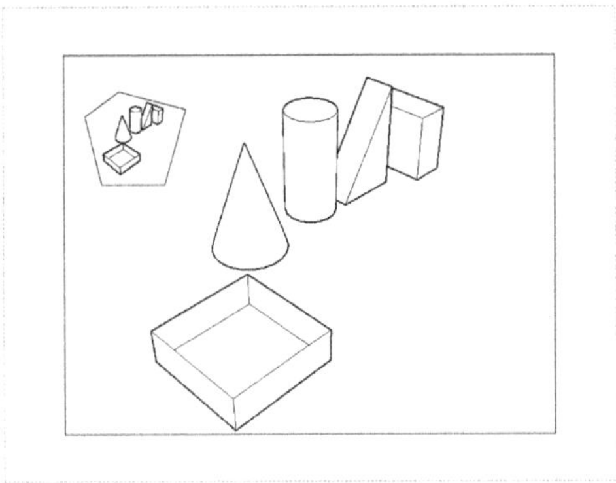 图 9-17　创建多边形浮动视口	
4	在【视图】菜单下单击【视口】菜单中的【对象】子菜单（图9-18）	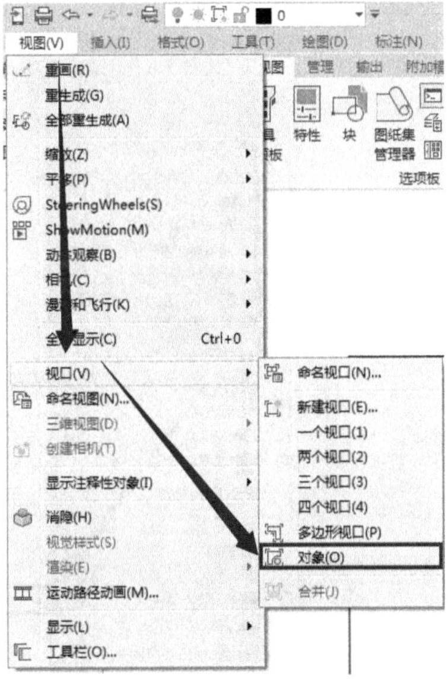 图 9-18　【对象】菜单	
5	在布局窗口选择封闭对象，完成对象浮动视口的创建（图9-19）	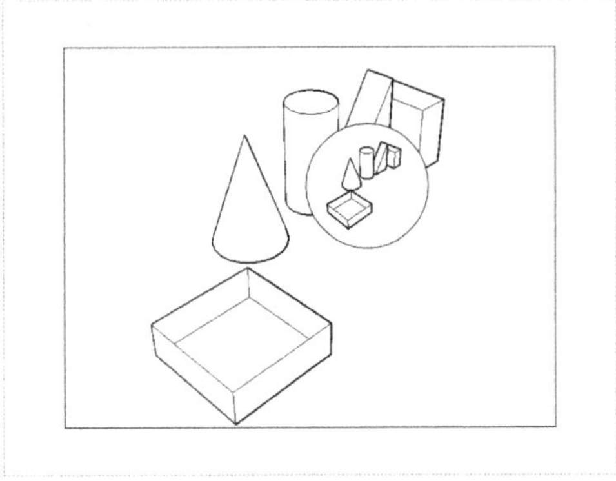 图 9-19　创建对象浮动视口	

3. 调整视口

具体操作步骤如下：

序号	操　作	结　果	备　注
1	单击视口边界线，在视口的外框出现 4 个夹点，拖动夹点到合适的位置，即可调整视口（图 9-20）	 图 9-20　拖动夹点调整浮动视口边界	
2	在【视图】菜单下单击【视口】菜单中的【合并】子菜单（图 9-21）	 图 9-21　【合并】菜单	注意：合并视口只能在模型空间进行
3	依次选取主视口和要合并的视口，系统将以第一次选取的视口占据第二次选取的视口，图 9-22 是图 9-14 进行视口合并后的效果	 图 9-22　合并视口	

任务三　三维坐标系

【基本概念】

三维坐标系

在构造三维模型时，经常需要使用指定的坐标系作为参照，以便精确地绘制或定位某个对象，或通过调整坐标系到不同的方位来完成特定的任务。此外，在 AutoCAD 中，大多数的三维编辑命令依赖于坐标系统的位置和方向进行操作。

【技能操作】

一、定制 UCS

具体操作步骤如下：

序号	操　作	结　果	备　注
1	在【常用】选项卡中单击【坐标】选项板中的【原点】 按钮（图 9-23）	图 9-23　【原点】按钮	
2	输入新的原点坐标（50，50，50）→按 <Space> 键，完成新坐标原点的指定（图 9-24）	图 9-24　指定 UCS 原点	

（续）

序号	操　作	结　果	备　注
3	在【常用】选项卡中单击【坐标】选项板中的【三点】⌊3 按钮（图9-25）	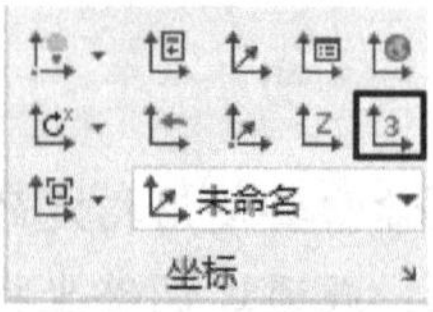 图 9-25 【三点】创建 UCS 按钮	
4	依次输入新原点坐标（20，20，20），在正 X 轴上指定一点，在正 Y 轴上指定一点，完成 UCS 的创建（图9-26） 指定新原点 <0,0,0>: 20,20,20 在正 X 轴范围上指定点 <21.0000,20.0000,20.0000>: 在 UCS XY 平面的正 Y 轴范围上指定点 <20.5441,19.1610,20.0000>:	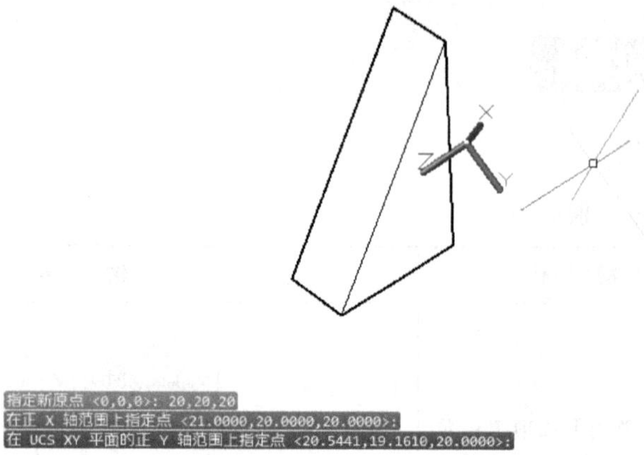 图 9-26　3 点创建 UCS	
5	在【常用】选项卡中单击【坐标】选项板中的【X】⌊X x 或【Y】⌊Y y 或【Z】⌊Z z按钮（图9-27）	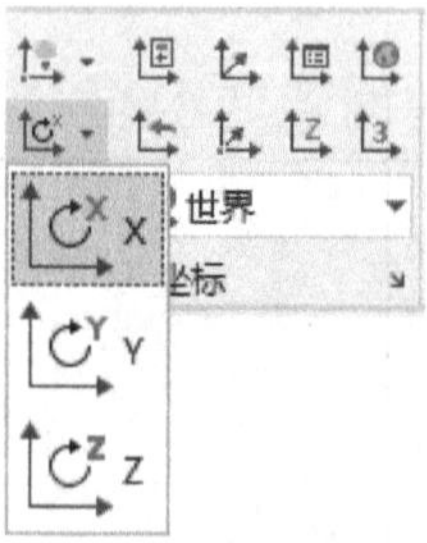 图 9-27　旋转某坐标轴创建 UCS	
6	根据命令栏提示，输入指定绕 X 轴的旋转角度"330"→按 <Space> 键，创建新的 UCS（图9-28） 指定 UCS 的原点或 [面(F)/命名(NA)/对象(OB)/上一个(P)/视图(V)/世界(W)/X/Y/Z/Z轴(ZA)] <世界>: X 指定绕 X 轴的旋转角度 <90>: 330	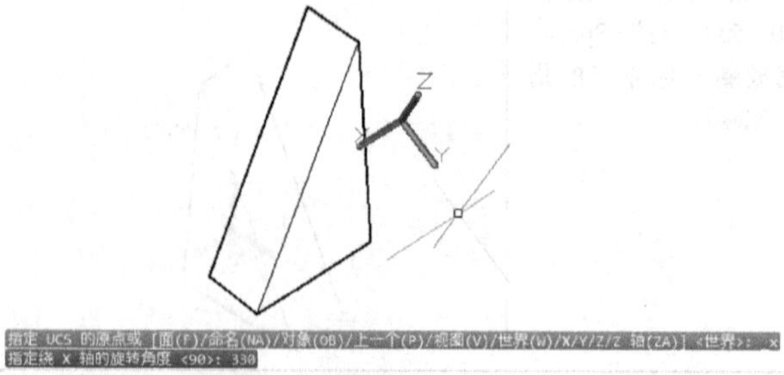 图 9-28　绕 X 轴旋转创建新 UCS	

188

（续）

序号	操 作	结 果	备 注
7	在【常用】选项卡中单击【坐标】选项板中的【上一个】 按钮，可返回上一个 UCS 设置（图 9-29）	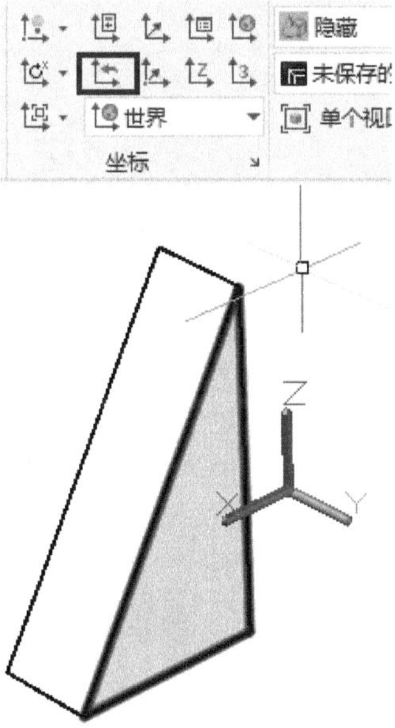 图 9-29 返回上一个 UCS 设置	
8	在【常用】选项卡中单击【坐标】选项板中的【世界】 按钮，可恢复 UCS 设置（图 9-30）	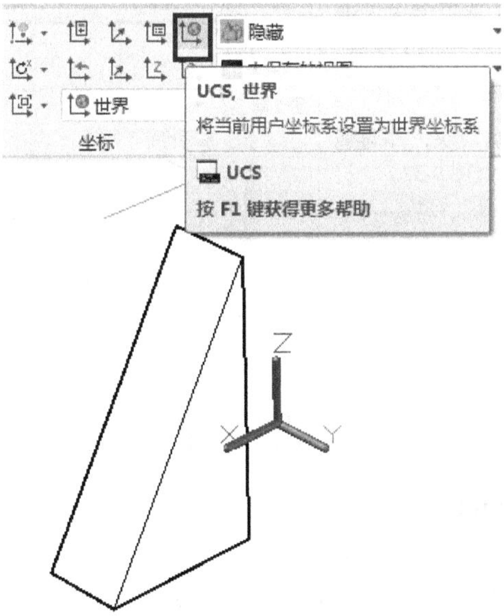 图 9-30 恢复 UCS 设置	

二、设置 UCS

具体操作步骤如下：

序号	操　作	结　　果	备　注
1	在命令栏输入设置 UCS 命令 "UCSICON"→按 <Space> 键→在命令栏输入 "ON"，可将隐藏的 UCS 显示出来；若输入 "OFF"，可将显示的 UCS 隐藏（图 9-31）	图 9-31　显示与隐藏 UCS	
2	在【常用】选项卡中单击【坐标】选项板中的【特性】按钮，弹出【UCS 图标】对话框，拖动滑块，可调整 UCS 图标大小（图 9-32）	图 9-32　调整 UCS 图标大小	

任务四　控制三维视图显示

【基本概念】

为了创建和编辑三维图形中各部分的结构特征，需要不断地调整模型的显示方式和视图位置。控制三维视图的显示可以实现视角、视觉样式和三维模型显示平滑度的改变。

控制三维
视图显示

【技能操作】

管理视觉样式，具体操作步骤如下：

190

序号	操　作	结　果	备　注
1	在【常用】选项卡中单击【视图】选项板→【视觉样式】下拉列表→【二维线框】，显示二维线框视觉样式（图9-33）	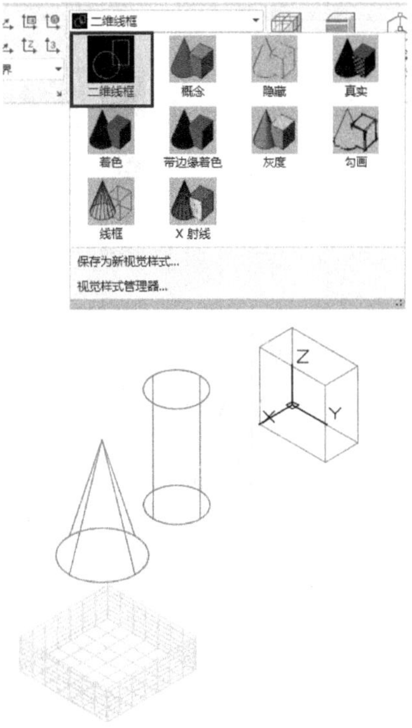 　图 9-33　二维线框视觉样式	
2	在【常用】选项卡中单击【视图】选项板→【视觉样式】下拉列表→【线框】，显示三维线框视觉样式（图9-34）	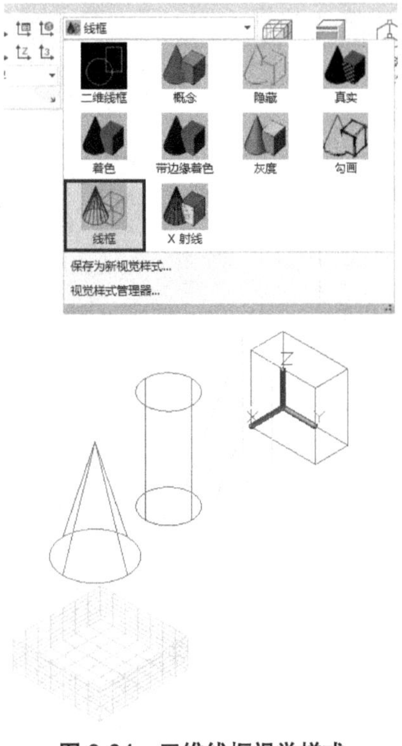 　图 9-34　三维线框视觉样式	从视觉效果看，三维线框视觉样式与二维线框视觉样式相同

（续）

序号	操　　作	结　　果	备　　注
3	在【常用】选项卡中单击【视图】选项板→【视觉样式】下拉列表→【概念】，显示概念视觉样式（图 9-35）	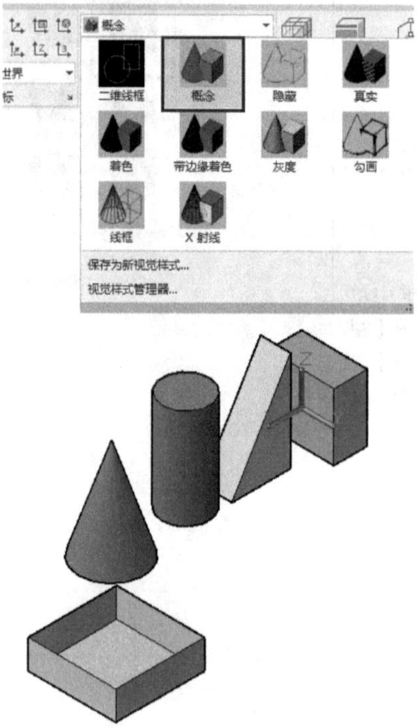 图 9-35　概念视觉样式	
4	在【常用】选项卡中单击【视图】选项板→【视觉样式】下拉列表→【真实】，显示真实视觉样式（图 9-36）	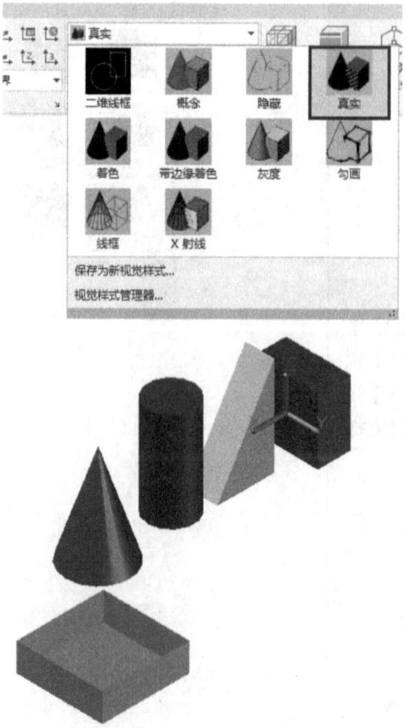 图 9-36　真实视觉样式	

（续）

序号	操　作	结　果	备　注
5	在【常用】选项卡中单击【视图】选项板→【视觉样式】下拉列表→【隐藏】，显示隐藏视觉样式（图 9-37）	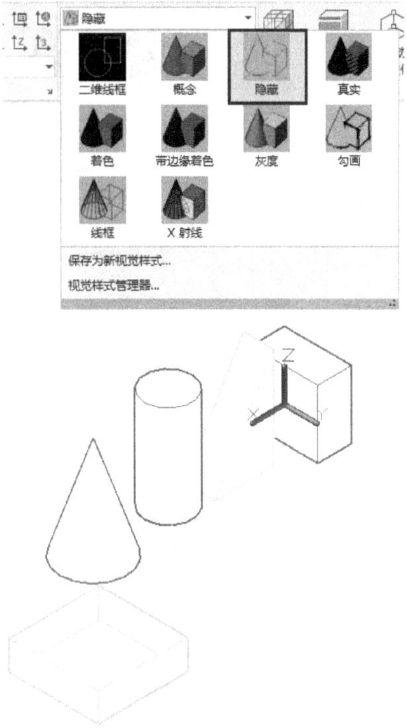 图 9-37　隐藏视觉样式	
6	在【常用】选项卡中单击【视图】选项板→【视觉样式】下拉列表→【着色】，显示着色视觉样式（图 9-38）	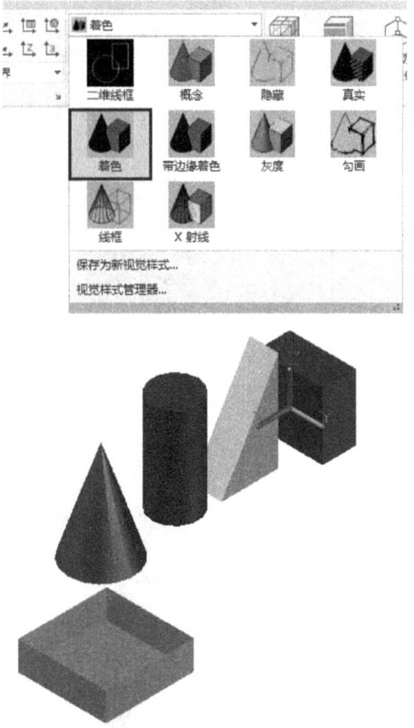 图 9-38　着色视觉样式	

（续）

序号	操　作	结　果	备　注
7	在【常用】选项卡中单击【视图】选项板→【视觉样式】下拉列表→【带边缘着色】，显示带边缘着色视觉样式（图9-39）	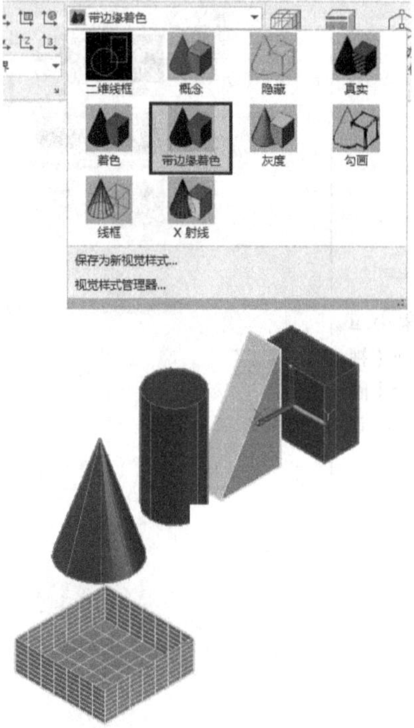 图 9-39　带边缘着色视觉样式	
8	在【常用】选项卡中单击【视图】选项板→【视觉样式】下拉列表→【灰度】，显示灰度视觉样式（图9-40）	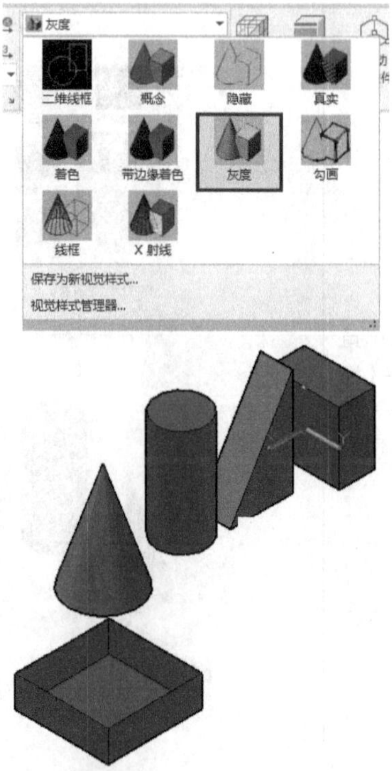 图 9-40　灰度视觉样式	

（续）

序号	操　作	结　果	备　注
9	在【常用】选项卡中单击【视图】选项板→【视觉样式】下拉列表→【勾画】，显示勾画视觉样式（图 9-41）	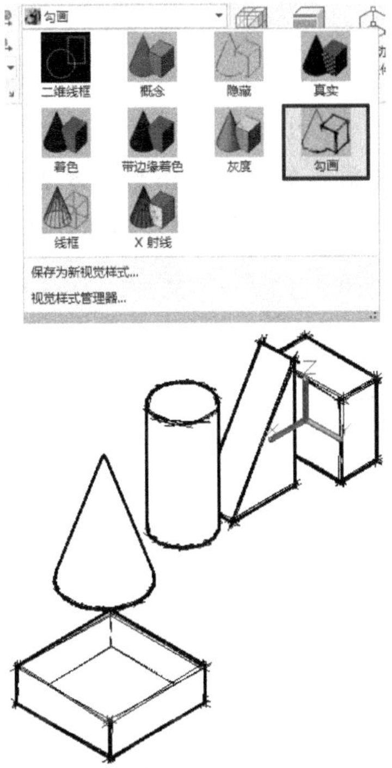 图 9-41　勾画视觉样式	
10	在【常用】选项卡中单击【视图】选项板→【视觉样式】下拉列表→【X射线】，显示 X 射线视觉样式（图 9-42）	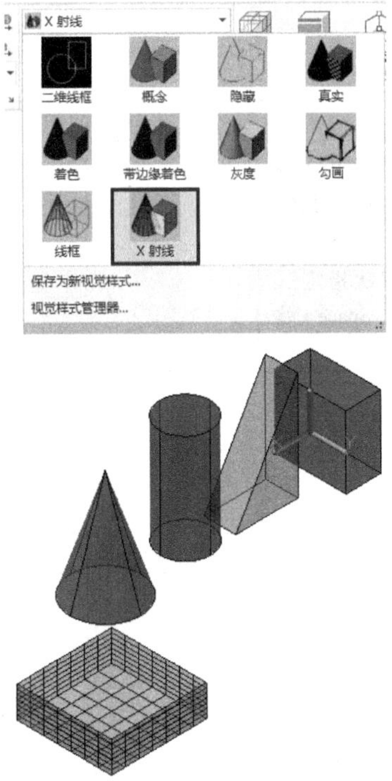 图 9-42　X 射线视觉样式	

任务五　绘制简单三维对象

【基本概念】

在 AutoCAD 2021 中，可以使用点、直线、样条曲线、三维多段线及三维螺旋线等命令绘制简单的三维图形。方法与二维对象的方法类似，只是在确定点的位置时，一般应确定位于三维空间的点的位置。

绘制简单三维对象

【技能操作】

一、绘制三维直线或样条曲线

具体操作步骤如下：

序号	操　作	结　果	备　注
1	在【常用】选项卡中单击【绘图】选项板→【样条曲线】或【直线】按钮，依次指定直线或样条曲线上的点，按 <Space> 键完成绘制（图 9-43）	图 9-43　绘制三维直线或样条曲线	

二、绘制三维多段线

具体操作步骤如下：

序号	操　作	结　果	备　注
1	在【常用】选项卡中单击【绘图】选项板→【多段线】按钮（或在命令栏输入绘制三维多段线命令"3DPOLY"），依次指定三维多段线上的点，按 <Space> 键完成绘制（图 9-44）	图 9-44　绘制三维多段线	三维多段线只有直线段，没有圆弧段

三、绘制三维弹簧

具体操作步骤如下：

序号	操　作	结　果	备　注
1	在【常用】选项卡中单击【绘图】选项板→【螺旋】按钮（或在命令栏输入绘制三维螺旋命令"HELIX"），依次指定螺旋线底面中心点、底面半径、顶面半径和螺旋高度，完成螺旋线的绘制（图 9-45）	图 9-45　绘制三维弹簧	

【例 9-1】 绘制一个底面中心为（0，0），底面半径为 80，顶面半径为 120，高度为 200，顺时针旋转 20 圈的弹簧。

具体操作步骤如下：

序号	操　作	结　果	备　注
1	在【视图】菜单中单击【三维视图】→【东南等轴测】子菜单，切换到三维东南等轴测视图（图 9-46）	 图 9-46　切换到三维东南等轴测视图	
2	在【常用】选项卡中单击【绘图】选项板→【螺旋】按钮→在命令栏输入底面中心点（0，0）→在命令栏输入底面半径"80"→在命令栏输入顶面半径"120"（图 9-47）	 图 9-47　指定弹簧的中心点、底面半径、顶面半径	
3	在命令栏输入"T"→在命令栏输入"20"，确定弹簧圈数→在命令栏输入"W"→在命令栏输入"CW"，设置弹簧的扭曲方向为顺时针（图 9-48）	 图 9-48　指定弹簧的圈数和扭曲方向	
4	在命令栏输入"200"，确定弹簧的高度，完成弹簧的绘制（图 9-49）	 图 9-49　三维弹簧效果图	

项目评价

一、自我评价

1. 此次操作是否顺利？

2. 若不顺利，请列出遇到的问题。

3. 分析出现问题的原因，并提出修正方案。

4. 你认为还需要加强哪些方面的指导？

二、学习任务评价表

考核项目	分　数			学生自评	组长评价	教师评价	小　计
	差	中	好				
团队合作精神	3	6	10				
活动参与是否积极	3	6	10				
认识三维模型	3	6	10				
视图与视口	6	13	20				
三维坐标系	6	13	20				
控制三维视图显示	3	6	10				
绘制简单三维对象	6	13	20				
总分	100						

教师签字：　　　　　　　　　　　　　　　　　　　　年　　月　　日　｜　得分｜

项目小结

　　本项目详细介绍了三维绘图工作界面、用户坐标系的建立、三维视图显示以及简单三维对象的绘制。

复习思考题

　　绘制螺旋线。要求：底面半径为 60，顶面半径为 40，螺旋高度为 100，圈数为 15。

项目十

绘制地形图

【项目概述】

　　通过本项目的学习，了解地形图的基本知识，掌握地形图上各类点、线、面符号的绘制方法。掌握控制点、碎部点展绘，等高线绘制的方法。

【知识与能力图谱】

```
                        绘制线符号
            绘制点符号              绘制面符号

                        绘制地形图

            绘制地形图                控制点、碎
            图廓                     部点展绘
                        绘制等高线
```

【知识目标】

1.掌握地形图点符号、线符号、面符号绘制的方法；

2.掌握控制点、碎部点展绘的方法；

3.掌握等高线绘制的方法，地形图图廓的绘制方法。

【能力目标】

1.能够正确绘制地形图点符号、线符号、面符号、控制点、碎部点；

2.能够正确绘制等高线；

3.能够绘制地形图图廓。

1. 培养工程规范意识；
2. 培养综合分析和解决问题的能力。

【课前引领】

　　我国北斗卫星导航系统科研工作者之一的王淑芳，于1995年毕业于北京航空航天大学，随后参军，参与了两代北斗卫星导航系统的筹备建设。她在北斗卫星导航系统建设中担任设计师和主任设计师，执笔了4项国家级军用标准。2007年，她转业到交通运输部，投身交通信息化建设，推动北斗卫星导航系统的产业化发展。

　　工作上的王淑芳，如同一位冲锋的战士。当初四人一屋的军营宿舍和条件简陋的招待所，她日复一日地研发第一台用户机；呼兰河畔 –40℃的极寒地区，她怀抱着用户机往返测试；转业到交通领域，要熟悉业务，要跑项目现场，要现场调研……

　　她说，美国全球定位系统（GPS）和俄罗斯格洛纳斯系统（GLONASS）同期建设，全球定位系统让全世界离不开它，很大一个原因就是全球定位系统用得好，通过产业链反哺系统建设。所以，王淑芳就选择了推广北斗卫星导航系统这条路。北斗卫星导航系统必须走向民生，为坚守这个方向，她曾放弃职位提升，只为将二代北斗卫星导航系统的第一个示范工程做完。正如她在入党志愿书中写道的：“要为我国卫星导航系统建设，奉献终生！”

任务一　地形图基本知识

【基本概念】

　　地形图表示各种复杂的地物与地貌，通过一定颜色的点、线和各种几何图形等特定的符号系统来表示，这些点、线和各种几何图形被称为地形图符号。地形图符号不仅能精确反映地面上有使用价值的物体的位置、形状、大小、性质和相互关系，而且能精确判定物体的方位并测量它的长度、面积以及高度。地形图符号一般和文字、数字等注记配合使用，用来说明它们的名称、性质和数量，从而清晰准确地表达地形图的内容。

　　地形图要求清晰、准确、完整地显示测区内的地物和地貌，所有的地物、地貌在图上都是用符号表示的。中华人民共和国国家质量监督检验检疫总局、中国国家标准化管理委员会联合发布的《国家基本比例尺地图图式　第1部分：1∶500　1∶1000　1∶2000地形图图式》（GB/T 20257.1—2017）（以下简称《地形图图式》），对地形图上的符号作了统一的规定。由于地物种类繁多，用来表示这些内容的符号也就相应有很多，因此，需要对这些符号进行科学的分类。通常，符号按照比例尺的大小可以分为比例符号、非比例符号和半比例符号。

【技能操作】

一、比例符号

实地面积较大，按比例尺缩小后能够显示在地形图上的地物，将其形状轮廓线按规定的符号描绘在图纸上，这种符号称为比例符号，此类符号的形状、大小和位置表示了地物的实状，即可从图上量测其长度、宽度、面积等，如房屋、公路等。

二、非比例符号

实地面积较小，但有重要意义的地物，如果按比例尺缩小后，描绘到图上仅是一个点或极小图形，无法将其性质、形状、大小等表示清楚，《地形图图式》规定了一些形象的图形符号来表示，这类符号称为非比例符号，如导线点、路标等。这类符号的图形仅表示属何种地物，不表示地物的大小和实形，符号的定位点才是实地地物中心在图上的位置。

非比例符号的定位点在《地形图图式》中有明确规定，见表 10-1。

表 10-1　非比例符号

符号类型	定位点	符号及名称	
规则的几何图形符号	图形的几何中心点		
底部为直角的符号	符号的直角顶点	路标	风车
底宽符号	底线的中点	烟囱	岗亭
几种图形的组合符号	符号下方图形的几何中心点	路灯	粮仓
下方无底线的符号	符号下方两端点连线的中心点	窑洞	山洞

三、半比例符号

地面上一些带状延伸地物，由于其宽度较小，按比例缩小到图上仅是一条线，其长度按比例表示，而宽度不按比例表示，这类符号称为半比例符号，其符号中心线即为实地地物中心线的图上位置。

任务二 绘制地形图点符号

【基本概念】

地形图上点符号的特点是仅在一个定位点上画一个固定的、不依比例尺变化的地物符号，这类符号的形状和尺寸都是固定的。点符号可以分为两种类型，第一类是只有符号，如窑洞等；第二类是符号旁边带有注记的独立地物符号，如控制点、三角点等。第二类点符号的创建方式参见"项目八 任务三 图块的属性"。

创建点符号，就是在 AutoCAD 中画出独立的地物符号，然后利用项目八所学的创建图块的方法，将点符号用图块保存命令将其保存为一个独立的图形文件。

【技能操作】

绘制地形图点符号

一、绘制点符号

以绘制窑洞为例，具体操作步骤如下：

序号	操　　作	结　　果	备　注
1	启动 AutoCAD 2021。在绘图区域合适位置画一个半径为1mm的圆，然后分别以圆的左右两个象限点和圆心为起点画三条长度为1.6mm的垂线，再进行修剪（图10-1）	图 10-1　窑洞的绘制	
2	在命令行中输入命令"WBLOCK"→按 <Space> 键确认→弹出【写块】对话框，在【写块】对话框中的【源】区域选择【对象】→在【基点】区域单击【拾取点】，用鼠标在绘图区域单击中间竖线下端点为基点，然后在【对象】区域单击【选择对象】，用光标在绘图区域框选全部图形对象，按 <Space> 键确认，在【目标】区域中选择目标存储路径并输入文件名为"窑洞"，单击【确定】按钮，即创建了一个名为"窑洞 .dwg"的点符号（图10-2）	图 10-2　创建窑洞的点符号	

二、绘制带注记的点符号

以绘制导线点为例，具体操作步骤如下：

序号	操　作	结　果	备　注
1	启动 AutoCAD 2021。在绘图区域合适位置绘制一个直径为 2mm 的圆，然后在圆的中心点绘制一个点，再从圆心沿四个象限点绘制长为 1.2mm 的水平直线，再在正方形的右边绘制一条长为 12mm 的水平直线，再进行修剪（图 10-3）	图 10-3　导线点的绘制	
2	参照"项目八　任务三　图块的属性"定义一个带属性的图块，然后将其创建成导线点外部图块，基点为圆心，对象为所有图形对象，即创建了一个带注记的点符号图块（图 10-4）	图 10-4　创建导线点的点符号	

203

任务三　绘制地形图线符号

【基本概念】

在地形图中，线型符号表示的地形地物有很多，比如道路有铁路、公路、乡村路、小路等，管线包括地上、地下和架空的各种管道、电力线和通信线等，水系包括河流、小溪、沟渠以及附属的工程建筑物（桥梁、输水槽、拦水坝）等，这些特殊的地形地物在 AutoCAD 中并没有专用的线型，我们可以由 AutoCAD 提供的线型自定义功能，轻松实现地形图线型符号的绘制。

【技能操作】

一、调用线型文件

线型文件是以".lin"为后缀名的文本文件，它可用 Windows 的记事本等 ASCII 文本编辑软件来查看和编辑。将线型文件编辑好后最好保存在 AutoCAD 安装目录下的 Support 子目录中，这样就可以进入 AutoCAD 程序的默认调用路径中。在线型文件中，可插入任何说明，只需在行首加上"；；"。在 AutoCAD 中要调用自定义的线型，只需在线型调用对话框中，将待输入的线型文件名通过浏览路径，选择并确认自定义的 .lin 文件即可。

二、定制线型文件

1. 简单线型文件定制

这类线型是由重复使用的虚线、空格、点组成的，如：

```
*县界（宽 .2），-.-.-.-.-.-.-
A, 2.0, -1.0, 0, -1.0
```

第一行中的"*"为标示符，表示一种线型定义的开始；"县界"为线型名；"宽 .2"用以提示线宽为 0.2mm。这个功能就放在线型选择条的旁边，通过它可以方便地设定所绘线的宽度，所以在线型名中设置宽度提示很有意义。AutoCAD 新增的线宽设置功能，在默认状态下只用于打印输出，如要在绘制时显示出来，则需进入"Format"菜单，对"Lineweight"进行设置，并选择"Display Lineweight"。同时还有一个"Adjust Display Scale"设置项，即调节线宽显示的粗细倍数，这一设置，使得对于线宽的设置，仅在打印输出时是精确的，而在屏幕显示时是示意性的，使带宽度的线条有更好的屏幕显示效果。

线型名之后是用字符对线型形状的粗略图示描绘，表示县界线是点画线的形状（描绘是示意性的，不对实际线型的形状产生影响）。

第二行必须以"A"开头，表示对齐类型；正数"2.0"表示绘 2 个单位的短画线；负数"-1.0"表示一个单位的空格；数字"0"表示点。

2. 定义带形（Shape）定义的线型

在简单线型的定义中，插入形单元，则组成带形定义的线型。如高压线线型定义为：

```
*高压线, ----< -.- >---
A, 0.001, [CIRCLE, map.shx, s=0.4], -0.4, 1.8,
[ARROW, map.shx, s=1], 11.0,
[ARROW, map.shx, s=1.0, R=180], 1.8
```

第二行至第四行本为一行，是为了书写方便才作换行处理的。

高压线的具体定义：第二行"A"后的数字"0.001"，是为了在绘图过程中将绘图笔移至开始处。接着绘一个半径为 0.4 的圆形单元。绘过圆形后，数字"–0.4"的作用是留一个 0.4 绘图单位的空格，使笔触移过圆形，后面的绘制过程不在圆形上重叠。接着绘 1.8 个单位的短线，再绘一个箭头形单元。箭头后面是 11 个单位长的短线，然后是一个转向 180° 的箭头和 1.8 个单位的短线。

方括号内为形定义部分，两个形单元引用了三次，"CIRCLE"为一个单位圆形，"ARROW"为箭头，两个形单元均放在名为"map.shx"的形文件中。

"[ARROW, map.shx, s=1.0, R=180]"的含义是这样的："ARROW"为形名（Shape name），指箭头；"map.shx"为存放 ARROW 的型文件名（Shape file name），放在 AutoCAD 的执行路径中；"s"即 scale factor（比例缩放因子），"s=1.0"就是将 ARROW 保持形定义中的大小；"R"即 Rotation angle（旋转角度），"R=180"就是在插入 ARROW 时转向 180°。形单元的完整定义如下：

```
[Shape_name, Shape_file_name, S=scale_factor,
R=rotation_angle, X=x_offset, Y=y_offset]
```

"x_offset"和"y_offset"是形插入点在 X 和 Y 方向上的偏移量，在定义地图线型时一般默认不用，按 0 处理。此外"R"的默认值为 0，"S"为 1，只有"Shape_name"和"Shape_file_name"是不能默认的。

3. 定义带文本字符串的线型

在简单的线型中插入文本字符串，就构成了带文本字符串的线型。这种方式在地形图的处理中用得不多。下面的例子比较典型地体现了其定义方法，"S""R""X""Y"的意义和上文中对形单元的引用相同。在 AutoCAD 2021 中，文本字符串可以使用中文，但在使用线型之前必须在所绘的图形中定义好所使用的中文字体。

```
*分界线, ---- 分界线 ---- 分界线 ----
A, 20, -.5, ["分界线", 中等线体, S=1, R=0.0, X=0, Y=-.5], -5
```

任务四　绘制地形图面符号

【基本概念】

在地形图的绘制中，除了点状和线型地形地物之外，还有区域地形，即面状图形的绘制，如耕地、草地、龟裂地等。在《地形图图式》中，面状图形的地物符号主要有两类：一类是地貌和土质，地貌是指地球表面起伏的形态，土质是指地面表层覆盖物的类别和性质；另一类是植被，是指覆盖在地表上的各种植物的总称。这两类面状地物符号是由范围界限和点符号或线符号组合而成的，在地形图上多用图案填充来进行绘制，填充符号不表示地物的实际位置，也不表示地物的实际大小。

绘制地形图面
符号

【技能操作】

一、定制图案填充文件

同线型一样，AutoCAD 中的填充图案也是以图案文件（也称为图案库）的形式保存的，其类型是以".pat"为扩展名的 ASCII 文件。可以在 AutoCAD 中加载已有的图案文件，并从中选择所需的填充图案；也可以自行修改图案文件或创建一个新的图案文件。具体方法可参照线型文件的定制。

二、图案填充的方法

以水田为例，介绍图案填充的具体方法，操作步骤如下：

序号	操作	结果	备注
1	启动 AutoCAD 2021。利用直线命令绘制水田的符号，两斜线长为 1mm，与垂直方向夹角 30°，垂直线长 2.5mm，以"水田"文件名保存为图块（图 10-5）	 图 10-5　水田符号的绘制	
2	按照《地形图图式》规定的符号间距绘制出方格网，并将其用"方格网"文件名保存为图块（图 10-6）	 图 10-6　方格网的绘制	
3	新建"方格网"图层并置为当前，将文件名为"方格网"的图块无缝拼接插入地形图图案填充区域。在地形图图案填充区域中方格网的交点上依次插入水田地图块（图 10-7）	 图 10-7　插入水田地图块	

任务五　控制点、碎部点展绘方法

【技能操作】

一、控制点展绘方法

控制点是指在进行测量作业之前，在要进行测量的区域范围内，布设一系列的点来完成对整个区域的测量作业。地形图是以地面控制点为基础测量出控制点至周围各地形特征点的距离、角度、高差以及测点与测点之间的相互位置关系等数据，并按一定的比例将这些测点缩绘到图纸上，绘制成图。因此展绘控制点是至关重要的一个步骤，具体操作步骤如下：

序号	操　作	结　果	备　注
1	在 AutoCAD 2021 图形文件中，通过设置点样式，选择一个简单、容易准确定位的点样式，其大小可根据实际情况在【点样式】对话框中的【点大小】处进行设置（图10-8）	 图 10-8　设置点样式	
2	在 AutoCAD 2021 图形文件中，可通过绘制点或多点两种方法展绘控制点（图10-9）。通过插入图块的方式将控制点图块分别准确地展绘到上一步骤中所展绘的控制点上	 图 10-9　多点展绘控制点	

二、碎部点展绘方法

碎部点展绘方法与控制点展绘方法相同。但是因为碎部点数量很大，文件也较多，所以绘图之前应先整理好数据，分类存放各类数据，有利于快速、准确地展绘碎部点。

任务六　绘制等高线

【基本概念】

等高线指的是地面上高程相等的各点所连成的闭合曲线。把地面上海拔高度相同的点连成的闭合曲线垂直投影到一个标准面上，并按比例缩小画在图纸上，就得到等高线。等高线也可以看作是不同海拔高度的水平面与实际地面的交线，所以等高线是闭合曲线。在等高线上标注的数字为该等高线的海拔高度。

【技能操作】

绘制等高线

内插高程点就是在相邻高程点和连线上，用内插法找出相同的高程点，具体操作步骤如下：

序号	操　作	结　果	备　注
1	先设置好点样式，再用直线把两高程点连接起来，如用直线连接点 D1 和高程为 798.2 的点；把直线定数等分为 17 份，然后从点 D1 的高程开始计算，保留整数位的点符号，删除小数位的点符号（图 10-10）	 图 10-10　内插高程点	
2	把"等高线"层置为当前。使用"样条曲线"命令，把高程相同的点用光滑曲线进行连接。对照实际地貌，对等高线进行局部调整（图 10-11）	 图 10-11　连接等高线	

（续）

序号	操　作	结　果	备　注
3	在连接的等高线中，按照实际情况和数字书写习惯，每隔四条等高线加粗一条，这条加粗的等高线称为计曲线。在计曲线适当的位置，使用"BREAK"命令将其打断，在被打断的空白位置标注上高程，数字与等高线不能重叠（图10-12）	图10-12　注记高程值	

任务七　绘制地形图图廓

【基本概念】

　　为了不重复、不遗漏地测绘地形图，也为了能科学地管理、使用大量的各种比例尺地形图，必须将不同比例尺的地形图，按照规范的规定进行分幅和编号，并添加图廓。

　　分幅、编号，就是以经纬线按规定的大小和分法，将地面划分成整齐的、大小一致的、一系列正方形（或是矩形或是梯形）的图块，每一个图块叫作一个图幅。

　　添加图廓，即为图幅添加图框。图廓是图幅四周的范围线，它是按统一的坐标格网线整齐行列分幅的，见表10-2。

表10-2　几种大比例尺图的图幅大小

比例尺	正方形分幅		矩形分幅	
	图幅大小/cm²	实地面积/km²	图幅大小/cm²	实地面积/km²
1∶5000	40×40 或 50×50	4 或 6.25	50×40	5
1∶2000	50×50	1	50×40	0.8
1∶1000	50×50	0.25	50×40	0.2

　　由于同一测区所使用的图框除图名不同外，其他都是完全相同的。因此，可将图框按图式要求绘制好图块后保存，使用时直接插入图中。

　　地形图图廓包括内外图廓线、坐标格网线、图廓文字与坐标注记等，如图10-13所示。

209

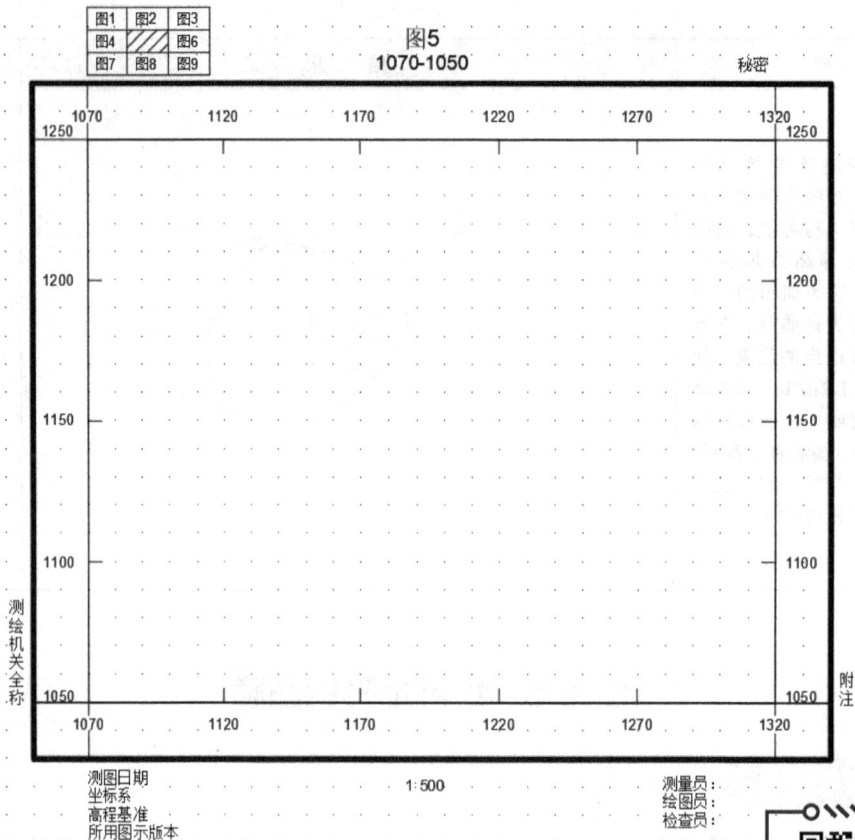

图1 图2 图3
图4 图6
图7 图8 图9

图5
1070-1050

秘密

测绘机关全称

附注

测图日期
坐标系
高程基准
所用图示版本

1:500

测量员：
绘图员：
检查员：

图 10-13　地形图图廓

绘制地形图图廓

【技能操作】

绘制地形图图廓具体操作步骤如下：

序号	操　作	结　果	备　注
1	在 AutoCAD 2021 中创建新图形文件，打开【图层特性管理器】对话框，分别建立图框层和文字注记层，设置线型、颜色和文字高度以及图形界限，左下角点坐标为（1000，1000），右上角点坐标为（1400，1300）(图 10-14）	 图 10-14　设置绘图环境	

210

（续）

序号	操　作	结　　果	备　注
2	利用"RECTANG"命令绘制内图廓，线宽为0.2mm，左下角点坐标为（1070，1050），指定另一个角点坐标为（1320，1250）；同样的方法，绘制线宽为0.5mm的外图廓，左下角点坐标为（1050，1030），指定另一个角点坐标为（1340，1270）；将内图廓线分别延伸至外图廓线，并在内图廓线上定数等分边线，在等分点上正交绘制长度为5mm的直线；将文字注记层置为当前，注记方格网的坐标数据（图10-15）	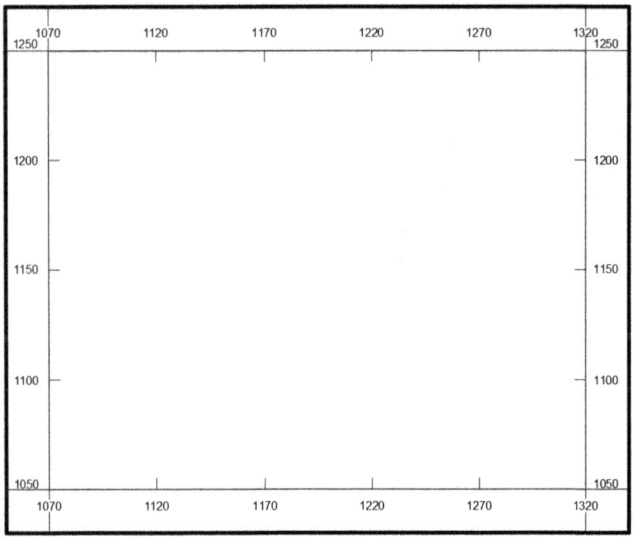 图 10-15　绘制内外图廓线及坐标网线	
3	接图表为长45mm、宽24mm的矩形，绘制在外图廓线左上方，接图表的左边线与内图廓的左边线对齐，下边线与外图廓线平行且相距3mm。接图表等分为三行三列的表格，最中间的一格即为本图幅的位置，常用斜阴影线进行图案填充表示（图10-16）	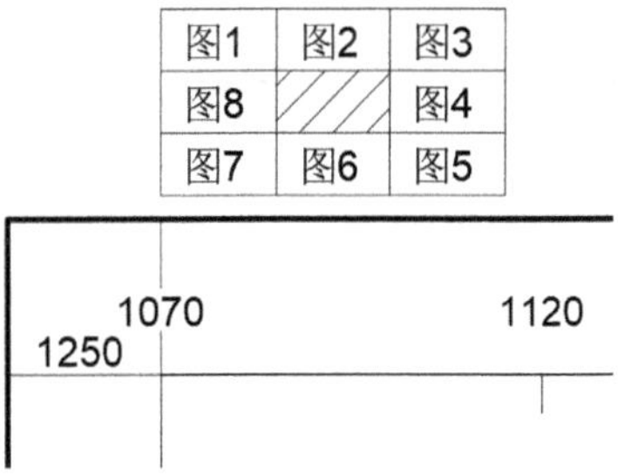 图 10-16　绘制接图表	
4	地形图的正上方标有地形图的图名和图号，图名高度为6mm；图名的下面标有本幅图纸的图号，高度为5mm。图名与图号之间间隔3mm，图号与外图廓线距离为5mm；右上方标明秘密等级，字高4mm；地形图的左侧为"测绘机关全称"，右侧为"附注"，均为中等线体，文字高度均为4mm，距离外图廓线均为3mm。"测绘机关全称"和"附注"的注记要控制在底端与下		

（续）

序号	操　作	结　果	备　注
4	内廓线对齐。地形图左下角是"测图日期""坐标系""高程基准""所用图示版本"等信息。每个信息一行，每一行文字标注左端均与内图廓线对齐，细等线体，文字高度均为3mm，行间距均为1mm，第一行与外图廓线相距3mm。地形图正下方是比例尺，比例尺与外图廓线相距9mm，细等线体，文字高度4mm。地形图右下方是绘图人员信息，包括"测量员""绘图员""检查员"等信息，信息右侧与右内图廓线保持一定距离，行间距为2mm，文字高度为3mm，第一行与外图廓线相距5mm（图10-17）	图10-17　绘制地形图图廓	

项目评价

一、自我评价

1. 此次操作是否顺利？

2. 若不顺利，请列出遇到的问题。

3. 分析出现问题的原因，并提出修正方案。

4. 你认为还需要加强哪些方面的指导？

二、学习任务评价表

考核项目	分　数			学生自评	组长评价	教师评价	小　计
	差	中	好				
团队合作精神	6	13	20				
活动参与是否积极	6	13	20				
地形图点符号绘制	3	6	10				
地形图线符号绘制	3	6	10				
地形图面符号绘制	3	6	10				
控制点、碎部点展绘方法	3	6	10				

（续）

考核项目	分　数			学生自评	组长评价	教师评价	小　计
	差	中	好				
等高线绘制	3	6	10				
地形图图廓绘制	3	6	10				
总分	100						
教师签字：				年　　月　　日		得分	

项 目 小 结

　　本项目详细介绍了地形图中点符号、线符号和面符号的绘制方法，也介绍了控制点和碎部点的展绘方法以及等高线和图廓的绘制。通过本项目的学习，要求读者能够快速地利用相关方法绘制简单的地形图。

复习思考题

1. 请按照图 10-18 所示，绘制出果园点符号并保存为图块。

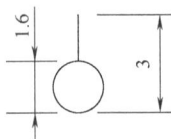

图 10-18　果园点符号

2. 请将表 10-3 所给出的控制点坐标展绘到图上。

表 10-3　控制点坐标

点名	X 坐标	Y 坐标	高程	点名	X 坐标	Y 坐标	高程
D1	499.99	277.10	1847.9	D5	570.26	455.45	1844.1
D2	294.89	372.91	1842.6	D6	629.13	167.06	1845.1
D3	463.91	223.03	1843.2	D7	782.96	365.32	1843.8
D4	429.69	160.33	1840.9	D8	818.09	105.40	1841.7

3. 请把第 2 题所展绘的控制点用内插法绘出等高线，等高距为 0.5m。

项目十一

绘制不动产地籍图

【项目概述】

　　不动产地籍图绘制是测量工作的重要内容。随着计算机、互联网的发展，绘制工具也越来越多，无论从精度还是作图的速度上都得到了显著的提高。通过本项目的学习，应了解地籍图和房产图的基本知识，掌握各类地籍图的绘制方法、面积量算的操作技巧、各类地籍表格的绘制方法，并能绘制各类房产图。

【知识与能力图谱】

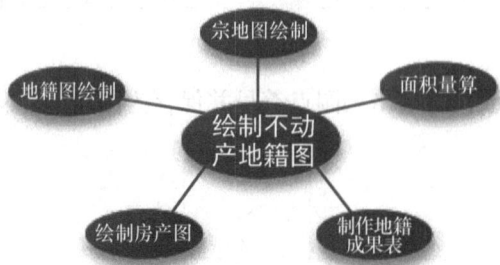

【知识目标】

　　1. 掌握地籍图的绘制，面积量算的方法；
　　2. 掌握各类地籍表格的绘制方法；
　　3. 掌握房产分幅图、分丘图、分层分户图的绘制方法。

【能力目标】

　　1. 能够正确绘制地籍图，并正确完成地籍面积量算；
　　2. 能够绘制各类地籍表格；
　　3. 能够绘制房产分幅图、分丘图、分层分户图。

【素质目标】

1. 培养精益求精的工程意识；
2. 培养认真细致的工作态度。

【课前引领】

王明孝，陆军研究院科技创新研究中心某研究室高级工程师。入伍数十年来，他带领测绘导航创新团队成员长年奋战在高原高寒、沙漠戈壁科研生产一线，完成了青藏铁路数字化建设等数十项国家和军队重大测绘导航和大数据工程的科研生产任务。谈起自己的调研课题，王明孝说："对于装备而言，这意味着设备维护的透明性大大增加，全寿命周期管理将成为可能；对于训练来说，建设数字化的虚拟训练场，可助力实战化训练水平大幅提升。"

任务一 地籍图和房产图基本知识

【基本概念】

地籍是指由国家监管的、以土地权属为核心、以地块为基础的土地及其附着物的权属、位置、数量、质量和利用现状等土地基本信息的集合，并用数据、表册、文字和图等各种形式表示。

房屋是人们生产和生活的场所，房屋和房屋用地是人们生产和生活的基本物质要素，这一要素信息的采集和表述，必须通过房产测量工作，得到房产测绘成果。准确且完整的房产测绘成果是审查并确认房屋产权、产籍，保障产权人合法权益的重要依据，也是发展房地产业，进行城市建设和管理必不可少的基础资料。

地籍图和房产图表述的主要内容包括：不动产的权属、位置、形状、数量等有关信息，为不动产权管理、城市规划、市政建设与管理、税收等多种用途提供定位和定性的基础资料。

【理论学习】

一、地籍图基本知识

1. 地籍图概述

地籍图（图 11-1）是指按照特定的投影方法、比例关系和专用符号，把地籍要素及其有关的地物、地貌测绘在平面图纸上，是地籍管理的基础资料之一。地籍图应准确完整地表示基本地籍要素，保证图面简明、清晰，便于用户根据图上的基本要素去增补新的内容，加工成用户所需专题地图，专门用于说明土地及其附着物的权属、位置、质量、数量和现状，是国家土地管理的基础性资料，具有法律效力。地籍图还是土地登记、发证和收取土地税的重要依据，与地形图一样，有固定的图幅大小和确定的比例尺。我国地籍图比例尺按照城镇地区、农村居民地等用地特性规定不同的比例尺。

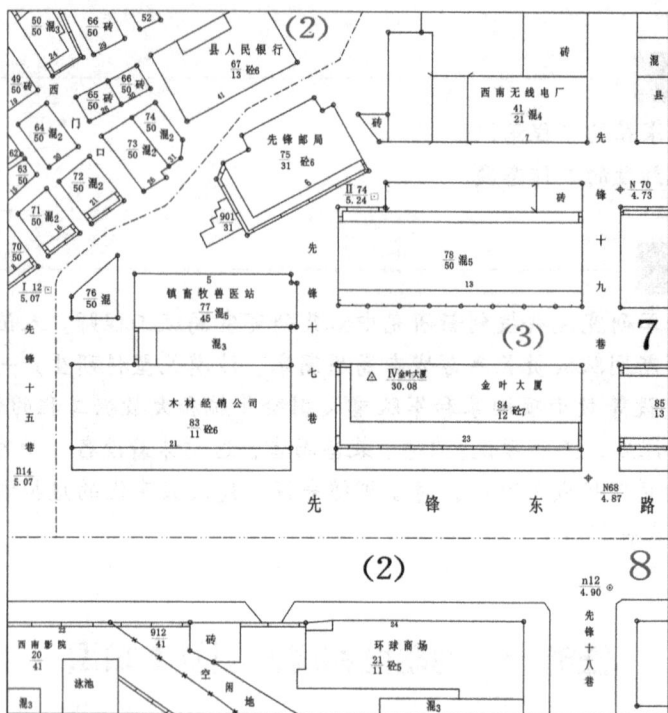

图 11-1　地籍图样图

2. 地籍图的内容

地籍图的主要内容有：

（1）地籍要素，在地籍图上应表示的地籍要素包括行政界线、界址点、界址线、地类号、地籍号、坐落、土地使用者或所有者及土地等级等。

（2）数学要素，在地籍图上应表示的数学要素包括大地坐标系、内外图廓线、坐标格网线及坐标注记、控制点点位及其注记、地籍图比例尺、地籍图分幅索引图、本幅地籍图分幅编号、图名及图幅整饰等内容。

（3）地物要素，在地籍图上应表示的地物要素包括建筑物、道路、水系、地貌、土壤植被、注记等。

3. 地籍图的分类

地籍图按所表示的内容，可分为基本地籍图和专题地籍图；按地籍图的测量方法，可分为模拟地籍图和数字地籍图；按城乡地域的差别，可分为城镇地籍图和农村地籍图；按地籍图的用途，可分为产权地籍图、税收地籍图和多用途地籍图。为了满足土地登记和土地权属管理的需要，目前我国城镇地籍调查需测绘的地籍图为：

（1）宗地草图，它是描述宗地位置、界址点、界址线和相邻宗地关系的实地记录。在地籍调查的同时进行实地测绘，是处理土地权属的原始资料。

（2）基本地籍图，它是土地管理的专题图。它首先要反映行政界线、地籍街坊界线、界址点、界址线、地类号、地籍号、面积、坐落、土地使用者或所有者及土地等级等地籍要素；其次要反映与地籍有密切关系的地物及文字注记，一般不反映地形要素。基本地籍图是根据规范、规程的规定实施地籍测量的成果，是制作宗地图的基础图件，一般按矩形或正方形分幅，又称为分幅地籍图。

（3）宗地图，它是描述宗地位置、界址点、界址线和相邻宗地关系的实地记录，以宗地为单位绘制的地籍图，是土地证书及宗地档案的附图。宗地图按照宗地的大小确定其比例尺，且宗地图和基本地籍图上的内容必须统一。

4. 地籍图比例尺

我国地籍图的比例尺一般规定为：城镇地区（指大、中、小城市及建制镇以上地区）地籍图比例尺可选用 1：500、1：1000、1：2000，其基本比例尺为 1：1000；农村地区（或称宅基地）地籍图的比例尺可选用 1：5000、1：10000、1：25000 或 1：50000。地籍图的幅面通常采用 50cm×50cm 或 50cm×40cm 进行分幅，图幅编号按图廓西南角坐标公里数编号，X 坐标在前，Y 坐标在后，中间用短横线连接。

二、房产图基本知识

1. 房产图概述

房产测量最重要的成果就是房产图。房产图是房产产权、产籍管理的基本资料，是房产管理的图件依据。根据房产管理工作的需要，房产图可分为房产分幅图、房产分丘图和房产分层分户图。

房产图是一套与城镇实地房屋相符的总平面图，利用它可以全面掌握房屋建筑状况、房产产权状况及土地使用情况。同时，利用房产图，可以逐幢逐处地清理房产产权、计算和统计房产面积，作为房产产权登记和转移变更登记的依据。房产图与房产产权档案、房产卡片、房产簿册构成房产产籍的完整内容，是房产产权管理的依据和手段。

2. 房产分幅图

房产分幅图是全面反映房屋及其用地的位置和权属等状况的基本图，是测量分丘图和房产分层分户图的基础资料。房产分幅图的绘制范围包括城市、县城、建制镇的建成区和建成区以外的工矿企事业单位及毗连居民点。房产分幅图采用 50cm×50cm 正方形分幅。建筑物密集地区的分幅图一般采用 1：500 比例尺，其他区域的分幅图可以采用 1：1000 的比例尺。房产分幅图中应包括控制点、行政境界、丘界、房屋、附属设施和房屋围护物以及与房产有关的地籍要素和注记。

3. 房产分丘图

房产分丘图是房产分幅图的局部明细图，也是绘制房屋产权证附图的基本图，是根据核发房屋所有权证和土地使用权证的需要，以门牌、户院、产别及其所占用土地的范围，分丘绘制而成的。每丘为单独一张，它是作为权属依据的产权图，经登记后，便具有法律效力。因此，房产分丘图必须具有较高的绘制精度。

房产分丘图的比例尺可以根据每丘面积的大小在 1：1000 至 1：100 之间选用，一般尽可能采用与分幅图相同的比例尺。分丘图的坐标系统与分幅图的坐标系统应一致。房产分丘图反映本丘内所有的房屋权界线、界址点点号、使用范围、挑廊、阳台、建成年份、用地面积、建筑面积、墙体归属和"四至"关系等各项房产要素，以丘为单位绘制。房产分丘图上，应分别注明所有的周邻产权所有单位（或人）的名称，房产分丘图上各种注记的字头应朝北或朝西。

4. 房产分层分户图

房产分层分户图是在房产分丘图的基础上绘制的细部图，以一户产权人为单位，表示房屋的权属范围,以明确异产毗连房屋的权利界线,作为房屋产权证的附图。房产分层分户图表示的主要内容包括房屋权界线、四面墙体的归属、楼梯与走道等部位、门牌号、所在层次、户号、室号、房屋建筑面积和房屋边长等。房产分层分户图的比例尺一般为1:200,当一户房屋的面积过大或过小时,比例尺可适当放大或缩小。房产分层分户图的方位应使房屋的主要边线与图框边线平行,按房屋的方向横放或竖放,并在适当位置加绘指北方向符号。房产分层分户图上房屋的丘号、幢号应与分丘图上的编号一致。

任务二 绘制地籍图

【基本概念】

绘制地籍图

地籍图的绘制通常采用分层绘制的方法,不同的图层可用不同的颜色加以区分。在绘制图形时,需要把某个图层先设置为当前图层,之后绘制的图形就都会在该图层上。当一个图层绘制完成后,可将该图层设置为锁定状态,防止误编辑操作对已绘成果造成影响。

绘制地籍图时,一般尽量使用多段线命令进行绘制,有利于以后的图形编辑、图形接边及宗地图的面积查询。对于分开绘制的图形,可以利用编辑多段线命令合并成一个整体。

地籍图的绘制大致可分为以下步骤:

1. 绘图环境设置

进行图形单位、文字样式、图层及绘图范围设置,具体的设置方法可参见项目一、项目五和项目六相关内容。

2. 展绘点位

通过 AutoCAD 中的多点命令展绘点位。首先,将坐标输入记事本或 Excel 表格文件中,然后执行多点命令,将记事本或 Excel 表中的坐标批量粘贴到命令窗口中即可。

3. 地籍图符号的绘制

地籍图符号绘制的工作量很大。绘制时,根据地籍图图式规范,先建立好符号库(图块库),然后进行调用即可。图块的制作可以参见项目八相关内容。

4. 图幅拼接

为了保证相邻图幅的互相拼接,测图时,接图的图边一般需测出图廓线外5~10cm。地籍图接边的方法如下:

(1)修剪图形。在接边范围附近,对接边的两幅图以相同的边界用修剪命令剪掉多余的部分;修剪完毕后两幅图中就会有一侧的边界是重合的,边界的选择要求在接边范围内5~10cm。

(2)拼接图形。对其中一幅图执行"编辑→复制"命令,然后在窗口中显示出另一幅图,使其获得焦点后,执行"编辑→粘贴到原坐标"命令,这样两幅图就合并成了一幅图。

(3)编辑图形。由于测量误差的影响,同一实体可能出现错位现象,此时应通过绘图工具或编辑工具对其进行修改;对于误差较大的位置,应检查两幅图的点位精度,在确保点位误差在相关规范允许的范围内时,再对其进行编辑。

(4)合并图形。若同一地物的线条不是一个整体,可以通过执行编辑多段线命令,将其合并成一个整体。

5. 图框的绘制

地籍图图框尺寸和绘制要求与地形图图框完全相同，绘制方法可以参见项目十的相关内容。图框绘制完成后，通常将其保存成模板文件（*.dwt），便于以后重复使用。

【技能操作】

一、地籍图的绘制

从地籍图的内容不难看出，地籍图中的地物要素与地形图中的地物要素是一致的，这里不再讨论。地籍图中的地物要素用地籍图符号表示。绘制地籍图符号时，根据地籍图图式规范，先建立好符号库（图块库）（参照项目八），然后进行调用即可。下面根据一实例详细说明权属界址线的绘制过程，界址点坐标信息见表 11-1。

表 11-1　界址点坐标表

点　号	X/m	Y/m	边长 /m
37	30299.733	40049.688	120.75
36	30299.733	40170.414	8.6
181	30299.747	40179.014	47.36
182	30252.386	40178.947	8.53
41	30252.358	40170.419	71.61
40	30252.379	40098.812	28.16
39	30224.219	40098.812	49.17
38	30224.210	40049.646	75.52
37	30299.733	40049.688	

具体操作步骤如下：

序号	操　作	结　果	备　注
1	在命令行输入"layer"→按 <Space> 键，新建界址点【JZD】层，设置为红色，并将【JZD】层线型设为"Continuous"，最后把该层置为当前层（图 11-2）	 图 11-2　新建界址点【JZD】层	

（续）

序号	操　作	结　果	备　注
2	在命令行输入命令"PO"，依次输入点坐标 输入命令"LINE"绘制界址线（图 11-3）	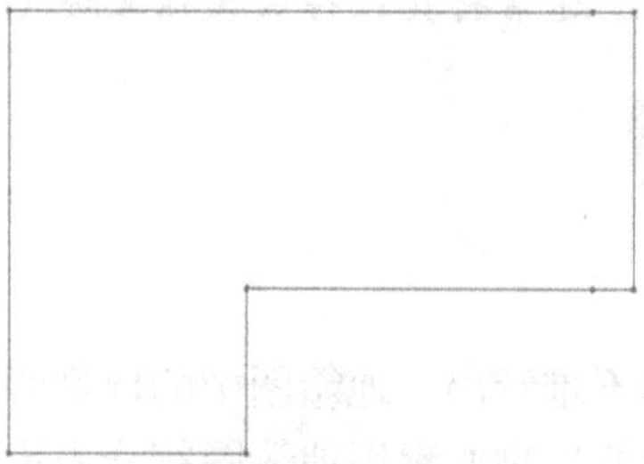 图 11-3　绘制界址线	
3	单击【图层特性】按钮，新建【注释】图层（图 11-4） 	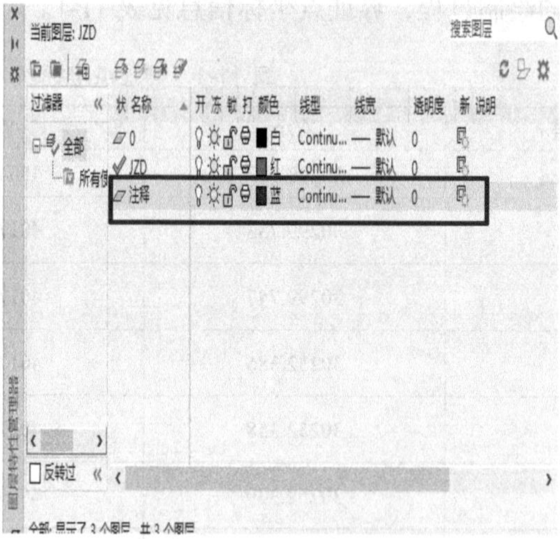 图 11-4　新建【注释】图层	
4	单击【标注】按钮，对界址线进行标注。再添加与地籍要素相关的其他地物要素（围墙、道路等）（图 11-5） 	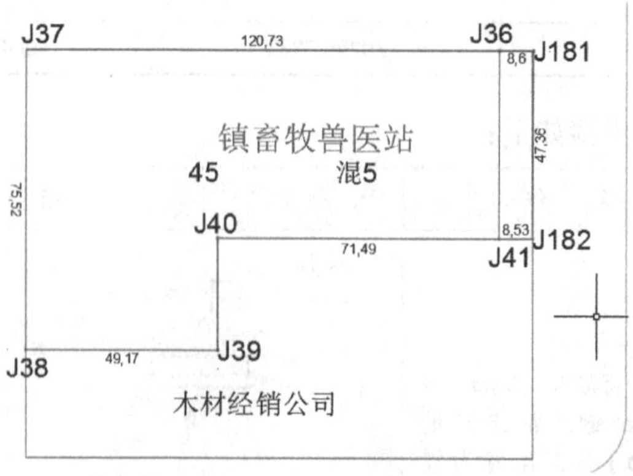 图 11-5　丰富界址线	

二、宗地图的绘制

具体操作步骤如下：

序号	操 作	结 果	备 注
1	单击【多段线】 — 按钮，多段线沿权属界址线外围绘制闭合裁剪线（图 11-6），并完成图形裁剪（图 11-7）	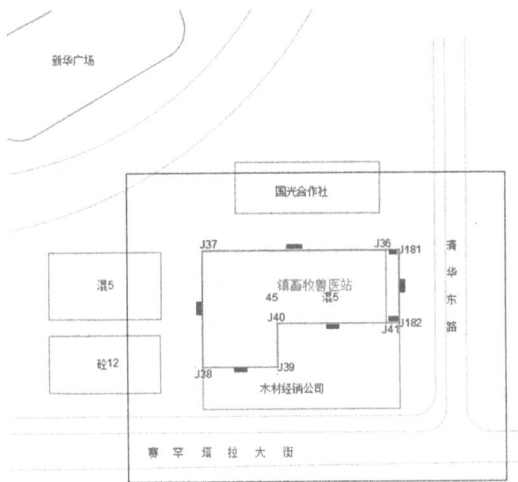 图 11-6 宗地裁剪线 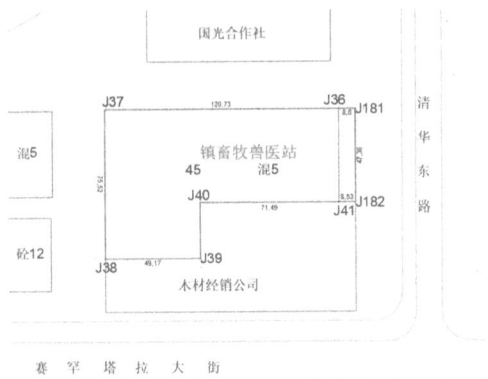 图 11-7 剪裁后的宗地	
2	单击【插入】 按钮，套入图框（图 11-8）	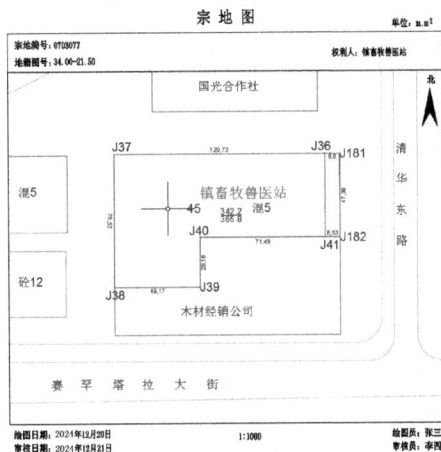 图 11-8 某宗地样图	

任务三　面　积　量　算

【基本概念】

用地面积以丘为单位进行测算，包括房屋占地面积、其他用途的土地面积测算以及各项地类面积的测算。丘是指地表上一块有界空间的地块。

丘有独立丘和组合丘之分，一个地块只属于一个产权单元时，称为独立丘；一个地块属于几个产权单位时，称为组合丘。一般以一个单位、一个门牌号或一处院落的房屋用地单元划分为独立丘，当用地单元的权属混杂、面积过小时，则划为组合丘。

【技能操作】

AutoCAD 2021 提供了查询面积的功能，可以用于面积量算，操作方法简单、快捷。单击"测量"工具栏中的"面积"，即可查询面积。

具体操作步骤如下：

面积量算

序号	操　作	结　果	备　注
1	单击【测量】工具栏，弹出【测量】选项卡，选择【面积】即可（图 11-9）	图 11-9　测量子项目	也可以在命令行输入"LIST"选择整个对象查看面积
2	用光标依次指定围成面积的点，按 <Enter> 键，完成所围区域中的面积量算（图 11-10）	图 11-10　面积量算结果	

面积量算是土地水平面积的量算，进而获取各级行政单位土地面积、权属单位土地面积和各种分类用地面积的数据资料。

利用 AutoCAD 2021 进行面积量算主要有两种方法，一种方法是直接用光标依次指定围成面积的点，然后按 <Enter> 键，完成所围区域中的面积量算。采用该方法时，一般要求所查询的面积是由折线图形组成的，若组成面积的边界中有曲线，则用该方法进行面积量算会产生误差。另一种方法是用光标指定一个图形对象，然后按 <Enter> 键，完成所围区域中的面积量算，该方法要求选定的图形对象必须是由多段线组成的一个封闭图形。

任务四　制作地籍成果表

【基本概念】

地籍成果表是地籍测绘工作的重要成果资料。地籍成果表主要包括：宗地界址点成果表、界址点成果表、以街坊为单位界址点成果表、以街道为单位宗地面积汇总表、城镇土地分类面积统计表、街道面积统计表、街坊面积统计表、面积分类统计表、街道面积分类统计表、街坊面积分类统计表等。

【技能操作】

地籍成果表的绘制通常使用以下方法：

（1）使用 Excel 软件制作表格，然后粘贴在 AutoCAD 2021 中的指定位置。

具体操作步骤如下：

序号	操　作	结　果	备　注
1	在 Excel 软件中输入数据，进行编辑，完成后保存成 *.xls 文件。用光标选中所需的表格，按 <Ctrl+C> 键进行复制。然后在 AutoCAD 2021 中按 <Ctrl+V> 键进行粘贴，指定插入点，在弹出的对话框（图 11-11）中指定文字大小，按 <Enter> 键完成操作（图 11-12）	 图 11-11　【OLE 文字大小】对话框 以街道为单位宗地面积汇总表 图 11-12　某地以街道为单位宗地面积汇总表	

（2）使用直线命令，综合运用偏移、修剪等命令绘制表格，具体内容可参见项目二和项目四相关内容。

（3）使用"TABLE"命令绘制表格，具体内容可参见项目六相关内容。

任务五　绘制房产图

【基本概念】

房产图是房产产权、产籍管理的基础资料，是全面反映房屋及其土地基本情况和权界线的专用图件，也是房地产测量的主要成果。按房产管理的需要，房产图可分为房产分幅平面图（简称分幅图）、房产分宗平面图（简称分宗图）和房产分户平面图（简称分户图），它们的绘制方法大致相同。房产图的绘制通常采用分层绘制的方法，不同的图层可用不同的颜色加以区分。

【理论学习】

一、绘制分幅图

分幅图是全面反映房屋及其用地的平面位置和权属等状况的基本图，是测制分宗图、分户图的基础资料。

1. 一般规定

（1）分幅图的测图范围原则上应为测绘城市、县城、建制镇的建成区和建成区以外的机关、学校、工矿企事业单位及其相邻的居民点，并应与城市房产要素调查和房屋产权登记的范围一致。

（2）基本技术要求：分幅图是以地籍图（或地形图）为基础，增加房产调查成果制作而成的，所以其测图比例尺、分幅与编号、坐标系统、控制测量、精度要求、界址点的测量和精度以及成图方法，均可参考前面所讲的地籍图及界址点测量的方法和要求执行。下面主要讲分幅图的内容和特殊要求。

2. 分幅图的内容

分幅图上表示的内容主要是房屋建筑物和土地使用的基本情况、权属界线以及与界址点有关的界标、房产管理需要的各项地籍要素和房产要素。

具体内容包括以下几个方面：

（1）地籍要素：控制点、行政境界、宗地界线；房屋、房屋附属设施、房屋围护物等。

（2）房产要素和房产编号：宗地（丘）号、幢号、房产权号、门牌号、房屋产别、结构、层数、房屋用途和用地分类。

（3）地形要素：与房屋有关的地形要素包括铁路、公路、桥梁、水系、城墙等。

这些内容要根据房地产调查资料用相应的数字、文字和符号表示在图上。当注记过密写不下时，除宗地（丘）号、幢号和房产权号必须注记，门牌号可在首末两端注记或中间跳记外，其他注记按上述顺序从后往前省略。

3. 分幅图内容的表示方法和要求

分幅图测绘的行政境界一般只表示区县和镇的境界线，街道办事处或乡的境界根据需要表示；二级境界线重合时，用高一级境界线表示；境界线与宗地界线重合时，用境界线表示。

二、绘制房产图

绘图时，先将某个图层设置为当前图层，保证绘制的图形都在该图层上。当一个图层绘制完成后，可将该图层设置为锁定状态，防止误编辑操作对已绘成果造成影响。以分户图为例（图 11-13），绘制步骤如下：

1. 绘图环境设置

进行图形单位、文字样式、图层及绘图范围的设置，具体的设置方法与地籍图绘制相似。

2. 展绘点位

通过 AutoCAD 中的多点命令展绘点位。首先将坐标输入记事本或 Excel 表格文件中，然后执行多点命令，将记事本或 Excel 表中的坐标批量粘贴到命令窗口中即可。

3. 房产图的绘制

灵活运用多段线、修剪、文字等命令绘制房产图。

4. 图框的绘制

图框参照相应规范和甲方要求绘制。图框绘制完成后，通常将其保存成模板文件（*.dwt），便于以后重复使用。

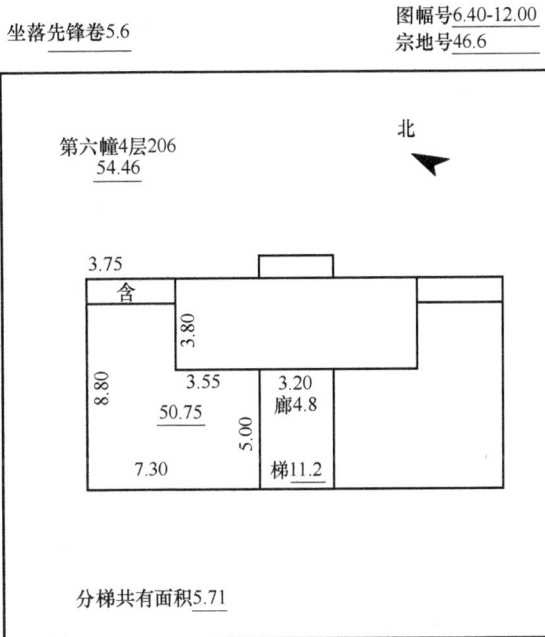

图 11-13 分户图样图

项目评价

一、自我评价

1. 此次操作是否顺利？
2. 若不顺利，请列出遇到的问题。
3. 分析出现问题的原因，并提出修正方案。
4. 你认为还需要加强哪些方面的指导？

225

二、学习任务评价表

考核项目	分　数			学生自评	组长评价	教师评价	小　计
	差	中	好				
团队合作精神	3	6	10				
活动参与是否积极	3	6	10				
地籍图和房产图基本知识	3	6	10				
地籍图的绘制	6	13	20				
面积量算	6	13	20				
地籍成果表的制作	6	13	20				
房产图的绘制	3	6	10				
总分	100						

教师签字：　　　　　　　　　　　　　　　　　年　月　日　　得分

项 目 小 结

　　本项目简要阐述了地籍图和房产图的基本知识，重点介绍了地籍图的绘制方法，面积量算的操作技巧，以及地籍成果表的绘制方法，这是本项目的重点内容，应理解并掌握。最后，简要介绍了房产图的绘制方法。

　　利用 AutoCAD 制作地籍图、房产图的前提是掌握地籍图和房产图的理论知识以及 AutoCAD 的操作方法。若想高效绘图，还需要掌握 AutoCAD 常用功能的操作技巧。无论是地籍图还是房产图，都有很多相似的绘图技巧。所以，还需要勤加练习，总结归纳，使绘图技能精益求精。

复习思考题

1.什么是地籍图？地籍图的主要内容有哪些？
2.什么是房产图？房产图可分为哪几类？
3.简述地籍图的绘图步骤。
4.简述面积量算的方法。
5.简述地籍成果表的制作方法。

项目十二

绘制道路纵横断面图

【项目概述】

　　本项目主要介绍道路工程图的绘制，包括线路平面图、纵断面图、横断面图的绘制。通过综合运用 AutoCAD 命令，完成线路平面图、纵横断面图等道路工程图的绘制。

【知识与能力图谱】

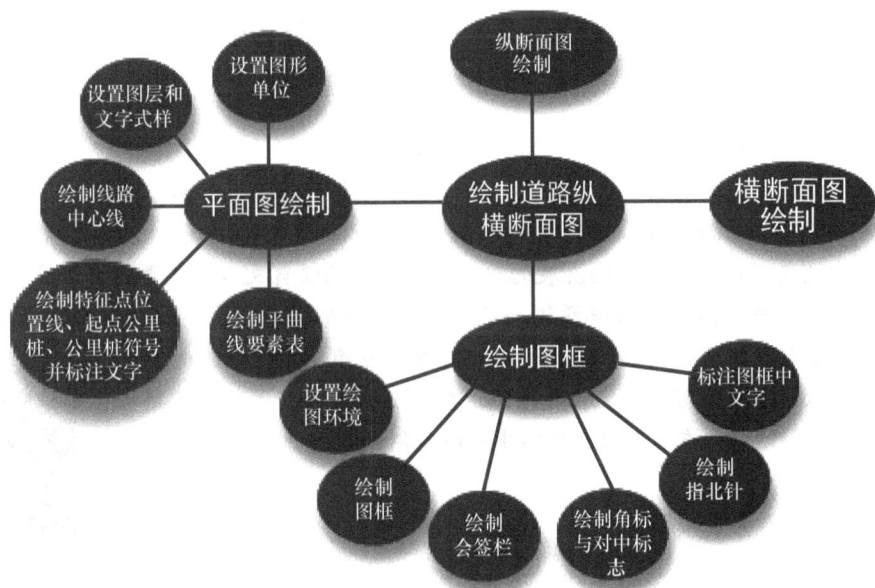

【知识目标】

　　1. 理解各种道路工程图图表的含义；
　　2. 掌握线路平面图、纵横断面图的绘制方法和要点。

能够正确绘制线路平面图、纵横断面图。

1. 培养工程制图思维能力；
2. 培养标准化作业能力。

　　测天测地的测绘人——吴年龙，肩扛三脚架，眼观全站仪，双手捧图纸，这是他一天工作的缩影。飞船上天、大桥跨海、西气东输、南水北调……无数的工程任务，都有他们测绘人的身影，他们创下了无数"第一"，填补了多项科技空白。身为测绘人的吴年龙，训练，瞄准复杂天气；观测，专挑复杂地形；数据，力求精准无误，一心只为测量过程和结果的"真、快、准"。身为测绘人的吴年龙，青春因为磨砺而出彩，人生因为奋斗而升华，这是他选择的生活方式，也是他的青春姿态。

任务一　绘制线路平面图

　　为了道路设计和施工的需要，在道路工程测量中，要对道路进行测量，再根据测得的数据，绘制出线路平面图、道路的纵断面图和横断面图。

　　线路平面图是沿道路线路方向发展的地形图，是公路设计文件的重要组成部分，其作用是表达线路的方向、平面线型和线路两侧一定范围内的地形、地物情况以及结构物的平面位置。线路平面图的绘制包括地形图绘制和设计线路绘制。在道路勘测时，测绘人员利用测量仪器采集地形碎部点，再根据这些数据采用专门的地形地籍绘图软件进行地形绘制。在这里仅以线路中心线为例介绍绘制方法。

绘制线路
平面图

一、数据准备

　　在绘制路线中心线前，要根据道路设计人员定出的交点和转角数据，计算出平曲线的相关要素，即圆曲线的半径 R，切线长 T，外矢距 E。计算结果见表 12-1。

表 12-1　路面平曲线要素参数

交　　点	α		R	T	E
	α_X	α_Y			
JD1	39°21′21″		150	53.64	9.3
JD2		32°48′36″	150	44.16	6.37

路线导线的起始点、交点的坐标以及转折角、圆曲线半径、曲线的类型如下：

QD（1105.353，518.977）为路线的起点。

JD1（1338.254，455.322），$\alpha_X=39°21'21''$，$R=150$，$T=53.64$，圆曲线。

JD2（1520.786，530.204），$\alpha_Y=32°48'36''$，$R=150$，$T=44.16$，圆曲线。

ZD（1710.756，460.747）为路线的终点。

在实际工作中，线路导线的坐标数据都是用Excel 表格存放的。这样简化了在绘图时输入坐标的麻烦，可在 Excel 表格中编辑导线点坐标对，如图 12-1 所示。

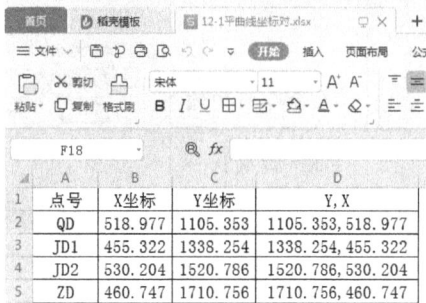

图 12-1　在 Excel 表格中编辑导线点坐标对

二、设置图形单位

具体操作步骤如下：

序号	操　作	结　果	备　注
1	在命令行中输入"UNITS"→按<Enter>键确认→弹出【图形单位】对话框，根据要求逐一设置长度、角度的类型与精度→单击【确定】按钮（图 12-2）	图 12-2　【图形单位】设置	

三、设置图层和文字式样

具体操作步骤如下：

序号	操　作	结　果	备　注
1	在命令行中输入"LAYER"→按<Enter>键→弹出【图层特性管理器】对话框，新建图层并设置相关参数（图 12-3）	图 12-3　【图层特性管理器】设置	路线"中线"层（zhongxian），颜色为红色，线宽设为1.0；路线"导线"层（daoxian），颜色为白色，线宽默认；"标注线"层（bzhxian），线宽为 0.25

229

（续）

序号	操　作	结　果	备　注
2	在命令行中输入"STYLE"→按 \<Enter> 键确认→弹出【文字样式】对话框，新建文字样式并设置相关参数（图 12-4）	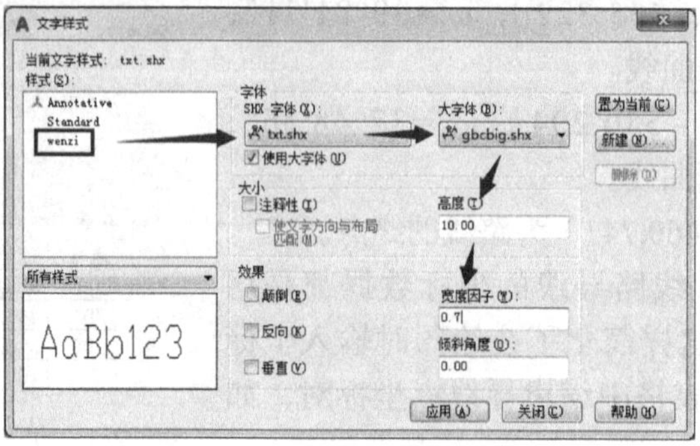 　图 12-4　【文字样式】设置	"文字"层（wenzi），字体设置为 txt.shx，大字体为 gbcbig.shx，高度为 10，宽度因子为 0.7

四、绘制线路中心线

具体操作步骤如下：

序号	操　作	结　果	备　注
1	将"daoxian"图层置为当前图层→在命令行中输入命令"PLINE"→按 \<Enter> 键→将图 12-1 中 D 列的坐标数据复制后粘贴到命令行→按 \<Enter> 键退出（图 12-5）	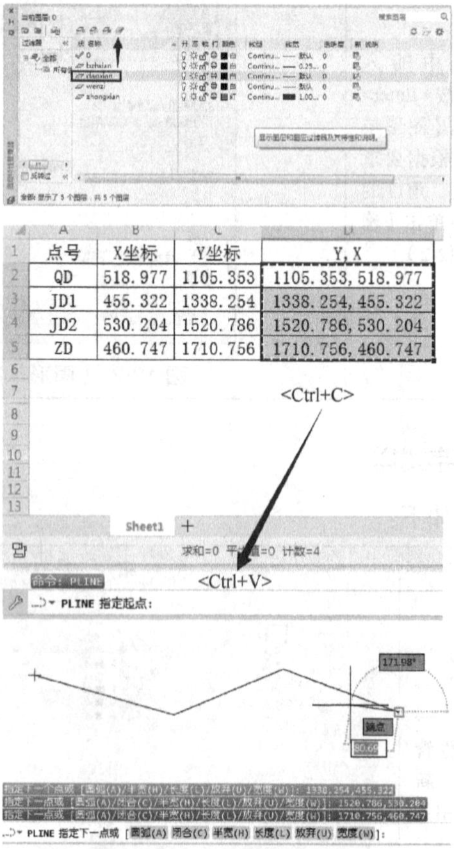 　图 12-5　绘制线路导线	

（续）

序号	操　作	结　果	备　注
2	新建一个"fuzhuxian"图层，颜色设为蓝色，并置为当前图层→在命令行中输入命令"XLINE"→按<Enter>键→在命令行提示下输入"B"→按<Enter>键，依次拾取指定角的顶点、起点和终点→在命令行中输入命令"LINE"→按<Enter>键确认→沿角平分线方向量取外矢距的长度（输入"9.30"），端点即为曲中点QZ（图12-6）	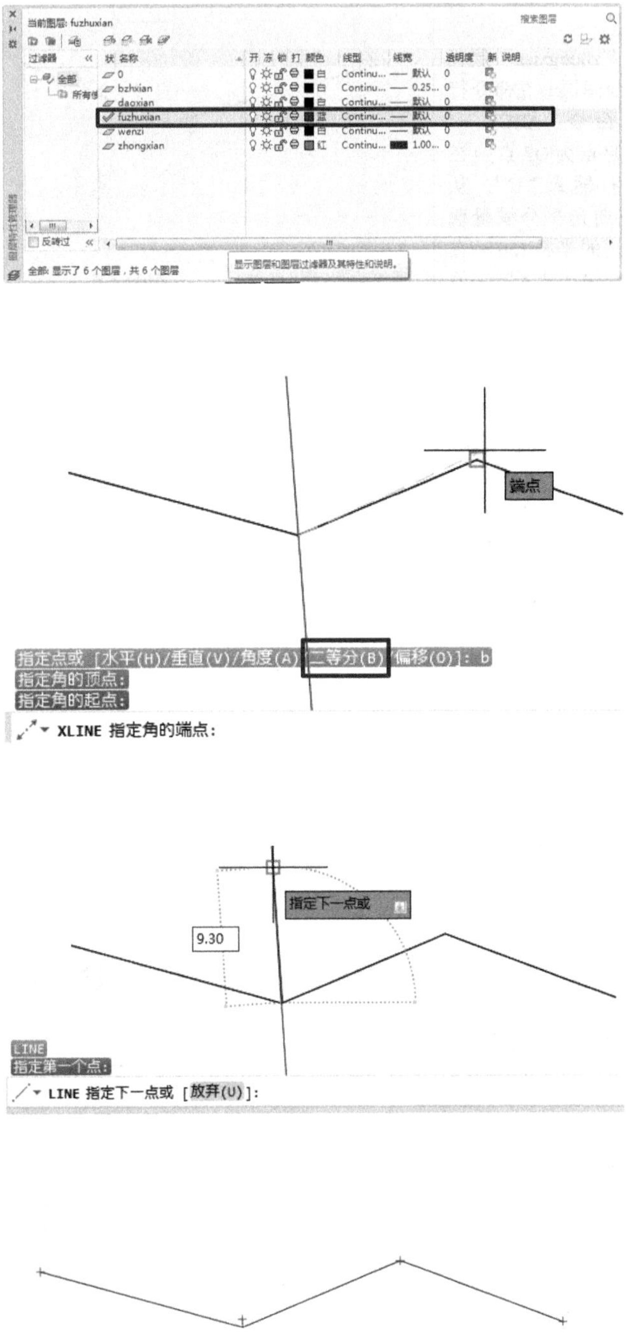 图 12-6　绘制曲中点 QZ	

（续）

序号	操 作	结 果	备 注
3	将"zhongxian"层置为当前图层→在命令行输入命令"ARC"→设置起点为 QZ 点→在命令行输入"C"，从 QZ 点向角平分线量取圆曲线的半径 150→在命令行输入"A"→输入方位角的一半，即"19.6779°"，圆弧的另一个端点就是圆直点 YH→在命令行输入"MIRROR"，选择圆弧，圆弧的另一端点即为直圆点 ZY（图 12-7）。用相同的操作方法，确定出 JD2 处的平曲线的各主点	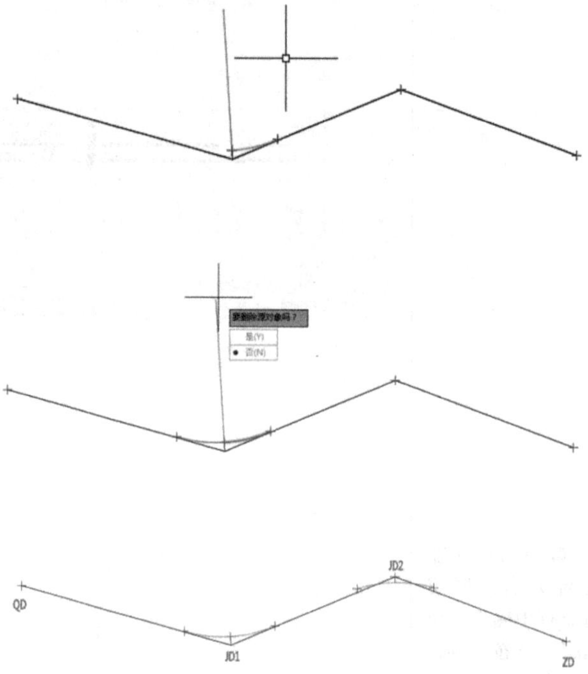 图 12-7 圆直点 YH 与直圆点 ZY	
4	在命令行输入命令"LINE"→连接路线中心线的各直线段（图 12-8）	 图 12-8 绘制线路中心线	

五、绘制特征点位置线、起点公里桩、公里桩符号并标注文字

具体操作步骤如下：

序号	操 作	结 果	备 注
1	设置"bzhxian"层为当前图层→在命令行输入命令"OFFSET"，将线路中心线向上偏移 5 个图形单位→在命令行输入命令"LINE"，在路线上的每一个主点处绘制短直线，分别与线路中心线和上侧的偏移线垂直相交（图 12-9）	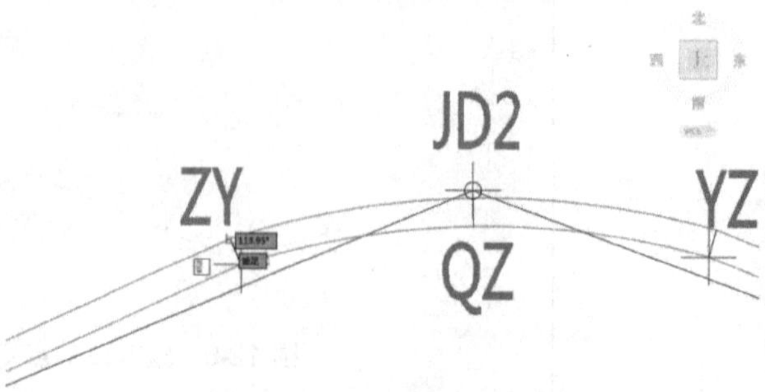 图 12-9 绘制特征点位置线	

（续）

序号	操 作	结 果	备 注
2	设置"daoxian"层为当前图层→在命令行输入命令"OFFSET"→将线路中心线向下方分别偏移5个单位和15个单位，得到两条偏移线→在命令行输入命令"PLINE"→光标拾取线路的起始点，绘制起点公里桩（图12-10）	图 12-10　绘制起点公里桩	
3	在命令行输入命令"DONUT"→绘制内径为0、外径为5的圆环作为公里桩符号→在命令行输入命令"CIRCLE"→绘制直径为3、圆心在交点上的圆作为交角点符号，并进行修剪（图12-11）	图 12-11　绘制公里桩符号和交角点符号	
4	将"wenzi"图层置为当前图层→在命令行输入命令"DTEXT"，进行文字标注（图12-12）	图 12-12　标注文字	字高7.00，旋转角度90°。若标注的文字大小、方向不同，可选用不同高度和旋转角度，分批标注
5	在命令行输入命令"ERASE"→删除辅助线，完成绘制（图12-13）	图 12-13　线路平面图	

六、平曲线要素表的绘制

在线路平面图的右上角，需要插入平曲线要素列表，具体操作步骤参照项目六中的任务四，这里不再赘述。

任务二　绘制纵断面图

【基本概念】

道路纵断面图是通过公路中心线用假想的铅垂剖切面进行纵向剖切，然后展开绘制获得的。由于公路中心线是由直线和曲线组合而成的，所以纵向剖切面既有平面，又有曲面。为了清晰地表达道路纵断面

绘制纵断面图

情况，特采用展开的方法，将此纵断面展平成为一平面，以中桩里程为横坐标、地面高程为纵坐标，其中里程比例尺应与线路带状地形图一致，高程比例尺比里程比例尺大十倍，并绘制在图纸上，这就形成了线路纵断面图。纵断面图一般包括图形区、高程标尺、数据区、文字说明等内容（图 12-14）。道路纵断面图的第一张应画图标，注明路线名称及纵横比例等，每张图右上角应有角标，注明图的序号及总张数。纵断面绘制采用直角坐标系，以横坐标表示中桩里程，纵坐标表示地面高程。这里仅介绍高程标尺和图形区的绘制方法，数据区与文字说明的绘制参照项目六的处理方法。

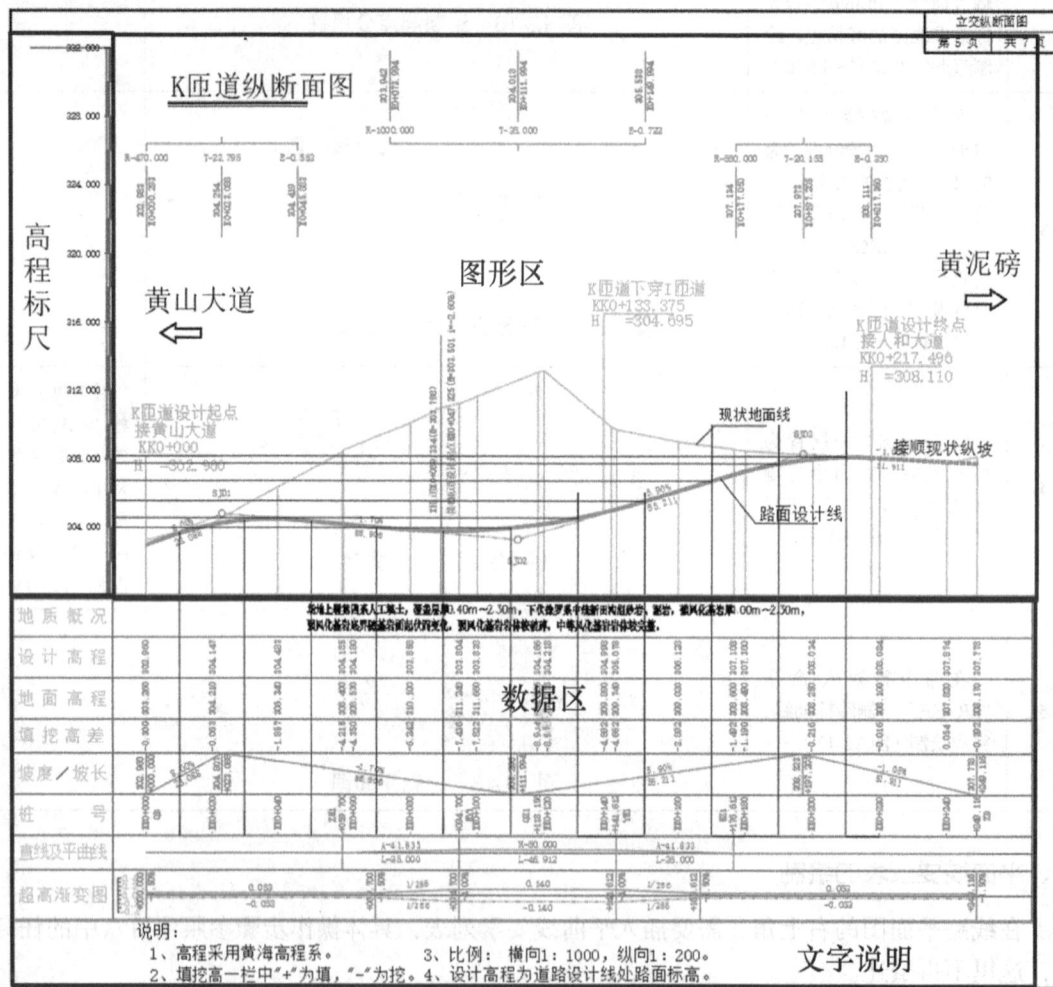

图 12-14　道路纵断面图

【技能操作】

一、图示部分

1. 比例

图样中水平方向表示路线长度，垂直方向表示高程。为了清晰地反映垂直方向的高差，规定垂直方向的比例按水平方向比例放大 10 倍，所以图上所画出的图线坡度较实际坡度要大。

2. 地面线和设计线

图样中不规则的细折线表示沿道路设计中心线处的现状地面线（用细实线绘制），现状地面线是根据一系列中心桩的地面高程连接形成的。路面设计线（用粗实线绘制）表示设计路线沿中心线的纵向布置情况，它是根据地形、技术标准等设计出来的。比较设计线与地面线的相对位置，可决定填、挖地段和填、挖高度。

3. 竖曲线

在设计线纵坡度变化处，其相邻坡度差的绝对值超过一定数值时，为了有利于汽车行驶，应按《公路工程技术标准》（JTG B01—2014）的规定设置曲线。曲线类型包括凸曲线与凹曲线两种，两端的短竖直细实线在水平线之上为凹曲线（ ），反之为凸曲线（ ）。

竖曲线要素（包括半径 R、切线长 T 和外矢距 E）的数值均应标注在短竖直细实线一侧。

如图 12-15a 中 K0+023.088 桩号处设有凸曲线，半径 R=470m，切线长 T=22.795m，外矢距 E=0.553m。

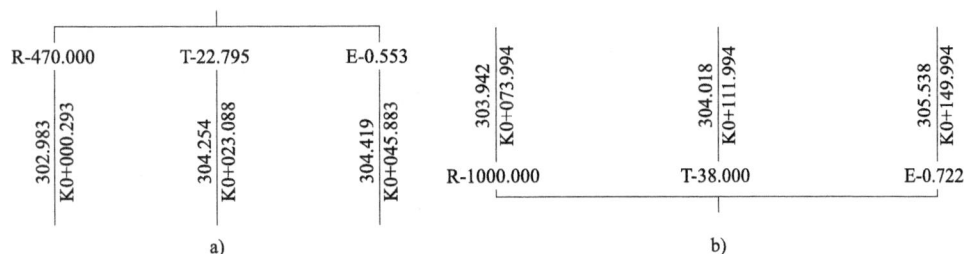

图 12-15 竖曲线

a）凸曲线 b）凹曲线

二、资料表部分

道路纵断面图的资料表应设置在图样下方，与图样对应，格式有多种，有简有繁，视具体道路路线情况而定，一般包括以下内容或其中几种（如图 12-14 中的数据区）：

1. 地质概况

说明道路路段土质变化情况，注明各段土质名称。

2. 坡度 / 坡长

斜线上方注明坡度，斜线下方注明坡长，单位为 m。

3. 设计高程

注明各里程桩的路面中心设计高程，单位为 m。

4. 地面高程

根据测量结果填写各里程桩处路面中心的地面高程，单位为 m。

5. 填挖高差

标出设计高程与地面高程的高差。

6. 桩号

按比例标注里程桩号，一般设公里桩号、百米桩号（或 50m 桩号）、构筑物位置桩号以及路线控制点桩号等。

7. 直线及平曲线

在路线设计中，竖曲线与平曲线的配合关系，直接影响着汽车行驶的安全性和舒适性，以及道路的排水状况，故《公路路线设计规范》（JTG D20—2017）对路线的平纵配合提出了严格的要求。由于线路平面图与纵断面图是分别表示的，所以在纵断面图的资料表中，以简约的方式表示出平纵配合关系。在直线及平曲线栏中，以"——"表示直线段；以"＼＿／""／￣＼""┕┑""┍┙"四种图样表示平曲线段，其中前两种图样表示设置缓和曲线的情况，后两种图样表示不设置缓和曲线的情况，图样上凸表示右转曲线，下凹表示左转曲线。

三、纵断面图的绘制

道路纵断面图的第一张应画图标，注明路线名称及纵横比例等，每张图右上角应有角标，注明图的序号及总张数。纵断面绘制采用直角坐标系，以横坐标表示中桩里程，纵坐标表示地面高程。这里仅介绍高程标尺和图形区的绘制方法，具体操作步骤如下：

序号	操　作	结　果	备　注
1	在 Excel 中，将原地面高程放大 5 倍，替换原地面高程，并与里程按坐标对进行处理 将"地面线"图层置为当前图层→在命令行中输入命令"PLINE"→按 \<Enter\> 键确认→将 Excel 表中 F 列的坐标数据复制后粘贴到命令行→按 \<Enter\> 键，完成地面线的绘制（图 12-16）	 图 12-16　绘制地面线	

（续）

序号	操　作	结　果	备　注
2	按照同样的方法，绘制路面设计线→根据设计的曲线半径绘制出竖曲线所在的圆→使用修剪命令"TRIM"，剪掉多余的部分即可（图12-17）	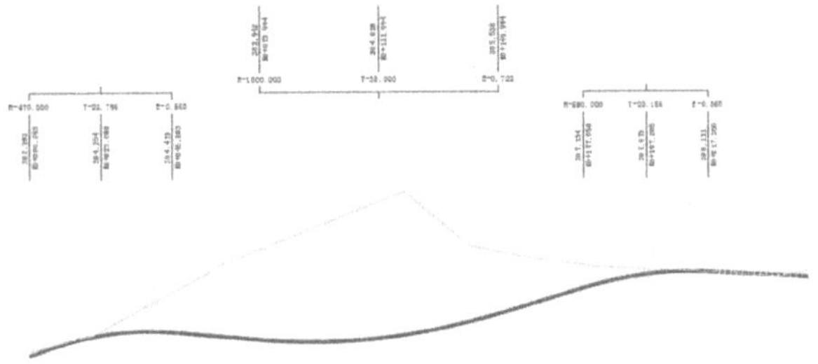 图 12-17　绘制路面设计线	
3	定义两种多线样式，第一种多线样式是：样式名为"A"，由两条单线组成，每条单线的颜色为蓝色、线型为Continuous，偏移量分别为0.02和-0.02，端点采用直线封口，填充颜色选择蓝色；第二种多线样式是：样式名为"B"，除填充颜色选择"无"以外，其余都和第一种多线样式相同（图12-18）	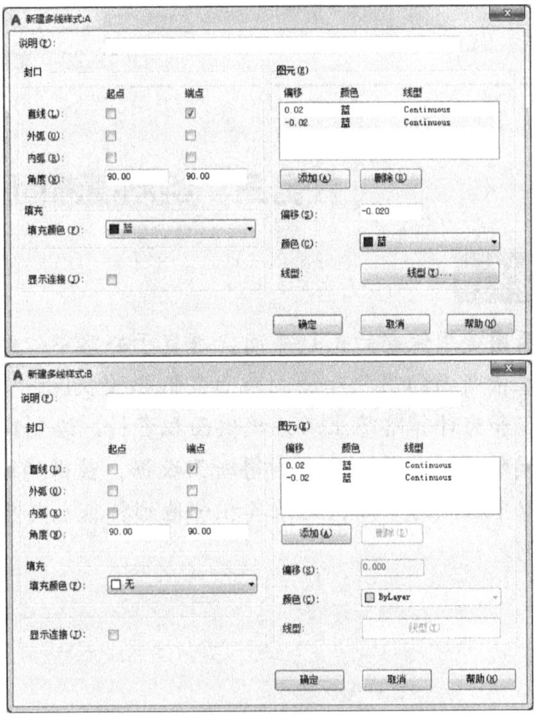 图 12-18　定义多线样式	
4	在命令行输入命令"MLINE"→输入"ST"→输入样式名"A"→绘制多线高度为"10"→以上一段多线的端点为起点采用相同的方法绘制基于多线样式"B"的多线→多次对上述两段多线进行复制，并使其首尾相连，完成高程标尺的绘制（图12-19）	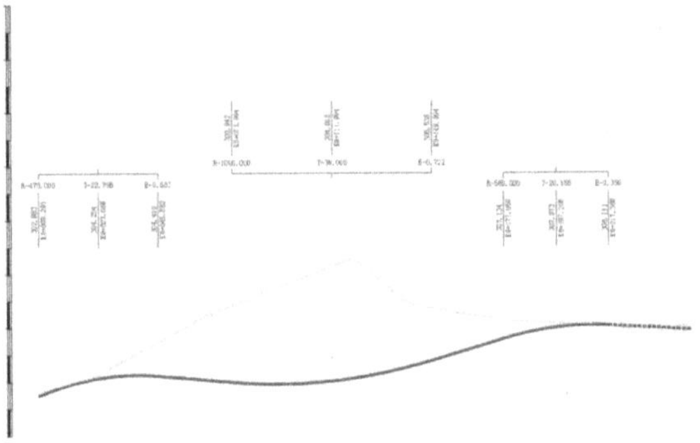 图 12-19　绘制高程标尺	

（续）

序号	操　作	结　果	备　注
5	在命令栏输入命令"TEXT"，进行文字标注（图 12-20）	 图 12-20　文字标注	

任务三　绘制横断面图

【基本概念】

　　道路横断面图是用假想的剖切平面，垂直于公路中心线剖切得到的，其作用是表达线路各中心桩处路基横断面的形状和横向地面高低起伏状况，如图 12-21 所示。它主要为路基施工提供资料数据和为计算路基土石方提供面积资料，绘制比例一般采用 1∶200～1∶100。

　　绘制道路横断面图之前，需要测得断面数据，获得的断面数据一般采用如图 12-22 所示的记录格式：以中桩点为中心，记录各相邻地形特征点与中桩点之间的距离与高程，负号表示在中桩的左侧。

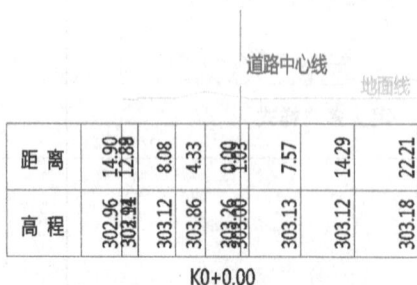

图 12-21　K0+0.00 处的横断面图

	A	B	C
1	桩号	距离	高程
2	K0+0.00	−14.9	302.96
3		−12.89	302.91
4		−12.88	303.14
5		−8.08	303.12
6		−4.33	303.86
7		0.00	303.26
8		1.03	303.00
9		7.57	303.13
10		14.29	303.12
11		22.21	303.18

图 12-22　横断面成果表

【技能操作】

　　具体操作步骤如下：

绘制横断面图

序号	操　作	结　果	备　注
1	在 Excel 中，将距离与高程按坐标对进行处理 将"DMX"图层置为当前图层→在命令行中输入命令"PLINE"→将 Excel 表中 D 列的坐标数据复制后粘贴到命令行 → 按 \<Enter\> 键，完成地面线的绘制（图 12-23）	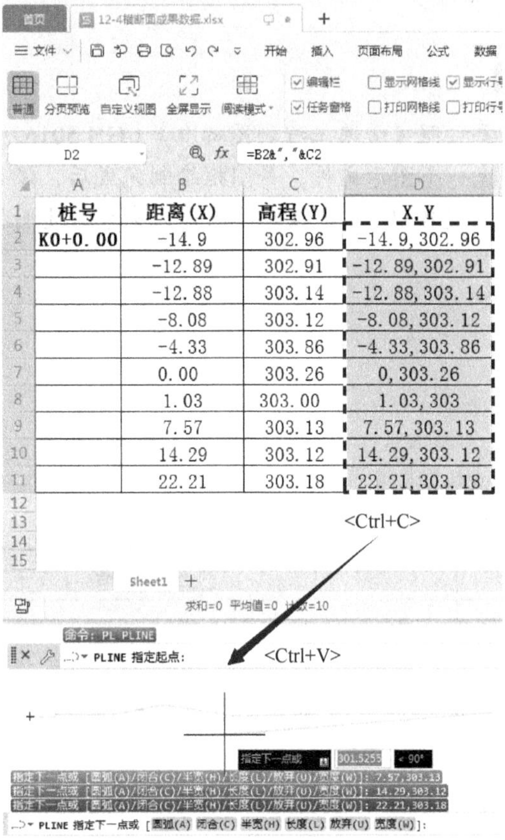 图 12-23　绘制地面线	
2	将"道路中心线"图层置为当前图层，并将线型设置为虚线，颜色为红色→在命令行中输入命令"PLINE"→沿横断面垂直方向绘制道路中心线（图 12-24）	 图 12-24　绘制道路中心线	
3	进行文字标注（图 12-25）	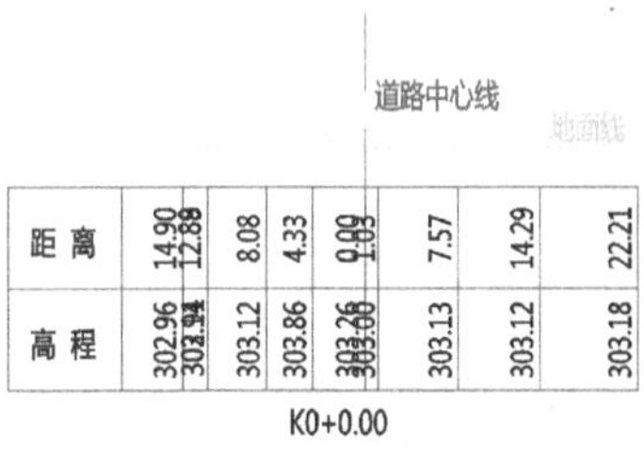 图 12-25　横断面文字标注	

239

任务四　绘　制　图　框

【基本概念】

在绘制图框时，要按照《道路工程制图标准》（GB 50162—1992）规定图框的大小和各组成部分。一般要新建一个图形文件，等图框绘制完成后，保存为模板，即".dwt"格式的文件，以备后面使用。现在以 A3 纸纵断面图框为例来讲述图框的绘制方法。

线路图图框的绘制

【技能操作】

一、图形元素的绘制

1. 设置绘图环境

具体操作步骤如下：

序号	操　作	结　果	备　注
1	在命令行中输入命令"LIMITS"，设置图形界限，左下角坐标为（0，0），右上角坐标为（420，297），在命令行输入"UNITS"，设置单位及精度（图 12-26）	 图 12-26　设置图形界限与精度	
2	在命令行中输入命令"LAYER"→设置"tukuang"（图框）层，线宽为 0.7；"fgx"（分割线）层，线宽为 0.25；"bz"（标注）层，线宽默认，线型均为 Continuous（图 12-27）	 图 12-27　图层设置	

（续）

序号	操　作	结　果	备　注
3	在命令行中输入命令"STYLE"→字体设置为"仿宋"，宽度因子为 0.7，其他项可以保留默认格式（图 12-28）	 图 12-28　字体样式设置	

2. 图框的绘制
具体操作步骤如下：

序号	操　作	结　果	备　注
1	将"tukuang"层置为当前图层→在命令栏输入命令"RECTANG"，按 \<Space\> 键→在命令栏输入"35，10"→按 \<Enter\> 键→在命令栏输入"410，287"→按 \<Space\> 键，完成图框的绘制（图 12-29）	 图 12-29　绘制图框	

3. 会签栏的绘制
具体操作步骤如下：

序号	操 作	结 果	备 注
1	将"fgx"层置为当前图层，按<F8>打开正交，在命令栏输入命令"LINE"，按<Space>键→用光标拾取图框左下角→向上移动光标，用键盘输入长度"10"→向右移动光标，在与右边框相交处，单击鼠标左键→按<Esc>退出→在命令栏输入"OFFSET"，按<Space>键→输入偏移距离"70"→单击刚绘制的竖线→在该线的右侧任取一点，用同样的操作方式绘制余下的分割线，偏移距离为 65、65、15、20、15、20、15、20、15、20、15（图 12-30）	图 12-30 绘制会签栏	

4. 绘制角标与对中标志
具体操作步骤如下：

序号	操 作	结 果	备 注
1	角标布置在图框右上角，先用命令"RECTANG"绘出角标框，再用命令"LINE"绘制内分割线与对中标志（图 12-31）	图 12-31 角标与对中标志	角标宽 60，长 14，线宽为 0.25；对中标志线宽为 0.35，伸入图框内 5

5. 绘制指北针
绘制完成的指北针如图 12-32 所示。

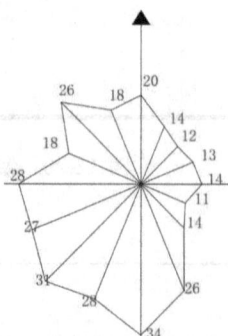

图 12-32 指北针

具体操作步骤如下：

序号	操　作	结　果	备　注
1	绘制好十字指北标志，在【草图设置】中，在【启用极轴追踪】前勾选，然后在【增量角】下拉菜单中选择"22.5度"，最后单击【确定】按钮		
2	在命令栏输入命令"LINE"，按 <Space> 键→通过极轴捕捉，绘制第二条倾角为22.5°、长为13的线段，按照图12-32所示的尺寸依次绘制各个方向线	图 12-33　绘制指北针	风玫瑰图有16个方向，每个夹角都是相同的，即22.5°
3	在命令栏输入命令"LINE"，按 <Space> 键→依次连接各直线端点		
4	在命令栏输入命令"HATCH"，间隔填充各个方向，完成绘制（图12-33）		

二、标注图框中文字

具体操作步骤如下：

序号	操　作	结　果	备　注
1	在命令行输入命令"TEXT"，按 <Space> 键→设置字高为3.5→单击要输入文字的单元格的中心位置，进行标注，完成图框的绘制（图12-34）	图 12-34　标注图框	字高统一设置成3.5

项 目 评 价

一、自我评价

1. 此次操作是否顺利？

2. 若不顺利，请列出遇到的问题。

3. 分析出现问题的原因，并提出修正方案。

4. 你认为还需要加强哪些方面的指导？

二、学习任务评价表

考核项目	分 数			学生自评	组长评价	教师评价	小 计
	差	中	好				
团队合作精神	3	6	10				
活动参与是否积极	3	6	10				
线路平面图绘制	6	13	20				
线路纵断面图绘制	6	13	20				
线路横断面图绘制	6	13	20				
图框绘制	6	13	20				
总分	100						

教师签字： 　　　　　　　　　　　　　年　月　日　得分

项 目 小 结

　　本项目主要介绍了道路工程图的绘制，包括线路平面图、纵断面图、横断面图的绘制。道路纵横断面图的绘制是道路工程测量工作的重要组成部分，也是测绘人员必备的技能。

复习思考题

1. 根据表 12-2 中所给的条件，绘制道路平曲线图（需要由缓和曲线长度 L_s 计算缓和曲

线所对应的缓和曲线角 β_0，进而求出圆弧对应的圆心角）。先取 1∶1000 的比例，图形绘制完成后，缩小为 1∶5000 的比例，再进行文字标注。

起点 QD（220.62，143.43），JD1（1070.68，505.39），JD2（2373.39，179.95），终点 ZD（2958.73，277.14）。

表 12-2　路面平曲线要素参数

交点	α		R	L_s	T	L	E
	Z	Y					
JD1	37°42′43″		1200	200	510.27	989.84	69.52
JD2		26°21′43″	700	160	244.26	482.07	20.51

2. 根据下列表 12-3 中的数据绘制某公路 K5+345 的道路横断面图。

表 12-3　道路横断面要素参数

桩 号	距 离	高 程
	−35	297.05
	−27.51	297.58
	−26.22	297.83
	−17.63	297.09
	−13.53	296.91
	−11.98	296.27
K1+530	0	296.58
	12.71	296.43
	14.13	297.18
	24.11	309.67
	30.48	310.16
	32.3	311.71
	35	311.87

3. 按要求绘制图 12-35 所示会签栏，外框线宽 0.7，内分割线宽 0.25，外形尺寸图中已标明，内部标注的文字为宋体，宽度比例为 0.7，高 3.5。

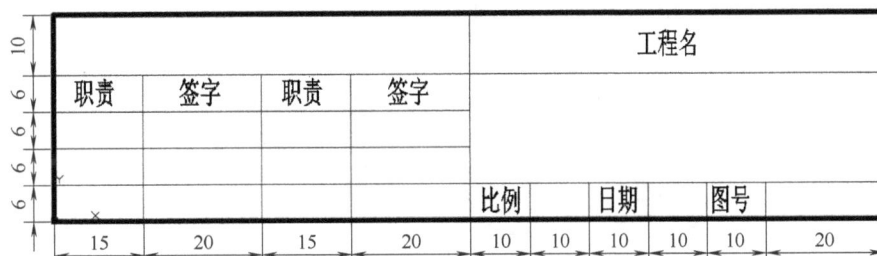

图 12-35　会签栏

项目十三

图形输入输出和打印发布

【项目概述】

　　图形绘制并编辑完成后，为便于查看、对比、参照和资源共享，有必要对图形进行布局设置、打印输出或在网络上发布。使用 AutoCAD 2021 输出图纸时，用户不仅可以将绘制好的图形通过布局或者模型空间直接打印，还可以将信息传递给其他的应用程序。除此之外，利用 Internet 平台还可以发布、传递图形，进行技术交流，实现信息资源共享等。

　　本项目主要介绍视图布局和浮动视口的设置方法，以及常用图形打印输出和格式输出的方法，此外还简要介绍了 DWF 格式文件的发布方法。

【知识与能力图谱】

246

【知识目标】

1. 理解布局的定义;
2. 掌握浮动视口的使用技术要领,以及发布图形所需的基本要求。

【能力目标】

1. 能够进行合理的布局设置,并且恰当地设置浮动视口;
2. 能够正确发布图形。

【素质目标】

1. 培养独立分析问题、解决问题的能力;
2. 培养全局观和较强的审美能力。

【课前引领】

中国位于亚洲东部,太平洋西岸。陆地总面积约 960 万 km^2,海域总面积约 473 万 km^2。中国陆地边界长度约 2.2 万 km,大陆海岸线长度约 1.8 万 km。海域分布着大小岛屿 7600 个,面积最大的是台湾岛,面积 $35759km^2$。目前中国有 34 个省级行政区,包括 23 个省、5 个自治区、4 个直辖市、2 个特别行政区。北京是中国的首都。

任务一　输入和输出图形

【基本概念】

AutoCAD 2021 支持多种数据的输入和输出,支持 PDF 文件、DGN 文件(*.*)等格式输入;支持输出的格式有三维 DWF(*.dwf)、三维 DWFx(*.dwfx)、图元文件(*.wmf)、ACIS(*.sat)、平板印刷(*.stl)、封装 PS(*.eps)、DXX 提取(*.dxx)、位图(*.bmp)、块(*.dwg)、V8 DGN(*.dgn)、V7 DGN(*.dgn)、IGES(*.iges、*.igs)等格式。

【技能操作】

一、输入图形

具体操作步骤如下:

序号	操 作	结 果	备 注
1	单击 **A** 图标，在弹出的菜单中单击【输入】可弹出【输入】子菜单（图 13-1），有【PDF】【DGN】【其他格式】三个子菜单 单击【输入】菜单下的【PDF】子菜单图标，在命令行的提示下输入"F"或选择默认值，按\<Enter\>键。将【选择 PDF 文件】中的数据输入当前图形中作为对象（图 13-1）	 图 13-1 【输入】子菜单	将 DGN 格式以及其他格式文件输入 AutoCAD 的方法与此类似，不再赘述
2	单击【输入】菜单下的【PDF】子菜单图标，在命令行的提示下输入"F"或选择默认值，按\<Enter\>键。将【选择 PDF 文件】中的数据输入当前图形中作为对象（图 13-2）	 图 13-2 输入 PDF 文件	将 DGN 格式以及其他格式文件输入 AutoCAD 的方法与此类似，不再赘述

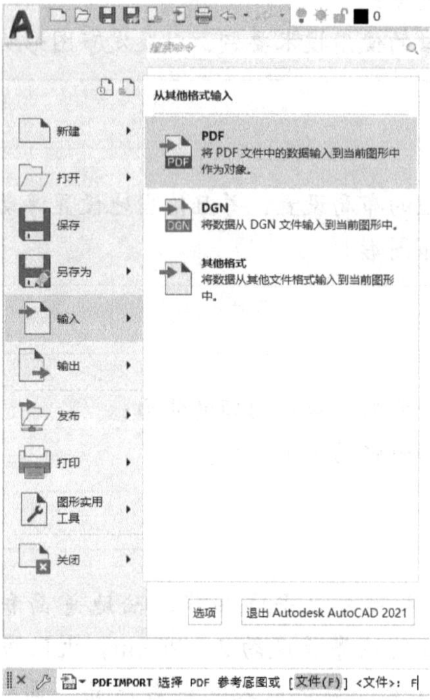

二、输出图形

具体操作步骤如下：

序号	操 作	结 果	备 注
1	单击 **A** 图标，在弹出的菜单中单击【输出】可弹出【输出】子菜单（图 13-3）	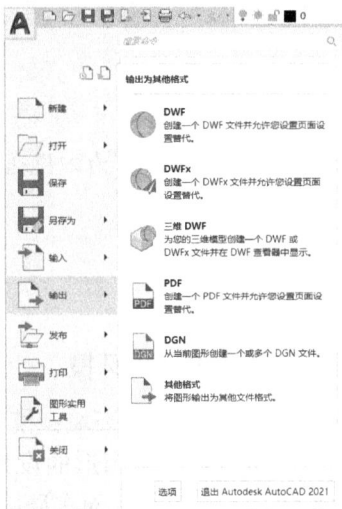图 13-3 【输出】子菜单	
2	单击【输出】菜单下的【DWF】图标，选择另存为 DWF 的路径和文件名即可（图 13-4）	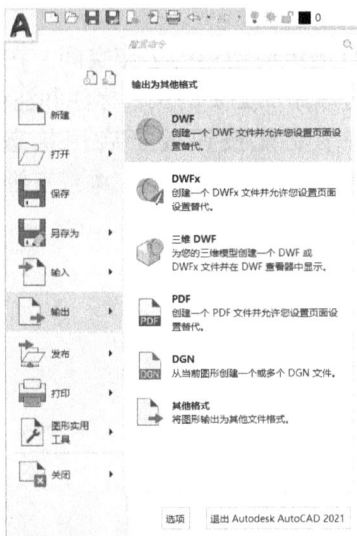图 13-4 另存为 DWF 操作	其他输出格式的操作方法与此类似，不再赘述

任务二　创建与管理布局

【基本概念】

用户绘制完成 AutoCAD 2021 设计图后，为方便通过打印机输出图形，通常需要创建与管理布局。

【技能操作】

一、AutoCAD 2021 绘图窗口中的两种绘图环境

AutoCAD 2021 的绘图窗口包含两种绘图环境：模型空间和布局，其中布局也称为"图纸空间"。模型空间是图形的设计、绘制空间，在该空间中可进行大部分的画图和设计工作。而布局主要用于打印输出图纸时对图形的排列和编辑。以上两种绘图环境可以很方便地进行转换。

1. 模型空间

模型空间是绘图和设计图纸时使用的工作空间。在该空间中可以创建物体的视图模型、二维或三维造型，同时还可以添加必要的尺寸标注和注释等，来完成全部绘图工作。

当状态栏中的【模型】功能按钮处于启用状态时，工作空间即是模型空间，如图 13-5 所示。在模型空间中可以建立物体的二维或三维视图。

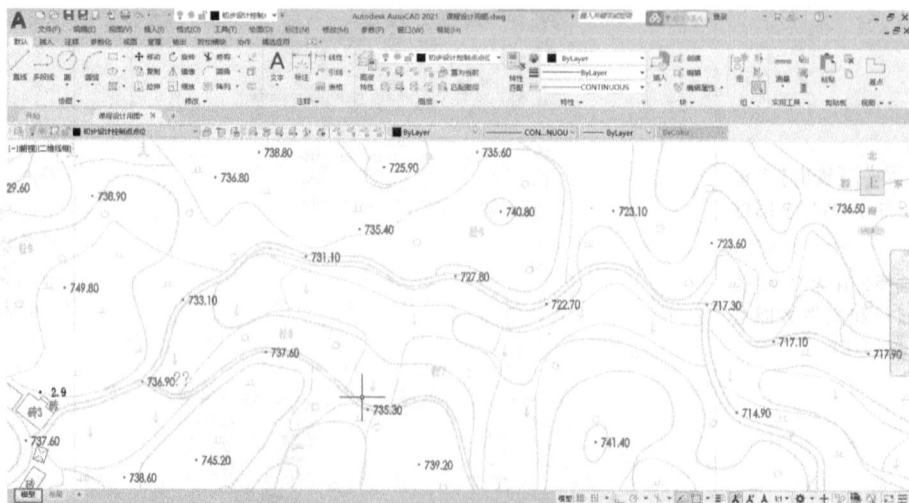

图 13-5　模型空间

2. 布局

布局用来发布图纸。在布局中，可以创建多个不同形状、类型的浮动视口，各个视口可以进行任意的移动、重叠、复制或删除，并且可以进行独立的旋转和缩放等。

单击状态栏中的【布局】功能按钮即可进入布局，如图 13-6 所示。在布局中同样可以建立物体的二维或三维视图。

此外，在布局中，要想使一个视口成为当前视口并对视口中的视图进行编辑修改，可以双击该视口。视口的大小和位置可通过选择该视口的对角点来改变。另外，执行图层控制命令或"MVIEW"命令，可以从布局中同时选择多个视口。

图 13-6　布局

二、创建布局窗口

具体操作步骤如下：

序号	操　作	结　果	备　注
1	选择【插入】→【布局】→【创建布局向导】选项，即可利用打开的【创建布局 - 开始】对话框进行新布局名称的命名（图 13-7）	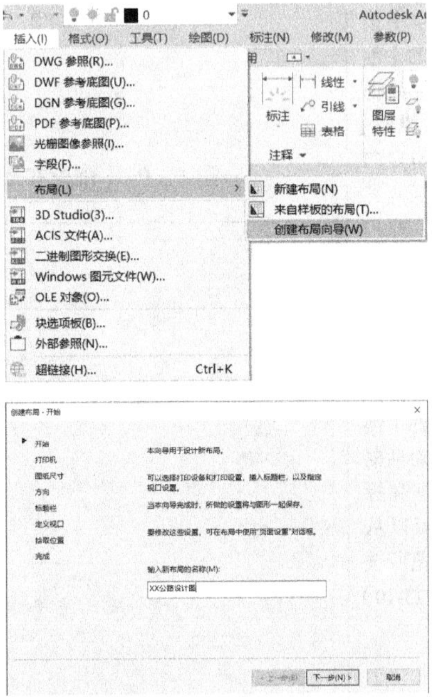 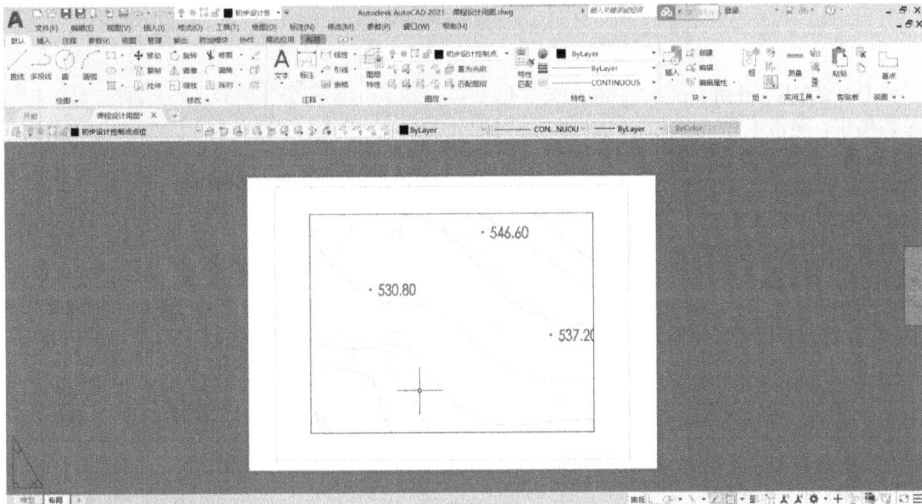 图 13-7　【创建布局 - 开始】对话框	

（续）

序号	操　作	结　果	备　注
2	在【创建布局-开始】对话框中，单击【下一步】按钮，在打开的【创建布局-打印机】对话框中，可以根据需要在绘图列表中选择要配置的打印机（图13-8）	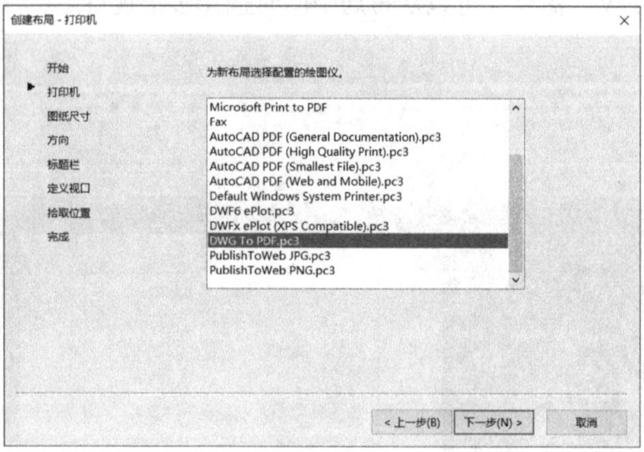 图13-8　【创建布局-打印机】对话框	
3	在【创建布局-打印机】对话框中，单击【下一步】按钮，打开【创建布局-图纸尺寸】对话框，在【图纸尺寸】下拉列表框中设置布局打印图纸的幅面、图形单位，并可以通过【图纸尺寸】面板预览图纸的具体尺寸（图13-9）；接着单击【下一步】按钮，即可在打开的【创建布局-方向】对话框中选【横向】或【纵向】单选按钮进行打印方向的设置	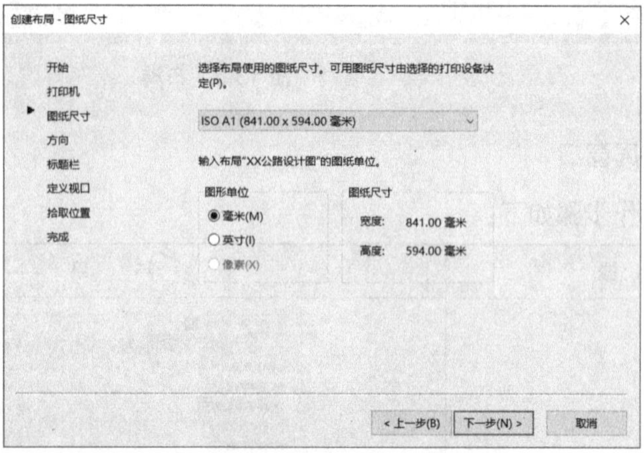 图13-9　【创建布局-图纸尺寸】对话框	
4	再次单击【下一步】按钮，可在打开的【创建布局-标题栏】对话框中选择图纸的边框和标题栏的样式，并可以从【预览】窗口中预览所选标题栏的效果（图13-10）	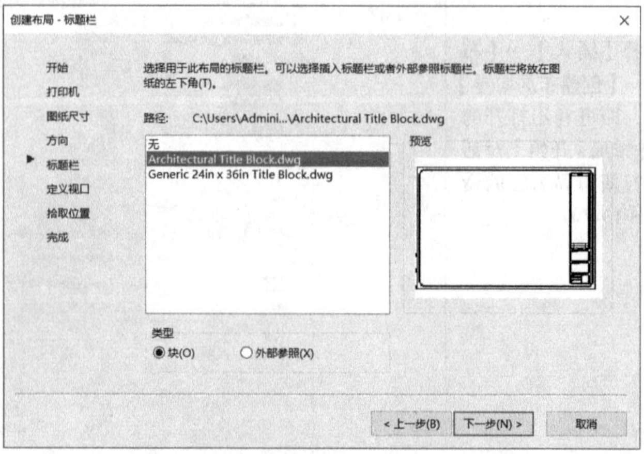 图13-10　【创建布局-标题栏】对话框	

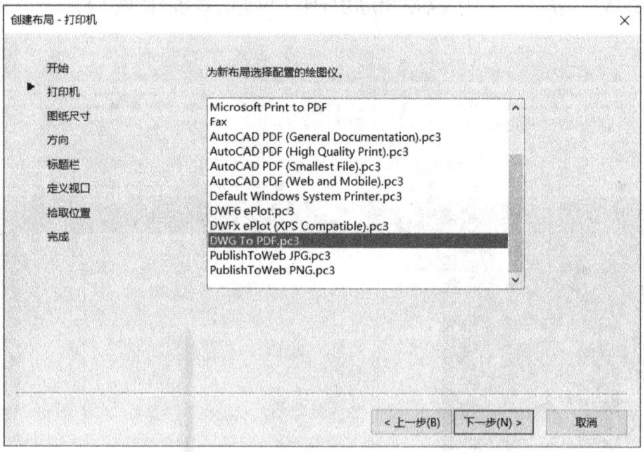

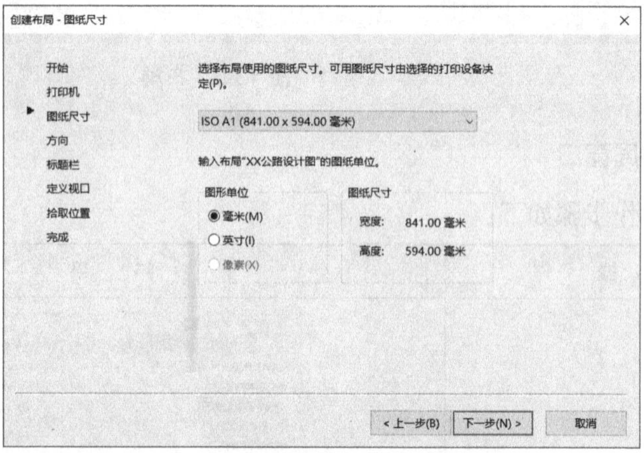

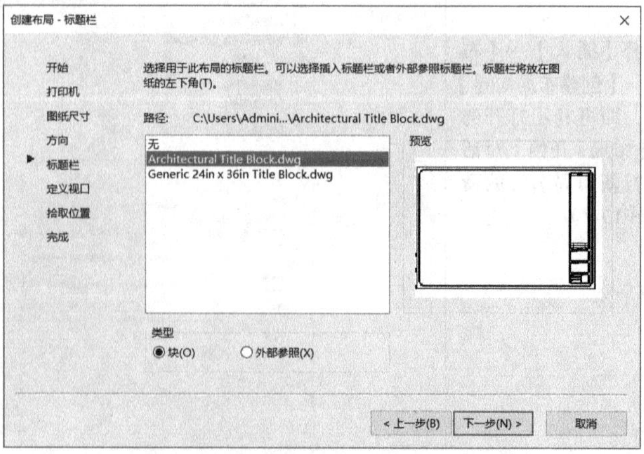

252

（续）

序号	操　　作	结　　果	备　注
5	单击【下一步】按钮，可以在打开的【创建布局 - 定义视口】对话框中设置新创建布局的默认视口，包括视口设置和视口比例。如果选中【标准三维工程视图】单选按钮，则还需要设置行间距与列间距；如果选中【阵列】单选按钮，则需要设置行数与列数；视口的比例可以从下拉列表中选择（图 13-11）	图 13-11　【创建布局 - 定义视口】对话框	
6	单击【下一步】按钮，在打开的【创建布局 - 拾取位置】对话框中单击【拾取位置】按钮后，即可在图形窗口中以指定对角点的方式指定视口的大小和位置，通常情况下拾取全部图形窗口（图 13-12）	图 13-12　【创建布局 - 拾取位置】对话框	
7	最后单击【完成】按钮，即可显示新建布局效果（图 13-13）	图 13-13　新建布局效果	

253

三、页面设置

在创建布局打印时，必须对布局的页面进行设置。具体操作步骤如下：

序号	操作	结果	备注
1	选择【文件】→【页面设置管理器】选项，打开【页面设置管理器】对话框（图 13-14）	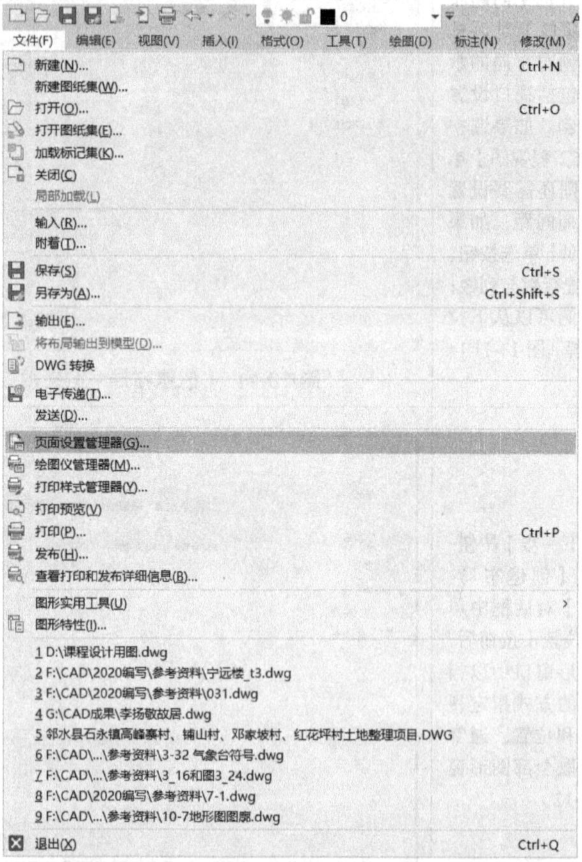 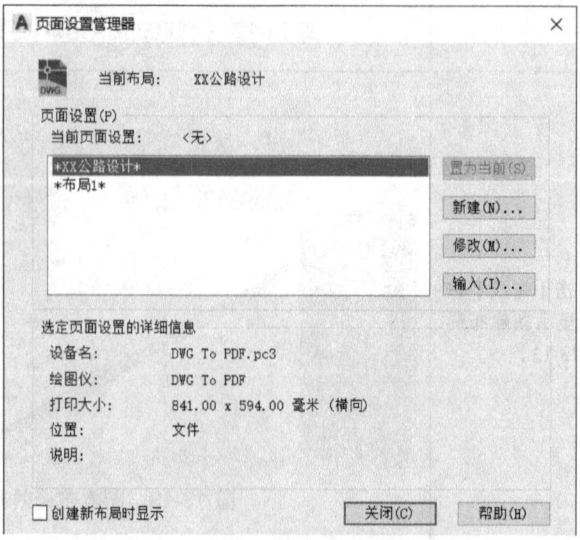 图 13-14 【页面设置管理器】对话框	

（续）

序号	操　　作	结　　果	备　　注
2	在【页面设置管理器】对话框中，单击【新建】按钮，可打开【新建页面设置】对话框（图13-15），在该对话框中可输入新建页面的名称，指定页面的基础样式等	 图 13-15　【新建页面设置】对话框	
3	在【新建页面设置】对话框中命名后，单击【确定】按钮将打开【页面设置】对话框，可对新建页面进行详细设置（图13-16）	 图 13-16　【页面设置】对话框	

【页面设置】对话框中各主要选项组的功能见表 12-1。

表 12-1　【页面设置】对话框中各主要选项组的功能

选　项　组	功　　能
打印机 / 绘图仪	指定打印机的名称、位置和说明。在【名称】下拉列表框中选择打印机或绘图仪的类型。单击【特性】按钮，在弹出的对话框中查看或修改打印机或绘图仪的配置信息
图纸尺寸	可以在该下拉列表中选择所需的图纸，并可以通过对话框中的预览窗口进行预览
打印范围	可以对布局的打印区域进行设置。可以在该下拉列表中的四个选项中选择打印区域的确定方式：选择【布局】选项，可对指定图纸界限内的所有图形进行打印；选择【窗口】选项，可以指定布局中的某个矩形区域为打印区域，进行打印；选择【范围】选项，打印当前图纸中所有的图形对象；选择【显示】选项，用于设置打印模型空间中的当前视口中的视图
打印偏移	用来指定相对于可打印区域左下角的偏移量。在布局中，可打印区域的左下角点由左边距决定。启用【居中打印】复选框，系统可以自动计算偏移值以便居中打印
打印比例	勾选【布满图纸】，此时系统会缩放图形将其布满所选图纸尺寸，同时【打印比例】选项中会显示缩放的比例。选择标准比例，该值将显示在"自定义"中，如果需要按打印比例缩放线宽，可启用【缩放线宽】复选框
图形方向	设置图形在图纸上的放置方向，如果启用【上下颠倒打印】复选框，表示图形将旋转 180° 打印

任务三 创 建 视 口

【基本概念】

在 AutoCAD 2021 中，每个布局都代表一张单独的打印输出图纸。在创建布局时，可以将浮动视口视为模型空间中的图形对象，并且同一个布局中可以包含若干个浮动视口，这些视口可以相互叠加或分离，还可以对其进行移动和调整等操作，此外还可以通过激活浮动视口来编辑视口中的模型。

在模型空间中，可将绘图区域拆分成一个或多个相邻的矩形视图，称为模型空间视口。而在布局中创建的视口为浮动视口，其形状可以为矩形、任意多边形或圆等，相互之间可以重叠，可以调整视口边界形状。在创建浮动视口时，只需要系统指定创建浮动视口的区域即可。

【技能操作】

一、新建视口

具体操作步骤如下：

序号	操 作	结 果	备 注
1	在布局中选择【视图】→【视口】→【新建视口】选项，在打开的【视口】对话框中指定新建视口的名称、修改视图设置及视觉样式等，以便于管理所有新建的视口（图 13-17）	图 13-17 【视口】对话框	

（续）

序号	操　作	结　果	备　注
1	在布局中选择【视图】→【视口】→【新建视口】选项，在打开的【视口】对话框中指定新建视口的名称、修改视图设置及视觉样式等，以便于管理所有新建的视口（图13-17）	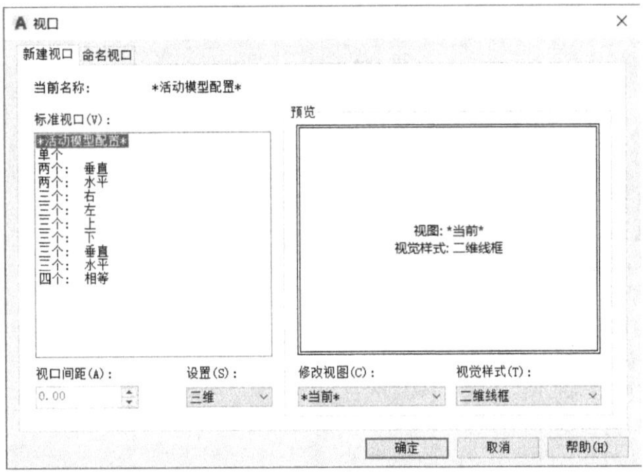 图 13-17　【视口】对话框（续）	
2	在【视口】对话框中，选择【标准视口】列表框中的【四个：相等】选项，并在【设置】下拉列表框中选择【二维】选项。然后在【修改视图】与【视觉样式】下拉列表框选择适当的选项对【预览】选项组的各个窗口进行设置（图13-18）	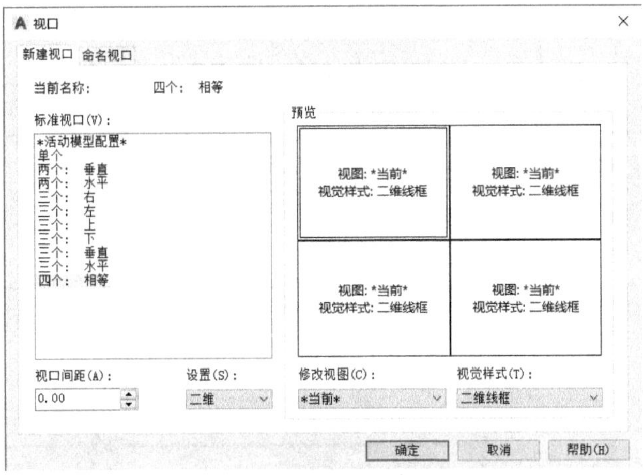 图 13-18　定义多个视口	
3	完成视口类型、方向和视觉样式参数设置后，单击【视口】对话框中的【确定】按钮，系统将按照上述设置创建对应的标准视口（图13-19）	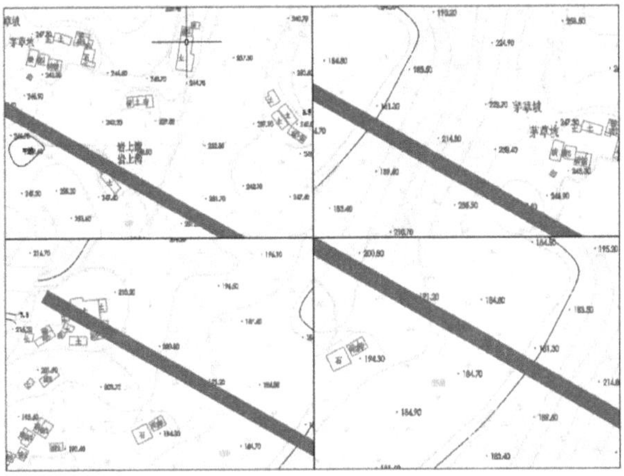 图 13-19　创建浮动视口	每个视口可以单独调整

（续）

序号	操　作	结　果	备　注
4	在布局中选择【视图】→【视口】→【多边形视口】选项，然后在图纸中任意指定多边形的形状，按 <Enter> 键即可获得创建任意多边形浮动视口的预览效果（图 13-20）	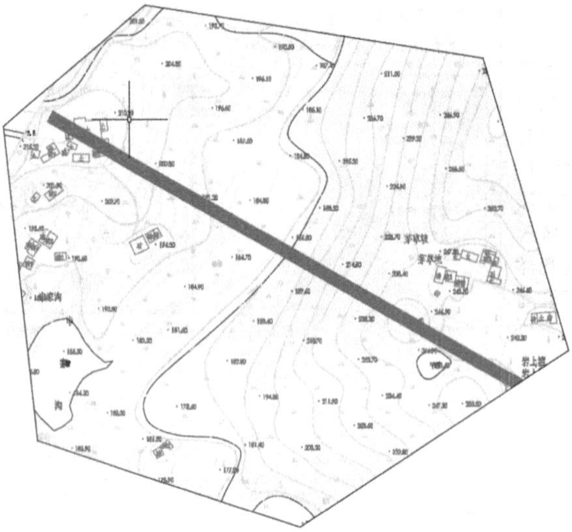 图 13-20　创建任意多边形浮动视口	

二、调整视口

具体操作步骤如下：

序号	操　作	结　果	备　注
1	在布局中，通过单击视口的边界线即可激活【夹点】工具，此时即可按照夹点编辑二维图形的方法进行拉伸和拖动，调整浮动视口的边界形状（图 13-21）	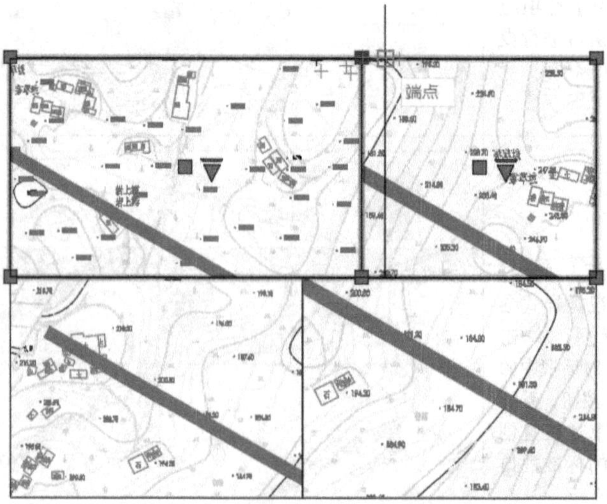 图 13-21　通过【夹点】工具调整浮动视口	

序号	操　作	结　果	备　注
2	在布局中选择【视图】→【视口】→【合并】选项，首先选取一个视口作为合并后的视口，然后选取另一个视口作为被合并的视口，系统将以第一次选中的视口占据第二次选中的视口，并根据视口大小显示图形合并效果（图13-22）	 图 13-22　合并视口	注意：合并视口只能在模型空间中进行，并且共享长度相同的公共边
3	打开【视口】工具栏，然后选中需要修改比例的浮动视口，即可在【标准比例】下拉列表框中选择所需的比例（图13-23）	 图 13-23　缩放视口	缩放视口只能在布局中进行

任务四　打印图形

【基本概念】

　　使用 AutoCAD 2021 绘制完图形并进行页面设置后，通常要打印到图纸上，也可以生成一份电子图纸，以便从互联网上进行访问。打印的图形可以包含图形的单一视图，或者是更为复杂的视图排列。此外，还可根据不同的需要打印一个或多个视口，或设置选项用以决定打印的内容和图像在图纸上的布置。

打印菜单包括：打印、批处理打印、打印预览、查看打印和发布详细信息、页面设置、三维打印、管理绘图仪、管理打印样式、编辑打印样式表等功能。

【技能操作】

常规打印的具体操作步骤如下：

序号	操 作	结 果	备 注
1	单击 **A** 图标，在下拉列表中单击【打印】可弹出【打印】对话框（图 13-24），或使用快捷键 <Ctrl+P> 或输入命令 "PLOT"	 图 13-24 【打印】对话框	
2	在【页面设置】菜单中，点击【名称】后面的下拉列表框，选择页面名称，若无适合的页面设置，可以单击【添加】按钮，输入页面设置名称后单击【确定】按钮即可（图 13-25）	 图 13-25 添加页面设置	
3	在【打印机/绘图仪】菜单中，单击【名称】后面的下拉列表框，可以看到本机安装的所有打印机，选择需要输出的打印机即可（图 13-26）	 图 13-26 选择打印机/绘图仪	

（续）

序号	操　作	结　　果	备　注
4	选择打印机后，单击【特性】按钮，即可弹出【绘图仪配置编辑器】对话框（图13-27）。可以看到【常规】、【端口】、【设备和文档设置】三个选项卡。单击【设备和文档设置】选项卡，可以看到打印机相关参数 　单击【自定义特性】，可以弹出【HP LaserJet 1020 属性】对话框（图13-28）	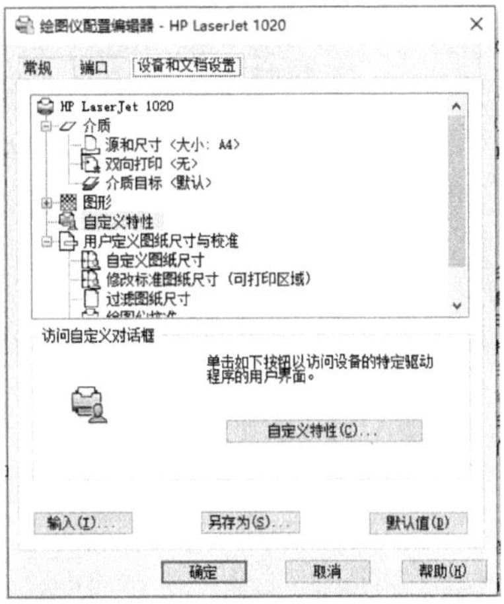 图 13-27 【绘图仪配置编辑器】对话框	
5	在【HP LaserJet 1020属性】对话框中的【纸张/质量】选项卡，可以选择快速设置、纸张选项、尺寸、来源、类型，可按出图比例选择适合的纸张尺寸和纸张类型等（图13-28）	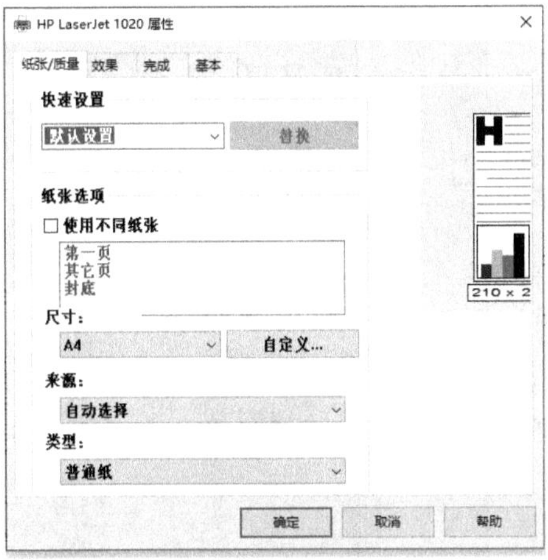 图 13-28 【纸张/质量】选项卡	
6	在【HP LaserJet 1020属性】对话框中的【效果】选项卡，可以设置纸张缩放，按比例尺打印时，此项可以不设置；还可以设置是否添加水印等（图13-29）	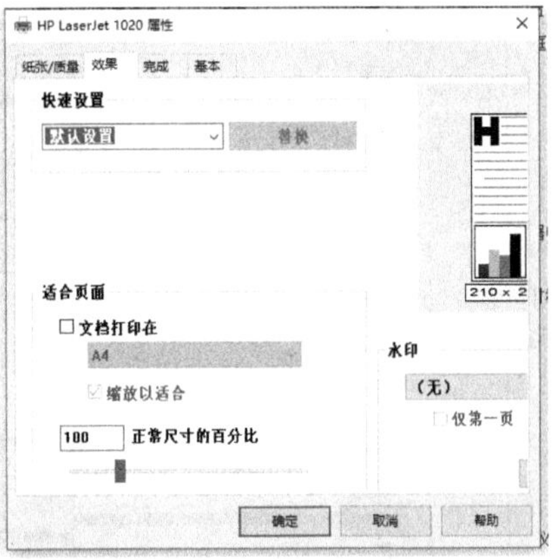 图 13-29 【效果】选项卡	

（续）

序号	操　作	结　果	备　注
7	在【HP LaserJet 1020 属性】对话框中的【完成】选项卡，可以设置打印质量和 dpi 参数。若文档格式是小册子，可以进行双面打印（图13-30）	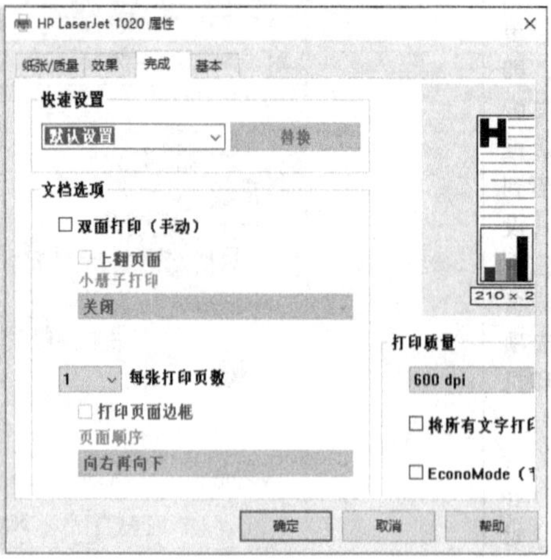 图 13-30　【完成】选项卡	
8	在【HP LaserJet 1020 属性】对话框中的【基本】选项卡，可以设置纸张方向、打印数量等（图13-31）。完成设置后单击【确定】按钮，退出【HP LaserJet 1020 属性】对话框	 图 13-31　【基本】选项卡	
9	在【图纸尺寸】中设置图纸尺寸；在【打印份数】中设置打印数量（图13-32）	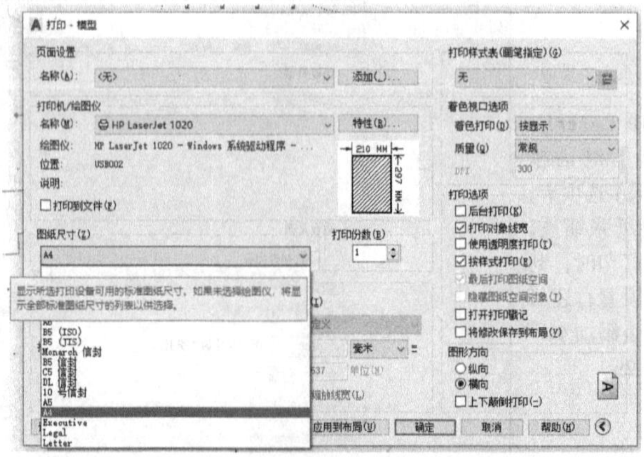 图 13-32　设置图纸尺寸和打印数量	

（续）

序号	操　作	结　果	备　注
10	在【打印偏移】中设置【居中打印】，若有其他需求可以另行设置【打印偏移】，自动计算 X 偏移和 Y 偏移值（图 13-33）	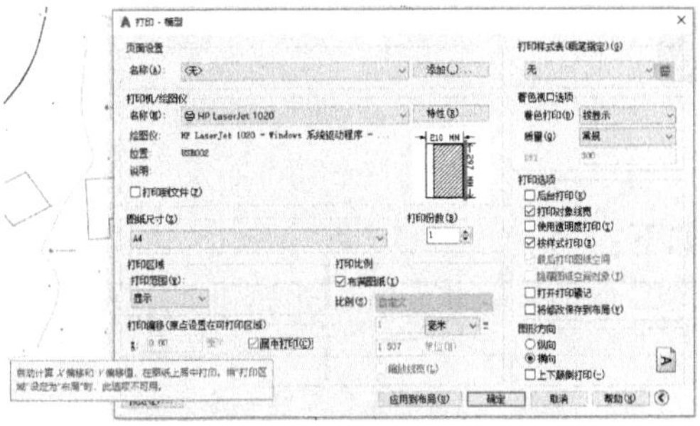 图 13-33　设置【居中打印】	
11	在【打印比例】中设置打印的精确比例。若打印 1∶500 的地形图，可以设置比例为 2∶1（图 13-34）	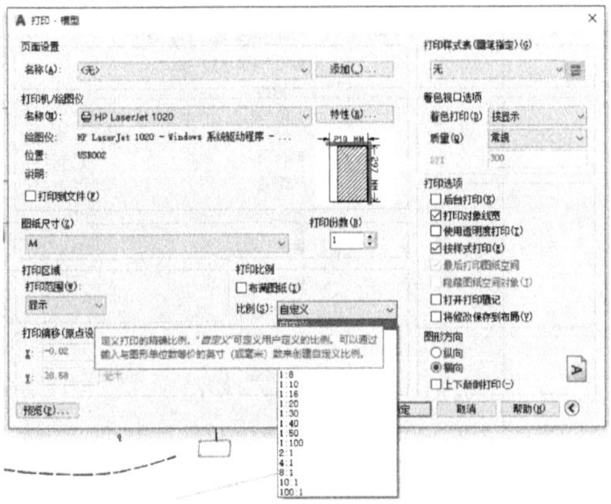 图 13-34　设置【打印比例】	
12	在【打印样式表】中指定当前【模型】选项卡或【布局】选项卡的打印样式表，并提供当前可用的打印样式表的列表。这里可选默认值。依次完成【着色视口选项】、【打印选项】、【图形方向】的设置，单击【确定】按钮进行打印（图 13-35）	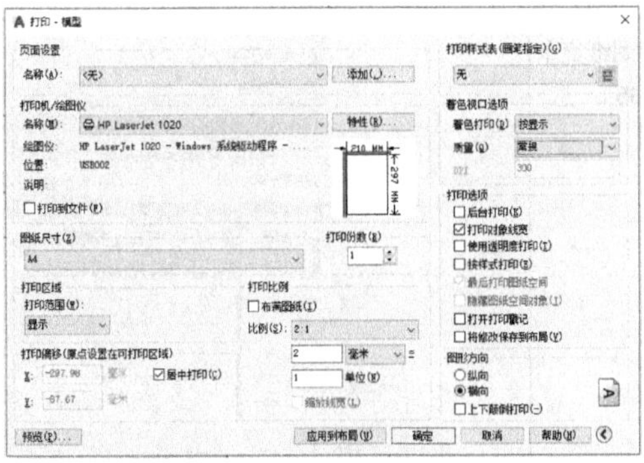 图 13-35　【打印 - 模型】对话框	

任务五　发 布 图 形

【基本概念】

AutoCAD 拥有与 Internet 进行连接的多种方式，能够在其中运行 Web 浏览器，可通过

Internet 访问或存储 AutoCAD 图形及有关文件，并且可以生成相应的 DWF 文件，以便进行浏览与打印。

【技能操作】

一、创建图纸集

具体操作步骤如下：

序号	操　作	结　果	备　注
1	单击【文件】菜单下的【新建图纸集】子菜单，弹出【创建图纸集】对话框（图 13-36），选择【现有图形】	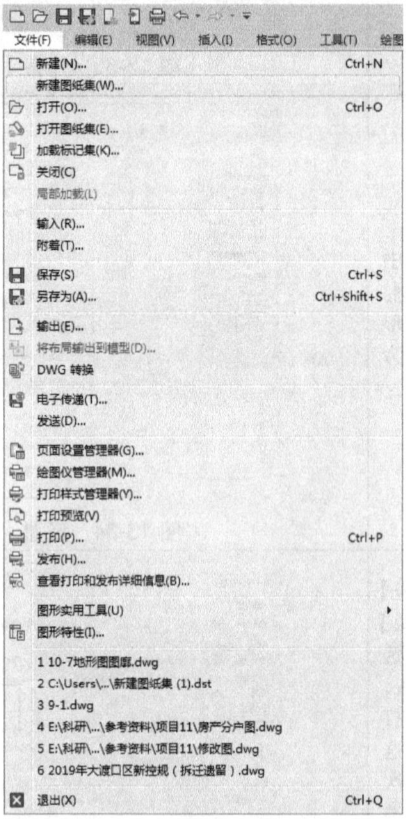 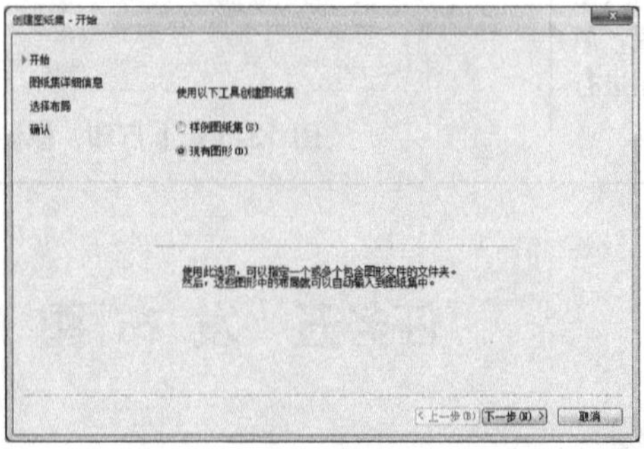 图 13-36 【创建图纸集】对话框	

（续）

序号	操　作	结　果	备　注
2	根据【创建图纸集】对话框向导的提示，添加一个或多个包含图形文件的文件夹，这些图形的布局可以自动输入图纸集中，可在【图纸集预览】框中审查要创建的图纸集信息。单击【确认】按钮，完成操作（图13-37）	图 13-37　审查创建的图纸集信息	

二、发布归档文件

具体操作步骤如下：

序号	操　作	结　果	备　注
1	在 AutoCAD 中打开地形图图廓文件，单击【发布】菜单下的【归档】子菜单（图13-38）	图 13-38　【归档】子菜单	
2	在【归档图纸集】对话框中，可以查看当前图纸集情况，同时可以修改归档设置，单击【确定】按钮，完成操作（图13-39）	图 13-39　【归档图纸集】对话框	

项目评价

一、自我评价

1. 此次操作是否顺利？

2. 若不顺利，请列出遇到的问题。

3. 分析出现问题的原因，并提出修正方案。

4. 你认为还需要加强哪些方面的指导？

二、学习任务评价表

考核项目	分数			学生自评	组长评价	教师评价	小计
	差	中	好				
团队合作精神	6	13	20				
活动参与是否积极	6	13	20				
输入和输出图形	3	6	10				
创建与管理布局	6	13	20				
使用浮动视口	3	6	10				
打印图形	3	6	10				
发布图形	3	6	10				
总分	100						

教师签字：　　　　　　　　　　　　　　　　　年　月　日　得分

项目小结

本项目详细阐述了模型空间和布局的相关概念、切换方法，以及利用布局向导建立布局的方法。重点介绍了页面设置和打印出图的相关知识与操作方法，这是本项目的重点内容。本项目还讲述了视口的相关概念、视口的建立和调整方法等内容。

复习思考题

1. 在打开一张新图时，AutoCAD 创建的默认布局是_____个。

2. AutoCAD 中的两种空间类型是＿＿＿＿＿＿空间和＿＿＿＿＿＿。

3. 布局样板是从＿＿＿＿＿＿或＿＿＿＿＿＿文件中输入的布局。

4. 在【页面设置】对话框的【布局设置】选项卡下选择【布局】选项时，打印原点从布局的＿＿＿＿＿＿点算起。

5. 颜色相关的打印样式表中有＿＿＿＿＿＿种打印样式。

6. 模型空间与布局有何区别？

7. 颜色相关打印样式和命名打印样式有何区别？

8. 如何在布局中应用打印样式表？

9. 如何修改图层的打印样式？

10. 如何对布局进行打印设置并输出？

11. 将当前图形生成 4 个视口，在一个视口中新画一个圈并将全图平移，（　　　　）。

A. 其他视口生成圆也同步平移

B. 其他视口不生成圆但同步平移

C. 其他视口生成圆但不平移

D. 其他视口不生成圆也不平移

12. 在布局中旋转视口，如果不希望视口中的视图随视口旋转，则应（　　　　）。

A. 将视图固定

B. 将视图放在锁定层

C. 设置 VPROTATEASSOC=0

D. 设置 VPROTATEASSOC=1

13. 要查看图形中的全部对象，下列哪个操作是恰当的（　　　　）？

A. 在 ZOOM 下执行 P 命令

B. 在 ZOOM 下执行 A 命令

C. 在 ZOOM 下执行 S 命令

D. 在 ZOOM 下执行 W 命令

14. 在 AutoCAD 中使用【打印】对话框中的（　　　　）选项，可以指定是否在每个输出图形的某个角落上显示绘图标记，以及是否产生日志文件。

A. 打印到文件　　　　　　　　　　　　B. 打开打印戳记

C. 后台打印　　　　　　　　　　　　　D. 样式打印

15. 如果要合并两个视口，必须（　　　　）。

A. 是模型空间视口并且共享长度相同的公共边

B. 在模型空间合并

C. 在布局合并

D. 一样大小

附录

AutoCAD常用命令和快捷键

1. 常用功能键

\<F1\>: 获取帮助

\<F2\>: 实现绘图窗口和文本窗口的切换

\<F3\>: 是否实现对象自动捕捉

\<F4\>: 数字化仪控制

\<F5\>: 等轴测平面切换

\<F6\>: 控制状态行上坐标的显示方式

\<F7\>: 栅格显示模式控制

\<F8\>: 正交模式控制

\<F9\>: 栅格捕捉模式控制

\<F10\>: 极轴模式控制

\<F11\>: 对象追踪模式控制

2. 常用快捷键命令

绘图命令		修改命令		尺寸标注	
快捷键	注释	快捷键	注释	快捷键	注释
PO	POINT（点）	CO	COPY（复制）	DLI	DIMLINEAR（直线标注）
L	LINE（直线）	MI	MIRROR（镜像）	DAL	DIMALIGNED（对齐标注）
XL	XLINE（射线）	AR	ARRAY（阵列）	DRA	DIMRADIUS（半径标注）
PL	PLINE（多段线）	O	OFFSET（偏移）	DDI	DIMDIAMETER（直径标注）
ML	MLINE（多线）	RO	ROTATE（旋转）	DAR	DIMARC（弧长标注）
SPL	SPLINE（样条曲线）	M	MOVE（移动）	DAN	DIMANGULAR（角度标注）
POL	POLYGON（正多边形）	E	ERASE（删除）	DCE	DIMCENTER（中心标注）
REC	RECTANGLE（矩形）	X	EXPLODE（分解）	DOR	DIMORDINATE（点标注）
C	CIRCLE（圆）	TR	TRIM（修剪）	TOL	TOLERANCE（标注形位公差）

（续）

绘图命令		修改命令		尺寸标注	
快捷键	注释	快捷键	注释	快捷键	注释
A	ARC（圆弧）	EX	EXTEND（延伸）	LE	QLEADER（快速引出标注）
DO	DONUT（圆环）	S	STRETCH（拉伸）	DBA	DIMBASELINE（基线标注）
EL	ELLIPSE（椭圆）	LEN	LENGTHEN（直线拉长）	DCO	DIMCONTINUE（连续标注）
REG	REGION（面域）	SC	SCALE（比例缩放）	D	DIMSTYLE（标注样式）
B	BLOCK（内部块定义）	BR	BREAK（打断）	DED	DIMEDIT（编辑标注）
I	INSERT（插入块）	CHA	CHAMFER（倒角）	DOV	DIMOVERRIDE（替换标注系统变量）
W	WBLOCK（外部块定义）	F	FILLET（倒圆角）	DJO	DIMJOGGED（半径折弯）
DIV	DIVIDE（定数等分）	PE	PEDIT（多段线编辑）	REN	RENAME（重命名）
ME	MEASURE（定距等分）	ED	DDEDIT（修改文本）		
H	BHATCH（填充）	对象特性			
TB	TABLE（创建表格）	快捷键	注释	快捷键	注释
视窗缩放		ADC	ADCENTER（设计中心）	UN	UNITS（图形单位）
快捷键	注释	PR	PROPERTIES（修改特性）	ATT	ATTDEF（属性定义）
P	PAN（平移）	MA	MATCHPROP（属性匹配）	ATE	ATTEDIT（编辑属性）
Z+双空格	实时缩放	ST	STYLE（文字样式）	BO	BOUNDARY（边界创建）
Z	局部放大	COL	COLOR（设置颜色）	AL	ALIGN（对齐）
Z+P	返回上一视图	LA	LAYER（图层操作）	EXP	EXPORT（输出其他格式文件）
Z+E	显示全图	LT	LINETYPE（线型）	IMP	IMPORT（输入文件）
图形查询		LTS	LTSCALE（线型比例）	OP/PR	OPTIONS（自定义 CAD 设置）
快捷键	注释				
AA	AREA（面积）	LW	LWEIGHT（线宽）	DS	DSETTINGS（设置极轴追踪）
DI	DIST（距离）	R	REDRAW（重画）	PRE	PREVIEW（打印预览）
ID	ID（坐标）	RE	REGEN（重生成）		
LI	LIST（显示图形数据信息）				

参考文献

［1］王年红.测绘工程 CAD［M］.2 版.北京：测绘出版社，2019.

［2］中华人民共和国国家质量监督检验检疫总局，中国国家标准化管理委员会.国家基本比例尺地图图
式　第 1 部分：1∶500　1∶1000　1∶2000 地形图图式：GB/T 20257.1—2017［S］.北京：中国标准出
版社，2017.

［3］黄永生.中文版 AutoCAD 2021 基础教程［M］.北京：清华大学出版社，2022.

［4］冯大福，吴继业.数字测图［M］.3 版.重庆：重庆大学出版社，2021.

［5］孙树芳.测绘 CAD［M］.郑州：黄河水利出版社，2019.